国家职业教育焊接技术与自动化专业
教学资源库配套教材

焊接工艺评定

主　编　史维琴

参　编　易传佩　吴叶军

主　审　陈保国

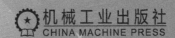

机械工业出版社
CHINA MACHINE PRESS

本书为国家职业教育焊接技术与自动化专业教学资源库配套教材。

本书选取了分离器、冷凝器、中和釜和国际应用最广泛的 ASME 标准产品压力罐这四个典型的特种设备产品作为教学项目。本书依据焊接工艺员实际工作过程，把企业真实产品的焊接工艺评定和焊接工艺规程设计成多个教学任务，按照分析产品结构及编制焊接接头编号表、下达焊接工艺评定任务书、编制预焊接工艺规程、进行焊接工艺评定试验（包括试板焊接，无损检测，性能试样加工，焊接接头拉伸、弯曲和冲击试验，宏观金相检验等）、编制焊接工艺评定报告和焊接工艺规程、选择合格的工艺评定和持证焊工及编制产品焊接作业指导书等形式编排教学内容，同时将最新的国内外标准融入教学内容，培养学生具有良好的职业道德，自觉遵守法规和标准，加强学生分析问题和解决问题的能力，以及继续学习的能力。

本书可作为高等职业教育及各类成人教育焊接专业的教材，也可作为应用型本科或企业培训用书，同时也可供企业和社会上从事焊接工艺评定、焊接工艺编制以及焊接检验人员参考。

本书采用双色印刷，并将相关的微课和模拟动画等以二维码的形式植入书中，以方便读者学习使用。为便于教学，本书配套有电子教案、助教课件、教学动画及教学视频等教学资源，读者可登录焊接资源库网站 http://hjzyk.36ve.com:8103/访问。

图书在版编目（CIP）数据

焊接工艺评定／史维琴主编. —北京：机械工业出版社，2018.5（2024.1 重印）
国家职业教育焊接技术与自动化专业　教学资源库配套教材
ISBN 978-7-111-59555-7

Ⅰ.①焊… Ⅱ.①史… Ⅲ.①焊接工艺-职业教育-教材 Ⅳ.①TG44

中国版本图书馆 CIP 数据核字（2018）第 056308 号

机械工业出版社（北京市百万庄大街 22 号　邮政编码 100037）
策划编辑：王海峰　于奇慧　责任编辑：王海峰　于奇慧　程足芬
责任校对：樊钟英　　　　　封面设计：鞠　杨
责任印制：单爱军
北京虎彩文化传播有限公司印刷
2024 年 1 月第 1 版第 4 次印刷
184mm×260mm・14.5 印张・331 千字
标准书号：ISBN 978-7-111-59555-7
定价：45.00 元

电话服务　　　　　　　　　　网络服务
客服电话：010 - 88361066　　机　工　官　网：www.cmpbook.com
　　　　　010 - 88379833　　机　工　官　博：weibo.com/cmp1952
　　　　　010 - 68326294　　金　书　网：www.golden-book.com
封底无防伪标均为盗版　　机工教育服务网：www.cmpedu.com

国家职业教育焊接技术与自动化专业
教学资源库配套教材编审委员会

总序

跨入 21 世纪，我国的职业教育经历了职教发展史上的黄金时期。经过了"百所示范院校"和"百所骨干院校"，涌现出一批优秀教师和优秀的教学成果。而与此同时，以互联网技术为代表的各类信息技术飞速发展，它带动其他技术的发展，改变了世界的形态，甚至人们的生活习惯。网络学习，成了一种新的学习形态。职业教育专业教学资源库的出现，是适应技术与发展需要的结果。通过职业教育专业资源库建设，借助信息技术手段，实现全国甚至是世界范围内的教学资源共享。更重要的是，以资源库建设为抓手，适应时代发展，促进教育教学改革，提高教学效果，实现教师队伍教育教学能力的提升。

2015 年，职业教育国家级焊接技术与自动化专业资源库建设项目通过教育部审批立项。全国的焊接专业从此有了一个统一的教学资源平台。焊接技术与自动化专业资源库由哈尔滨职业技术学院、常州工程职业技术学院和四川工程职业技术学院三所院校牵头建设，在此基础上，项目组联合了 48 所大专院校，其中有国家示范（骨干）高职院校 23 所，绝大多数院校均有主持或参与前期专业资源库建设和国家精品资源课及精品共享课程建设的经验。参与建设的行业、企业在我国相关领域均具有重要影响力。这些院校和企业遍布于我国东北地区、西北地区、华北地区、西南地区、华南地区、华东地区、华中地区和台湾地区的 26 个省、自治区、直辖市。对全国省、自治区、直辖市的覆盖程度达到 81.2%。三所牵头院校与联盟院校包头职业技术学院、承德石油高等专科学校、渤海船舶职业技术学院作为核心建设单位，共同承担了 12 门焊接专业核心课程的开发与建设工作。

焊接技术与自动化专业资源库建设了"焊条电弧焊""金属材料焊接工艺""熔化极气体保护焊""焊接无损检测""焊接结构生产""特种焊接技术""焊接自动化技术""焊接生产管理""先进焊接与连接""非熔化极气体保护焊""焊接工艺评定""切割技术"共 12 门专业核心课程。课程资源包括课程标准、教学设计、教材、教学课件、教学录像、习题与试题库、任务工单、课程评价方案、技术资料和参考资料、图片、文档、音频、视频、动画、虚拟仿真、企业案例及其他资源等。其中，新型立体化教材是其中重要的建设成果。与传统教材相比，本套教材采用了全新的课程体系，加入了焊接技术最新的发展成果。

焊接行业、企业及学校三方联动，针对"书是书、网是网"，课本与资源库毫无关联的情况，开发互联网＋资源库的特色教材，为教材设计相应的动态及虚拟互动资源，弥补纸质教材图文呈现方式的不足，进行互动测验的个性化学习，不仅使学生提高了学习兴趣，而且拓展了学习途径。在专业课程体系及核心课程建设小组指导下，由行业专家、企业技术人员和专业教师共同组建核心课程资源开发团队，融入国际标准、国家标准和焊接行业标准，共同开发课程标准，与机械工业出版社共同统筹规划了特色教材和相关课程资源。本套新型的焊接专业课程教材，充分利用了互联网平台技术，教师使用本套教材，结合焊接技术与自动化网络平台，可以掌握学生的学习进程、效果与反馈，及时调整教学进程，显著提升教学效果。

教学资源库正在改变当前职业教育的教学形式，并且还将继续改变职业教育的未来。随着信息技术的发展和教学手段不断完善，教学资源库将会以全新的形态呈现在广大学习者面前，本套教材也会随着资源库的建设发展而不断完善。

教学资源库配套教材编审委员会

2017 年 10 月

前言

本书为国家职业教育焊接技术与自动化专业教学资源库配套教材。

"焊接工艺评定"是焊接技术与自动化专业的核心课程之一。焊接技术与自动化专业建设主要基于"工作过程系统化"课程体系开发,通过调研行业、企业、协会、学会、高校、职业学校、本专业毕业生就业工作岗位,初步确定专业的工作岗位、工作任务;通过召开企业和行业专家课程体系开发研讨会,确定专业的典型工作岗位和工作任务,分析典型工作岗位所需的能力、知识和素质要求,明确核心课程的基本内容。

在专业建设的基础上,由企业和行业专家、学院专业教师组成的课程开发小组进行了课程教学内容开发,大家一致认为,课程教学内容的确定应该坚持三个原则:与企业生产过程的要求相一致;结合承压类特种设备生产加工工艺要求;考虑焊接专业毕业生就业的主要工作岗位和学生的可持续发展。课程开发小组成员确定了有代表性的行业产品——分离器、冷凝器、中和釜及国际应用最广泛的 ASME 标准产品压力罐作为教学项目,遵循学生的认知规律,四个项目的产品结构由简单到复杂,焊接工艺评定和焊接工艺规程的数目由少到多,产品先采用国内标准再采用国外标准。

本书依据特种设备制造焊接工艺生产流程的实际工作过程,结合学生的认知规律,把企业真实产品的焊接工艺评定和焊接工艺规程编制分解成多个工作任务作为教学内容;根据企业真实的产品,依据承压类特种设备生产法规和标准,采用审查焊接生产图样及编制焊接接头编号表、下达焊接工艺评定任务书、编制预焊接工艺规程、实施焊接工艺评定试验、编制工艺评定报告和焊接工艺规程、选择合格的工艺评定和持证焊工及编制产品焊接作业指导书等形式编排教学内容,有利于实行项目教学;同时对应工作任务设置了教学案例,以培养学生自主学习的能力。

本书由江苏省特种设备安全监督检验研究院常州分院毛小虎研究员、中国石化集团南化公司化工机械厂韩冰总工程师、常州锅炉有限公司羊文新高级工程师和江都竣业过程机械设备有限公司周建岭焊接责任工程师等合作共同开发建设。本书由史维琴教授任主编并编写项目一和项目三,吴叶军与史维琴共同编写项目二、易传佩与史维琴共同编写项目四,全书由史维琴教授统稿,陈保国教授任主审。本书在编写过程中得到了魏守东和姚永等同志的大力帮助以及有关专家和同行的有益指导,在此表示衷心的感谢!

在本书编写过程中,作者参阅了国内外出版的相关书籍、法规和标准等资料,合作单位为我们提供了近 100 个在用法规和标准的电子版,包括法规和部门规章、安全规范、材料标准、制造标准、焊接标准、无损检测标准、理化标准、零部件标准和检验标准等,以及美国机械工程师学会(ASME)标准等,同时还提供了实际产品生产图近 20 套和部分生产视频,在此表示衷心的感谢!

由于编者水平有限,书中不妥之处在所难免,恳请读者批评指正。

编 者

目录

项目一

分离器焊接工艺评定及规程编制

项目导入

依据学生的认知规律，选择压力容器典型产品中结构最简单的分离器作为教学入门项目，分析焊接技术员工作岗位所需的知识、能力、素质要求，根据焊接技术员岗位的具体要求，凝练岗位典型工作任务，强调教学内容与完成典型工作任务要求相一致，设计了和企业焊接技术员岗位一样的工作流程：编制分离器焊接接头编号（焊接接头编号示意图）、编制分离器对接焊缝焊接工艺评定任务书和预焊接工艺规程（preliminary Welding Procedure Specification，简称 pWPS）、焊接工艺评定试验（包括焊接工艺评定试板的焊接和无损检测，工艺评定试样的截取和加工以及力学性能试验）、编制焊接工艺评定报告（Procedure Qualification Record，简称 PQR）和焊接工艺规程（Welding Procedure Specification，简称 WPS），然后依据合格的焊接工艺评定报告编制分离器 A、B、C、D、E 类焊接接头的焊接作业指导书（Welding Working Instruction，简称 WWI）作为教学任务，通过依据标准评定工艺编制焊接作业指导书，培养学生的守法意识和质量意识；采用企业产品在真实的企业情境中组织教学，使学生感受到企业氛围和文化，培养学生的职业素养。建议采用项目化教学，学生以小组的形式完成任务，培养学生自主学习、与人合作和与人交流的能力。

学习目标

1. 能够分析分离器装配图焊接工艺的合理性。

2. 能够分析分离器的结构尺寸和市场钢材规格、确定焊接接头的数量、绘制焊接接头编号图,并能依据 GB 150—2011 对焊接接头编号。

3. 能够根据产品技术要求和企业生产条件,依据 NB/T 47014—2011(JB/T 4708)编制焊接工艺评定任务书和预焊接工艺规程(pWPS)。

4. 理解焊接工艺评定试验的全过程。

5. 能够根据试验数据编制焊接工艺评定报告,分析判断评定是否合格。

6. 能够依据合格的焊接工艺评定报告(PQR),编制焊接工艺规程(WPS)。

7. 能选择合适的持证焊工,编制分离器每条焊缝的焊接作业指导书。

8. 锻炼查阅资料、自主学习和勤于思考的能力。

9. 树立自觉遵守法规和标准的意识。

10. 具有良好的职业道德和敬业精神。

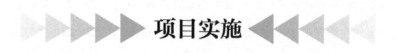

项目实施

1.1 编制分离器焊接接头编号示意图

任务解析

依据法规和标准要求,查阅分离器装配图,分析分离器生产用钢材规格,确定焊接接头的数量,画出分离器的焊接接头示意图,依据 GB 150—2011《压力容器》(简称 GB 150)对焊接接头编号。

必备知识

1.1.1   特种设备安全技术规范（《大容规》）

为了保障固定式压力容器的安全生产和使用，预防和减少事故，保护人民生命和财产安全，促进经济社会发展，国家质量监督检验检疫总局颁布了特种设备安全技术规范 TSG 21—2016《固定式压力容器安全技术监察规程》（以下简称《大容规》），要求所有固定式压力容器的设计、制造、改造和修理单位都必须遵守《大容规》。

1. 《大容规》的适用范围

承受压力的设备很多，但生产时必须遵循《大容规》的压力容器需同时具备下列条件：

1）工作压力大于或等于 0.1MPa[⊖]。

2）容积大于或者等于 0.03m³，并且内直径（非圆形截面指截面内边界最大几何尺寸）大于或等于 150mm[⊜]。

3）盛装介质为气体、液化气体以及介质最高工作温度高于或者等于其标准沸点的液体[⊜]。

2. 压力容器的本体

适用于《大容规》的压力容器，其范围包括压力容器本体、安全附件及仪表。在压力容器生产中，需要焊接的压力容器本体，依据《大容规》第 1.6.1 条规定包括下面内容：

1）压力容器与外部管道或者装置焊接（粘接）连接的第一道环向接头的坡口面、螺纹连接的第一个螺纹接头端面、法兰连接的第一个法兰密封面、专用连接件或者管件连接的第一个密封面。

2）压力容器开孔部分的承压盖及其紧固件。

3）非受压元件与受压元件的连接焊缝。

压力容器本体中的主要受压元件，包括筒节（含变径段）、球壳板、非圆形容器的壳板、封头、平盖、膨胀节、设备法兰，热交换器的管板和换热管，M36 以上（含 M36）螺柱以及公称直径大于或者等于 250mm 的接管和管法兰。

3. 压力容器的分类

（1）压力容器常见的分类   压力容器的分类方式有很多，常见的有：依据设计压力等级分为低压、中压、高压和超高压四种；依据设计温度分为低温、常温和高温三种；依据支腿形式分为卧式和立式容器；依据在生产工艺过程中的作用原理分为反应压力容器（代号 R）、换热压力容器（代号 E）、分离压力容器（代号 S）、储存压力容器（代号 C，其中球罐代号 B）。

⊖ 工作压力，是指在正常工作情况下，压力容积顶部可能达到的最高压力（表压力）。

⊜ 容积，是指压力容器的几何容积，即由设计图样标注的尺寸计算（不考虑制造公差）并且圆整。一般需要扣除永久连接在压力容器内部的内件的体积。

⊜ 容器内介质为最高工作温度低于其标准沸点的液体时，如果气相空间的容积大于或者等于 0.03m³ 时，也属于本规程的适用范围。

（2）《大容规》中压力容器的分类　根据《大容规》第1.7条规定，根据压力容器的危险程度，将其划分为Ⅰ、Ⅱ、Ⅲ类。此种分类方法是由设计压力、容积和介质同时决定的。

压力容器的介质分为两组，第一组介质是指毒性危害程度为极度、高度危害的化学介质，易爆介质，液化气体；除第一组以外的都是第二组介质。第一组介质和第二组介质分别如图1-1和图1-2所示。

介质毒性危害程度和爆炸危险程度可以依据HG/T 20660—2017《压力容器中化学介质毒性危害和爆炸危险程度分类标准》确定。HG/T 20660—2017没有规定的，由压力容器设计单位参照GBZ 230—2010《职业性接触毒物危害程度分级》的原则，确定介质组别。

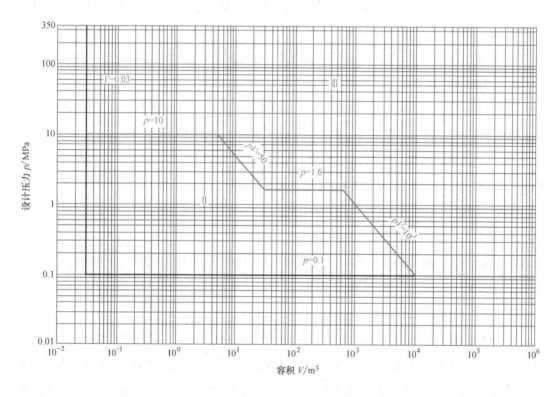

图1-1　压力容器分类——第一组介质

1.1.2　特种设备安全技术规范（《大容规》）的焊接基本要求

遵循特种设备安全技术规范（《大容规》）的压力容器在焊接生产时，依据第4.2.1条必须严格执行的要求有焊接工艺评定、焊工、压力容器拼接与组装和焊缝返修。

1. 焊接工艺评定

NB/T 47014—2011《承压设备焊接工艺评定》中焊接工艺评定的定义为：为使焊接接头的力学性能、弯曲性能或堆焊层的化学成分符合规定，对预焊接工艺规程（pWPS）进行验证性试验和

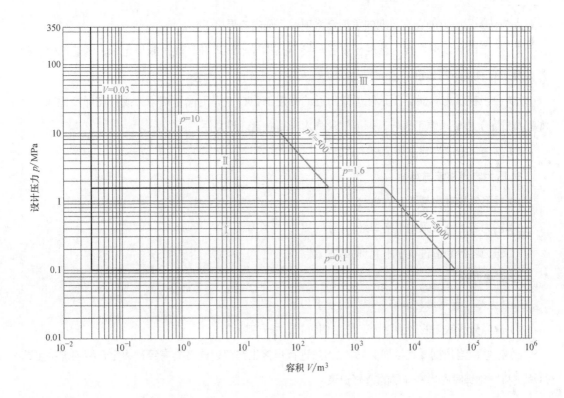

图1-2　压力容器分类——第二组介质

结果评价的过程。

焊接工艺评定的另一个目的是：在新产品、新材料投产前，为制定焊接工艺规程，通过对焊接方法、焊接材料、焊接参数等进行选择和调整的一系列工艺试验，以确定获得标准规定焊接质量的正确工艺。

压力容器焊接工艺评定的要求如下：

1）压力容器产品施焊前，受压元件焊缝、与受压元件相焊的焊缝、熔入永久焊缝内的定位焊缝、受压元件母材表面堆焊与补焊，以及上述焊缝的返修焊缝都应当进行焊接工艺评定或者具有经过评定合格的焊接工艺规程（WPS）支持。

2）压力容器的焊接工艺评定应当符合NB/T 47014—2011的要求。

3）监督检验人员应当对焊接工艺评定的过程进行监督。

4）焊接工艺评定完成后，焊接工艺评定报告（PQR）和焊接工艺规程应当由制造单位焊接责任工程师审核，技术负责人批准，经过监督检验人员签字确认后存入技术档案。

5）焊接工艺评定技术档案应当保存至该工艺评定失效为止；焊接工艺评定试样应当至少保存5年。

2. 焊工

1）压力容器焊工应当依据有关安全技术规范的规定考核合格，取得相应项目的《特种设备作业人员证》后，方能在有效期内承担合格项目范围内的焊接工作。

2）焊工应当依据焊接工艺规程或者焊接作业指导书施焊并且做好施焊记录，制造单位的检查人员应当对实际的焊接工艺参数进行检查。

3）应当在压力容器受压元件焊缝附近的指定部位打上焊工代号钢印，或者在焊接记录（含焊缝布置图）中记录焊工代号，焊接记录列入产品质量证明文件。

4）制造单位应当建立焊工技术档案。

3. 压力容器拼接与组装

1）球形储罐球壳板不允许拼接。

2）压力容器不宜采用十字焊缝。

3）压力容器制造过程中不允许强力组装。

4. 焊缝返修

焊缝返修（包括母材缺陷补焊）的要求如下：

1）应当分析缺陷的产生原因，提出相应的返修方案。

2）返修应当依据《大容规》第4.2.1条进行焊接工艺评定或者具有经过评定合格的焊接工艺规程支持，施焊时应当有详尽的返修记录。

3）焊缝同一部位的返修次数不宜超过2次，如超过2次，返修前应当经过制造单位技术负责人批准，并且将返修的次数、部位、返修情况记入压力容器质量证明文件。

4）要求焊后热处理的压力容器，一般在热处理前进行焊缝返修，如热处理后进行焊缝返修，应当根据补焊深度确定是否需要进行消除应力处理。

5）有特殊耐蚀要求的压力容器或者受压元件，返修部位仍需要保证不低于原有的耐蚀性能。

6）返修部位应当依据原要求经过检验合格。

1.1.3 压力容器的结构和生产流程

1. 压力容器的基本结构

圆筒形压力容器的外壳由筒体、封头、法兰、密封元件、开孔与接管以及支座六大部分构成。对于储存容器，外壳即是容器，如图1-3所示。而反应、传热、分离等容器，还需依据生产工艺所需增加其他配件，才能构成完整的容器。

2. 压力容器的生产流程

压力容器从材料采购入库到产品出厂的生产流程比较复杂，图1-4是图1-3所示压力容器的生产流程简图。

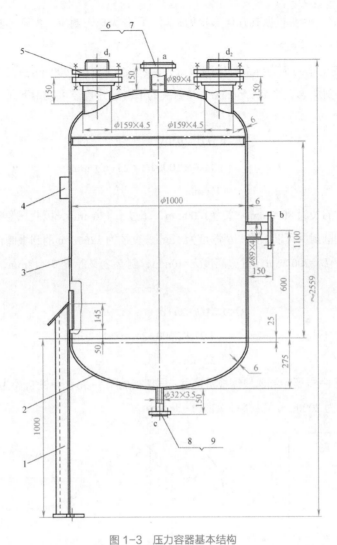

图 1-3　压力容器基本结构

1—支腿　2—椭圆封头　3—筒体　4—铭牌座　5—手孔　6、7、8、9—接管与法兰

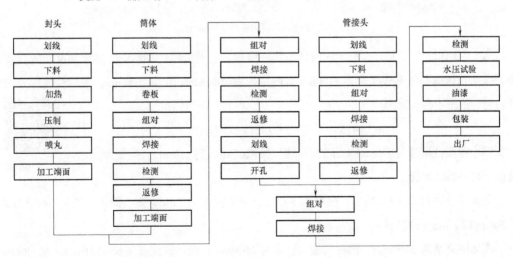

图 1-4　压力容器生产流程简图

（1）封头制作　封头根据其几何形状的不同，可分为球形封头、椭圆形封头、碟形封头、锥形封头和平底形封头等数种。

图1-3所示的上下封头为标准的椭圆形封头，封头直径 D_i=1000mm，直边高度 h=25mm，封头名义厚度 δ_n=6mm，该封头的下料展开直径可以用下面的公式计算

1.1　标准椭圆封头的制作（需拼焊）

$$\Phi=1.21D_i+2h+\delta_n$$
$$=（1.21×1000+2×25+6）mm$$
$$=1266mm$$

假如目前钢材的长为8000mm，宽为1800mm，超过了1266mm，因此只要整料就可以了。因此图1-3所示的椭圆封头可以采用一块厚度为6mm、直径为1266mm的圆板制作。

如某封头直径 D_i=2000mm，直边高度 h=40mm，封头名义厚度 δ_n=12mm，则封头的下料展开直径为

$$\Phi=1.21D_i+2h+\delta_n$$
$$=（1.21×2000+2×40+12）mm$$
$$=2512mm$$

此时就需要图1-5a所示的两块钢板拼接后，再切割成图1-5b所示的直径为2512mm的圆形，经热压成形为内径为2000mm的封头，如图1-5c所示。

a)两块钢板拼接　　　　b)切割成圆形　　　　c)压制成形

图1-5　需要拼接封头的制作

（2）筒体制作　图1-3所示的筒体是圆柱筒体。它提供储存物料或完成化学反应所需要的压力空间。筒体圆柱部分高度为1100mm，内直径为1000mm，壁厚为6mm，中间筒体部分的展开长度，依据中径计算为

$$L=3.1415×（1000+6）mm=3160mm$$

即中间圆柱部分可采用6mm厚的矩形板，长3160mm，宽1100mm，圈制而成，筒体上有一条纵焊缝。

1.1　筒体的制作（需拼接）

如某筒体直径 D_i=2000mm，高度为3000mm，厚度 δ_n=12mm，则该筒体周长为 L=3.1415×（2000+12）mm=6321mm。

筒体的高度为3000mm，钢板的最大宽度为1800mm，所以首先需要长6321mm、宽1800mm和1200mm的两块钢板拼接，如图1-6a所示，然后焊接两条纵焊缝，再焊接环焊缝，进而得到

外径为 2024mm、高为 3000mm 的筒体，如图 1-6b 所示。

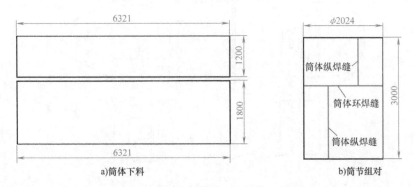

图 1-6　直径 2000mm、高 3000mm 的筒体制作

1.1.4　焊接接头的分类

压力容器制造过程中形成焊接接头的焊缝，用单条粗实线画出来，这些由粗实线表示的所有焊接接头的编号图，一般简称为焊接接头编号图。

1. 压力容器焊接接头的分类

依据 GB 150.1—2011《压力容器　第 1 部分：通用要求》，焊接接头分类如下。

（1）容器受压元件之间的焊接接头分为 A、B、C、D 四类（图 1-7）

1）圆筒部分（包括接管）和锥壳部分的纵向接头（多层包扎容器层板层纵向接头除外）、球形封头与圆筒连接的环向接头、各类凸形封头和平封头中的所有拼焊接头以及嵌入式的接管或凸缘与壳体对接连接的接头，均属 A 类焊接接头。

2）壳体部分的环向接头、锥形封头小端与接管连接的接头、长颈法兰与壳体或接管连接的接头、平盖或管板与圆筒对接连接的接头以及接管间的对接环向接头，均属 B 类焊接接头，但已规定为 A 类的焊接接头除外。

3）球冠形封头、平盖、管板与圆筒非对接连接的接头，法兰与壳体或接管连接的接头，内封头与圆筒的搭接接头以及多层包扎容器层板层纵向接头，均属 C 类焊接接头，但已规定为 A、B 类的焊接接头除外。

4）接管（包括人孔圆筒）、凸缘、补强圈等与壳体连接的接头，均属 D 类焊接接头，但已规定为 A、B、C 类的焊接接头除外。

（2）非受压元件与受压元件的连接接头为 E 类焊接接头（图 1-7）

2. 分离器焊接接头的分类

A 类焊接接头是压力容器中受力最大的接头，因此一般要求采用双面焊或保证全焊透的单面焊缝。

B 类焊接接头的工作应力一般为 A 类焊接接头的一半。除了可采用双面焊的对接焊缝以外，也可采用带衬垫的单面焊。

在中低压焊缝中，C 类焊接接头的受力较小，通常采用角焊缝连接。对于高压容器、盛有剧

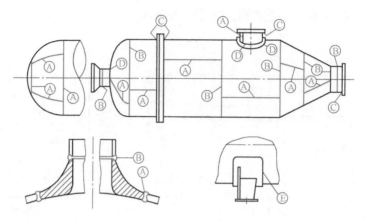

图 1-7　焊接接头分类

毒介质的容器和低温容器，应采用全焊透的接头。

　　D 类焊接接头是接管与容器的交叉焊缝，受力条件较差，且存在较高的应力集中。在厚壁容器中这种焊缝的拘束度相当大，残余应力也较大，易产生裂纹等缺陷。因此在这种容器中，D 类焊接接头应采用全焊透的焊接接头。对于低压容器，可采用局部焊透的单面或双面角焊。

　　在焊接生产时，依据压力容器工作时焊缝的受力情况，以及装配及焊接特点和质量的要求，一般先焊接 A 类焊接接头，然后焊接 B 类焊接接头，接着焊接 C 类焊接接头或 D 类焊接接头，最后焊接 E 类焊接接头，也可根据产品结构和生产实际条件作适当调整。

　　按照 GB 150.4—2011《压力容器　第 4 部分：制造、检验和验收》第 6.5.5 条要求，组装时，壳体上焊接接头的布置应满足以下要求：

　　1）相邻筒节 A 类接头间外圆弧长，应大于钢材厚度 δ_s 的 3 倍，且不小于 100mm。

　　2）封头 A 类拼接接头、封头上嵌入式接管 A 类接头、与封头相邻筒节的 A 类接头相互间的外圆弧长，均应大于钢材厚度 δ_s 的 3 倍，且不小于 100mm。

　　3）组装筒体中，任何单个筒节的长度不得小于 300mm。

　　4）不宜采用十字焊缝。

　　所有壳体组对，焊缝要尽量少，布置要合理，焊接顺序的安排要尽量保证焊接变形量最小，以减少焊接应力集中现象。

任务实施

1.1.5　编制分离器焊接接头示意图

　　1）查阅和审核分离器技术图样，要求完成以下内容：

　　①分离器执行规范审核，分析执行的规范是否符合要求。

　　②分离器生产必须执行的安全规范和标准。

　　③分离器的主要部件、数量、材料及规格，审核尺寸是否吻合、接管法兰是否配对、焊接接头形式与坡口形式是否符合标准要求等。

　　2）依据 TSG 21—2016（《大容规》）和 GB 150.1~150.4—2011《压力容器》，列出分离器

的焊接接头，并对焊接接头编号，画出焊接接头编号示意图，见表 1-1。

表 1-1　焊接接头编号表

接头编号示意图					
	接头编号	焊接工艺卡编号	焊接工艺评定报告编号	焊接持证项目	无损检测要求

1.1.6　教学案例：空气储罐焊接接头示意图

1）空气储罐图样如附图 B 所示。

2）空气储罐焊接接头编号见表 1-2。

表 1-2　空气储罐焊接接头编号

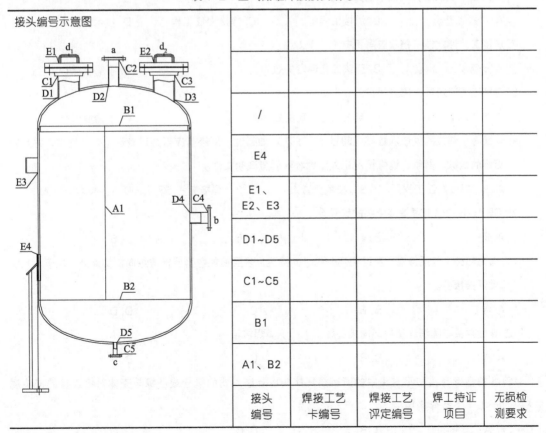

接头编号示意图					
/					
E4					
E1、E2、E3					
D1~D5					
C1~C5					
B1					
A1、B2					
接头编号	焊接工艺卡编号	焊接工艺评定编号	焊工持证项目	无损检测要求

思考与练习

一、单选题

1. 根据 GB 150.1—2011 的规定，下列哪个选项不属于 A 类焊接接头（ ）。

    A. 壳体部分的环向对接接头   B. 圆筒部分和锥壳部分的纵向接头

    C. 球形封头与圆筒连接的环向接头   D. 凸缘与壳体对接连接的接头

2. 现有宽 2m、长 10m 的钢板，要用其制作直径为 3m 的标准椭圆封头，至少有（ ）条拼接焊缝。

    A. 2   B. 3   C. 4   D. 5

3. 现有宽 2m、长 10m 的钢板，要用其制作高度为 5m 的筒体，筒体至少有（ ）条环焊缝。

    A. 2   B. 3   C. 4   D. 5

4. 现有宽 2m、长 10m 的钢板，要用其制作直径为 5m 的筒体，筒体至少有（ ）条纵焊缝。

    A. 2   B. 3   C. 4   D. 5

5. 焊接工艺评定报告（PQR）和焊接工艺规程（WPS）应当由制造单位（ ）审核。

    A. 焊接工艺员   B. 焊接工程师   C. 焊接责任工程师   D. 技术负责人

6. 焊接工艺评定报告（PQR）和焊接工艺规程（WPS）应当由制造单位（ ）批准，经过监督检验人员签字确认后存入技术档案。

    A. 焊接工艺员   B. 焊接工程师   C. 焊接责任工程师   D. 技术负责人

7. 焊接工艺评定技术档案应当保存（ ）。

    A. 5 年以上   B. 至该工艺评定失效为止   C. 不需要保存

8. 焊接工艺评定试样应当保存（ ）。

    A. 5 年以上   B. 至该工艺评定失效为止   C. 不需要保存

9. 焊缝同一部位的返修次数不宜超过（ ）次，如超过，返修前应当经过制造（ ）批准，并且将返修的次数、部位、返修情况记入压力容器质量证明文件。

    A. 3；焊接责任工程师   B. 3；技术负责人   C. 2；焊接责任工程师   D. 2；技术负责人

10. GB 150—2011 对焊接接头的编号有（ ）类。

    A. 3   B. 4   C. 5   D. 6

11. 圆筒部分（包括接管）和锥壳部分的纵向接头（多层包扎容器层板层纵向接头除外）属于（ ）类焊接接头。

    A. A   B. B   C. C   D. D

12. 球形封头与圆筒连接的环向接头属于（ ）类焊接接头。

    A. A   B. B   C. C   D. D

13. 各类凸形封头和平封头中的所有拼焊接头以及嵌入式的接管或凸缘与壳体对接连接的接头属于（ ）类焊接接头。

    A. A   B. B   C. C   D. D

二、多选题

1. 适用于 TSG 21—2016 的压力容器，其范围包括（　　）。

　　A. 压力容器本体　　　　　B. 安全附件　　　　　C. 仪表　　　　　　　　D. 外部的管道

2. 根据 TSG 21—2016 的规定，压力容器的主要受压元件，包含下列选择中的（　　）。

　　A. 设备法兰　　　　　　　　　　　　　　　B. 公称直径小于 250mm 的接管和管法兰

　　C. 球壳板　　　　　　　　　　　　　　　　D. 筒节

3. 焊接压力容器受压元件的焊工，应该在焊缝附近的指定部位打上（　　），或者在焊接记录（含焊缝布置图）中记录（　　），焊接记录列入产品质量证明文件。

　　A. 焊工项目　　　　　　　B. 焊工姓名　　　　　C. 焊工代号　　　　　　D. 焊缝编号

4. 压力容器拼接与组装，下列情况不允许的是（　　）。

　　A. 拼接球形储罐球壳板　　　　　　　　　　B. 压力容器采用十字焊缝

　　C. 压力容器制造过程中强力组装　　　　　　D. 单个筒体的长度小于 300mm

5. 按 GB 150—2011《压力容器》规定，属于 A 类焊接接头的有（　　）。

　　A. 圆筒部分（包括接管）和锥壳部分的纵向接头（多层包扎容器层板层纵向接头除外）

　　B. 球形封头与圆筒连接的环向接头

　　C. 各类凸形封头和平封头中的所有拼焊接头

　　D. 嵌入式的接管或凸缘与壳体对接连接的接头

6. 按 GB 150—2011《压力容器》规定，属于 B 类焊接接头的有（　　）。

　　A. 壳体部分的环向对接接头

　　B. 锥形封头小端与接管连接的对接接头

　　C. 长颈法兰与壳体或接管连接的对接接头

　　D. 平盖或管板与圆筒对接连接的接头以及接管间的对接环向接头

7. 按 GB 150—2011《压力容器》规定，属于 C 类焊接接头的有（　　）。

　　A. 球冠形封头、平盖、管板与圆筒非对接连接的接头

　　B. 法兰与壳体或接管连接的对接接头

　　C. 内封头与圆筒的搭接接头

　　D. 多层包扎容器层板层纵向接头

8. 按 GB 150—2011《压力容器》规定，属于 D 类焊接接头的有（　　）。

　　A. 接管与壳体连接的接头　　　　　　　　　B. 凸缘与壳体连接的接头

　　C. 补强圈与壳体连接的接头　　　　　　　　D. 人孔圆筒与壳体连接的接头

9. 压力容器产品施焊前，应当进行焊接工艺评定或者具有经过评定合格的焊接工艺规程（WPS）支持的焊缝有（　　）。

　　A. 受压元件焊缝、与受压元件相焊的焊缝　　B. 熔入永久焊缝内的定位焊缝

　　C. 受压元件母材表面堆焊与补焊　　　　　　D. 上述焊缝的返修焊缝

三、判断题

1. 根据 TSG 21—2016 规定，压力容器根据其危险程度，划分为 Ⅰ、Ⅱ、Ⅲ 类。（　）

2. 返修应当依据本规程进行焊接工艺评定或者具有经过评定合格的焊接工艺规程支持，施焊时应当有详尽的返修记录。（　）

3. 要求焊后热处理的压力容器，一般在热处理前焊缝返修，如热处理后进行焊缝返修，应当根据补焊深度确定是否需要进行消除应力处理。（　）

4. 按 GB 150—2011《压力容器》规定，压力容器受压元件之间焊接接头分为 A、B、C、D 四类。（　）

5. 按 GB 150—2011《压力容器》规定，非受压元件与受压元件的连接接头为 E 类焊接接头。（　）

1.2 编制分离器对接焊缝焊接工艺评定任务书

任务解析

分析分离器的技术要求，依据 NB/T 47014—2011（JB/T 4708）《承压设备焊接工艺评定》，根据企业的实际生产条件，在能保证焊接质量的前提下，选择最经济的焊接方法、母材和焊材等进行焊接工艺评定，编制焊接工艺评定（Welding Procedure Qualification，简称 WPQ）任务书。

必备知识

1.2.1 特种设备焊接工艺评定的重要性和目的

焊接工艺评定（WPQ）是为验证所拟定的焊件焊接工艺的正确性而进行的试验过程及结果评价。它包括焊前准备、焊接、试验及其结果评价的过程。焊接工艺评定也是生产实践中的一个重要过程，这个过程有前提、有目的、有结果、有限制范围。

1. 焊接工艺评定的重要性

随着《中华人民共和国特种设备安全法》《特种设备安全监察条例》的施行，特种设备的焊接是一项越来越重要的控制内容。焊接工艺评定是保证特种设备焊接工程质量的有效措施，也是保证其焊接质量的一个重要环节。焊接工艺评定是锅炉、压力容器和压力管道焊接之前技术准备工作中一项不可缺少的重要内容；是国家质量技术监督机构进行工程审验时必检的项目；是保证焊接工艺正确和合理的必经途径；是保证焊件的质量、焊接接头的各项性能必须符合产品技术条件和相应标准要求的重要保证。因此，必须通过焊接工艺评定对焊接工艺的正确性和合理性加以检验，并为正式制订焊接工艺规程（WPS，它是根据合格的焊接工艺评定报告编制的，用于产品施焊的焊接工艺文件）提供可靠的依据。焊接工艺评定还能够在保证焊接质量的前提下尽可能提高焊接生产率并降低生产成本，获取最大的经济效益。

2. 焊接工艺评定的目的

焊接工艺评定的目的是确定拟制造的焊件对于预期的应用具有要求的性能，焊接工艺评定确定的是焊件的性能，而不是焊工和焊机操作工的技能。

焊接接头的使用性能是设计的基本要求，通过拟定正确的焊接工艺，保证焊接接头获得所要求的使用性能。而焊接技能评定的基本准则是确定焊工熔敷优质焊缝金属的能力；焊机操作工评定的基本准则是确定焊机操作工操作焊接设备的能力。对接焊缝和角焊缝焊接工艺评定的目的是使焊接接头的力学性能、弯曲性能符合规定；耐蚀堆焊工艺评定的目的是使堆焊层化学成分符合规定；而焊接工艺附加评定的目的是使焊接接头的特殊性能（如保证焊透、角焊缝厚度）符合规定。通过施焊试件和制作试样验证预焊接工艺规程（pWPS）的正确性，焊接工艺正确与否的标志在于焊接接头的性能是否符合要求。如果符合要求，则证明所拟定的焊接工艺是正确的。当用拟定的焊接工艺焊接产品时，则产品焊接接头的性能同样可以满足要求。

1.2.2 常用焊接工艺评定标准的选择

焊接工艺评定是保证焊接产品焊接质量的重要措施，但焊接工艺评定是具有针对性的，各种产品的技术条件要求是不同的，如果产品是压力容器，则其工艺评定的试验结果应该符合压力容器的技术条件标准要求；如果产品是承重钢结构，则其工艺评定试验结果应该符合该承重钢结构的技术条件标准要求；如果是核电产品，就需要满足核电产品的技术条件标准要求；如果是出口产品，需要符合使用国或地区的技术条件标准要求等。焊接工艺评定工作就是以满足产品的技术条件作为焊接工艺评定试验合格标准的首要要求。国际上制定了许多焊接工艺评定的规范和标准，如美国机械工程师协会 ASME BPVC. Ⅸ—2017《焊接、钎接和粘接评定》、国际标准 ISO 15614《金属材料焊接工艺规程和评定 焊接工艺试验》等。国内不同行业均制定了焊接工艺评定标准，如 NB/T 47014—2011（ JB/T 4708 ）《承压设备焊接工艺评定》、GB 50661—2011《钢结构焊接规范》、DLT/T 868—2014《焊接工艺评定规程》、GB 50236—2011《现场设备、工业管道焊接工程施工规范》、中国船级社《材料与焊接规范》等。

美国机械工程师协会 ASME BPVC. Ⅸ—2017《焊接、钎接和粘接评定》是关于焊工、焊机操作工、钎焊工和钎机操作工的评定，以及依据 ASME 锅炉及压力容器规范和 ASME B31 压力管道规范所采用的焊接或钎焊工艺的评定，是一个通用规范。除锅炉及压力容器外，也被广泛应用于其他工业的焊接产品。

ISO 15614《金属材料焊接工艺规程和评定 焊接工艺试验》含有 13 个标准，分别规定了钢的电弧焊和气焊、镍和镍合金的电弧焊；铝及铝合金的电弧焊；非合金和低合金铸铁的熔焊；铸铝的精焊；钛、锆及其合金的电弧焊；铜和铜合金的电弧焊；堆焊；管 – 管板接头的焊接；水下高压湿法焊接；水下高压干法焊接；电子束及激光焊接；点焊、缝焊及凸焊；电阻对焊及闪光焊接的焊接工艺评定要求。

NB/T 47014—2011 （ JB/T 4708 ）《承压设备焊接工艺评定》是适用于承压设备（锅炉、压力容器、压力管道）的对接焊缝和角焊缝焊接工艺评定、耐蚀堆焊焊接工艺评定、复合金属材料焊接工艺评定、换热管与管板焊接工艺评定和焊接工艺附加评定以及螺柱电弧焊工艺评定的规则、试验方法和合格指标。该标准适用于气焊、焊条电弧焊、埋弧焊、钨极气体保护焊、熔化极气体保护焊、电渣焊、等离子弧焊、摩擦焊、气电立焊和螺柱电弧焊等焊接方法。

GB 50661—2011《钢结构焊接规范》适用于工业与民用钢结构工程中承受静荷载或动荷载、钢材厚度不小于 3mm 的结构焊接。该标准适用的焊接方法包括焊条电弧焊、气体保护焊、药芯焊丝自保护焊、埋弧焊、电渣焊、气电立焊和栓钉焊及其组合。

DL/T 868—2014《焊接工艺评定规程》是适用于电力行业锅炉、压力容器、管道和钢结构的制作、安装、检修实施前进行焊接工艺评定的规则、试验方法和合格标准。该标准适用于焊条电弧焊、钨极氩弧焊、熔化极实心/药芯焊丝气体保护焊、气焊、埋弧焊等焊接方法的焊接工艺评定。

GB 50236—2011《现场设备、工业管道焊接工程施工规范》适用于碳素钢、合金钢、铝及铝合金、铜及铜合金、钛及钛合金（低合金钛）、镍及镍合金、锆及锆合金材料的焊接工程的施工。该标准适用于气焊、焊条电弧焊、埋弧焊、钨极惰性气体保护焊、熔化极气体保护焊、自保护药芯焊丝电弧焊、气电立焊和螺柱焊等焊接方法。

中国船级社（简称CCS）《材料与焊接规范》（2016版）第三篇适用于船体结构、海上设施结构、锅炉、受压容器、潜水器、管系和重要机械构件的焊接、焊工资格考核以及焊接材料认可。该规范适用于焊条电弧焊、埋弧焊、气体保护焊和电渣焊等焊接方法。如果选用其他焊接方法，应提供相应的适应性证明材料，经CCS批准后方可采用；在船舶或海上设施建造中，若选用本规范规定以外的焊接材料（包括新焊接材料），应将其化学成分、力学性能和试验方法等有关技术资料提交CCS批准后方可采用。

1.2.3 承压设备焊接工艺评定的依据

1）法律：《中华人民共和国特种设备安全法》。

2）行政法规：《特种设备安全监察条例》（2009版）。

3）行政规章：国家质量监督检验检疫总局（简称质监总局）第22号令《锅炉压力容器制造监督管理办法》及其附件等。

4）安全技术规范（规范性文件）：TSG 21—2016《固定式压力容器安全技术监察规程》等。

5）压力容器的设计、制造、安装、改造、维修、检验和监督安全技术规范。

6）压力容器的设计、制造、安装、改造、维修、检验和监督标准。

7）压力容器用材料（母材和焊材）标准。

8）压力容器的质量管理要求和焊接装备、焊接工艺现状等。

9）参照美国ASME BPVC.Ⅸ《焊接、钎接和粘接评定》进行编制。美国ASME锅炉压力容器规范(BPVC)在国际上具有极强的广泛性和权威性，目前已被113个国家和地区认可。

1.2.4 承压设备焊接工艺评定流程

焊接工艺评定的一般过程是：根据金属材料的焊接性，依据设计文件规定和制造工艺拟定预焊接工艺规程（pWPS），施焊试件和制取试样，检测焊接接头是否符合规定的要求，并形成焊接工艺评定报告（PQR），对预焊接工艺预规程（pWPS）进行评价。

从焊接工艺流程图（图1-8）可以看出，焊接工艺评定工作是整个焊接工作的前期准备。首先，由具有一定专业知识且有相当实践经验的焊接工艺人员下达焊接工艺评定任务书；根据钢材的焊接性，结合产品设计要求和工艺条件编制预焊接工艺规程（pWPS）；依据所拟定的预焊接工艺规程进行焊前准备、焊接试件；依据标准检验试件、制取试样、测定性能是否符合所要求的使用性能的各项技术指标；最后将全过程积累的各项焊接工艺因素、焊接数据和试验结果整理成具有结论性、推荐性的资料，形成焊接工艺评定报告（PQR）。如果评定不合格，应修改预焊接工艺规程并继续评定，直到评定合格为止。

1.2.5 承压设备焊接工艺评定试件分类对象

在说明焊接工艺评定试件分类对象之前，首先要理解"焊缝"和"焊接接头"这两个不同的概念。

"焊缝"是指焊件经焊接后所形成的结合部分，而"焊接接头"则是由两个或两个以上零件用焊接组合或已经焊合的接点。检验焊接接头性能应考虑焊缝、熔合区、热影响区甚至母材等不同部位的相互影响。

焊缝分为对接焊缝、角焊缝、塞焊缝、槽焊缝和端接焊缝，共5种。

焊接接头分为对接接头、T形接头、十字接头、搭接接头、塞焊搭接接头、槽焊接头、角接接头、

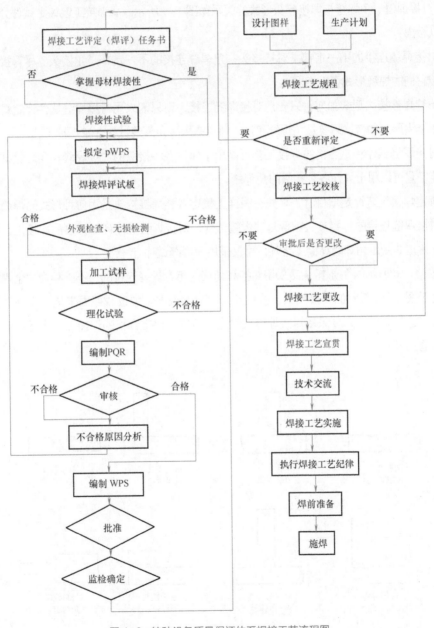

图 1-8 特种设备质量保证体系焊接工艺流程图

端接接头、套管接头、斜对接接头、卷边接头、锁底接头，共 12 种。

从焊接角度来看，任何结构的压力容器都是由各种不同的焊接接头和母材构成的，而不管是何种焊接接头都是由焊缝连接的，焊缝是组成不同形式接头的基础。焊接接头的使用性能由焊缝的焊接工艺决定，因此焊接工艺评定试件分类对象是焊缝而不是焊接接头。在标准中将焊接工艺评定试件分为对接焊缝试件和角焊缝试件，并对它们的适用范围作了规定。没有对塞焊缝、槽焊缝和端接焊缝的焊接工艺评定作出规定。对接焊缝或角焊缝试件评定合格的焊接工艺不适用于塞焊缝、槽焊缝和端接焊缝。对接焊缝试件评定合格的焊接工艺也适用于角焊缝，这是从力学性能准则出发得出的。

1）对接焊缝、角焊缝与焊接接头形式的关系如图 1-9 所示。从焊接工艺评定试件分类角度出发，可以看出：

①对接焊缝连接的不一定都是对接接头；角焊缝连接的不一定都是角接接头。尽管接头形式不同，连接它们的焊缝形式可以相同。

②不管焊件接头形式如何，只要是对接焊缝连接，则只需采用对接焊缝试件评定焊接工艺；不管焊件接头形式如何，只要是角焊缝连接，则只需采用角焊缝试件评定焊接工艺。

③对接焊缝试件评定合格的焊接工艺可以用于焊件各种接头的对接焊缝；角焊缝试件评定合格的焊接工艺可以用于焊件各种接头的角焊缝。

在确定焊接工艺评定项目时，首先在图样上确定各类焊接接头是用何种形式的焊缝连接的，只要是对接焊缝连接的焊接接头就取对接焊缝试件，对接焊缝试件评定合格的焊接工艺也适用于角焊缝；评定非受压角焊缝焊接工艺时，可仅采用角焊缝试件。

2）图 1-10 所示的 T 形接头是采用对接和角接的组合焊缝连接的，不能称为"全焊透的角焊缝"。对于图 1-10 所示的焊接接头，按设计要求分为截面全焊透或截面未全焊透两种情况。在进行焊接工艺评定时，只要采用对接焊缝试件进行评定，评定合格的焊接工艺也适用于组合焊缝中的角焊缝。

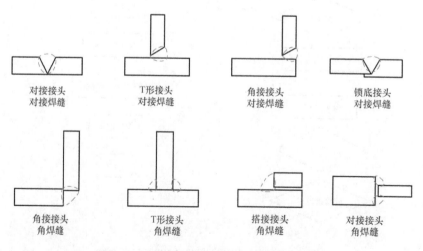

图 1-9 对接焊缝、角焊缝与焊接接头形式的关系

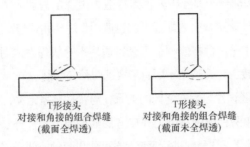

T形接头
对接和角接的组合焊缝
（截面全焊透）

T形接头
对接和角接的组合焊缝
（截面未全焊透）

图 1-10 T形接头对接和角接的组合焊缝

1.2.6 评定方法

1）试件形式：试件分为板状与管状两种，管状指管道和环。

①试件形式示意如图 1-11 所示。摩擦焊试件接头形状应与产品规定一致。

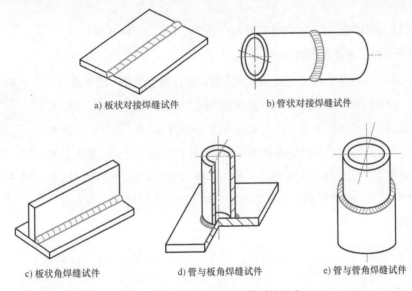

a) 板状对接焊缝试件   b) 管状对接焊缝试件

c) 板状角焊缝试件   d) 管与板角焊缝试件   e) 管与管角焊缝试件

图 1-11 对接焊缝和角焊缝试件形式

②评定对接焊缝预焊接工艺规程时，采用对接焊缝试件，对接焊缝试件评定合格的焊接工艺，适用于焊件中的对接焊缝和角焊缝。

评定非受压角焊缝预焊接工艺规程时，可仅采用角焊缝试件。

承压设备上的焊缝按其受力性质可分为受压焊缝和受力焊缝。受压焊缝为承受因压力而带来的力作用的焊缝，而受力焊缝则承受非压力（如支撑力、重力等）而产生的力作用的焊缝。对接焊缝试件评定合格的焊接工艺也适用于角焊缝，其含义为既适用于受压角焊缝也适用于非受压角焊缝（如受力角焊缝、密封角焊缝、连接角焊缝等）。只有评定非受压角焊缝焊接工艺时，才可仅采用角焊缝试件。

对产品进行焊接工艺评定时，不管压力容器是由何种形式的焊接接头构成，只看是何种焊缝形式连接。只要是对接焊缝连接则取对接焊缝试件，只要是角焊缝连接则取角焊缝试件。角焊缝主要承受剪切力，JIS B 8266—2003《压力容器构造》中规定剪切应力最大值为基本许用应力的80%，所以，对接焊缝试件评定合格的焊接工艺也适用于焊件角焊缝。

2）板状对接焊缝试件评定合格的焊接工艺，适用于管状焊件的对接焊缝，反之亦可。任一角焊缝试件评定合格的焊接工艺，适用于所有形式的焊件角焊缝。

对接焊缝试件与角焊缝试件与焊件之间的关系，与管材直径无关，只与（管壁）厚度有关。

3）当同一条焊缝使用两种或两种以上焊接方法或重要因素、补加因素不同的焊接工艺时，可按每种焊接方法（或焊接工艺）分别进行评定；亦可使用两种或两种以上焊接方法（或焊接工艺）焊接试件，进行组合评定。

组合评定合格的焊接工艺用于焊件时，可以采用其中一种或几种焊接方法（或焊接工艺），但应保证其重要因素、补加因素不变。只需其中任一种焊接方法（或焊接工艺）所评定的试件母材厚度，来确定组合评定试件适用于焊件母材的厚度有效范围。

任务实施

1.2.7　编制8mmQ235B焊条电弧焊对接焊缝焊接工艺评定任务书

1. 分离器焊接工艺评定范围分析

分离器上哪些焊缝的焊接工艺必须有合格的评定，哪些焊缝可以不评定，依据 TSG 21—2016 第4.2.1.1（1）条明确规定"压力容器产品施焊前，受压元件焊缝、与受压元件相焊的焊缝、熔入永久焊缝内的定位焊缝、受压元件母材表面堆焊与补焊，以及上述焊缝的返修焊缝都应当进行焊接工艺评定或者具有经过评定合格的焊接工艺规程（WPS）支持"。在 NB/T 47015—2011《压力容器焊接规程》又更具体地说明下列各类焊缝的焊接工艺必须按 NB/T 47014—2011 评定合格：

1.2　对接焊缝焊接工艺评定任务书编制要点

1）受压元件焊缝。

2）与受压元件相焊的焊缝。

3）上述焊缝的定位焊缝。

4）受压元件母材表面堆焊、补焊。

依据要求，分离器上A、B、C、D、E类焊接接头焊缝的焊接工艺都必须有焊接工艺评定来支持。依据 NB/T 47014—2011 第4.2条焊接工艺评定一般过程是：根据金属材料的焊接性，依据设计文件规定和制造工艺拟定预焊接工艺规程，施焊试件和制取试样，检测焊接接头是否符合规定的要求，并形成焊接工艺评定报告对预焊接工艺规程进行评价。

大部分企业在编制分离器对接焊缝的预焊接工艺规程前，都会先编制焊接工艺评定任务书，下达焊接工艺评定的具体要求，包括选择焊件的母材牌号规格、焊接方法、焊接材料、熔敷厚度、检验项目、试样数量、试验方法及评定指标等内容。

2. 分离器焊接工艺评定任务书的编制说明

依据 NB/T 47014—2011 中对接焊缝评定规则、试验要求和结果评价等要求，填写分离器对接焊缝采用焊条电弧焊的焊接工艺评定任务书（表1-3）。

表1-3　焊接工艺评定任务书（分离器对接焊缝）

单位名称	1)		工作令号	2)
			预焊接工艺规程编号	3)
评定标准	4)		评定类型	5)
母材牌号	母材规格	焊接方法	焊接材料	熔敷厚度
6)	7)	8)	9)	10)
焊接位置	11)			

试件检验：试验项目、试样数量、试验方法和评定指标12)

			外观检验		13)		
			无损检测		13)		
			试验项目	试样数量	试验方法	合格指标	备注
力学性能14)	拉伸试验		常温	14)	15)	16)	
			高温				
	弯曲试验 □ 横向 □ 纵向		面弯	14)	17)	18)	
			背弯	14)			
			侧弯				
	冲击试验		焊缝区	14)	19)	20)	
			热影响区	14)			
			宏观金相检验				
			化学成分分析				
			硬度试验				
			腐蚀试验				
			铁素体测定				
			其他				
编制	21)	日期		审核	22)	日期	

为了更好地理解焊接工艺评定任务书的要求，为简化起见将表1-3中各项内容都用数字代号表示进行说明：

1) 实际使用并进行焊接工艺评定的单位名称，与经营注册名称一致。

2) 企业生产中每台产品都有生产令号，在企业质量保证手册中明确规定编制方法。大部分单位都是依据年代编制的，例如2017年第一台产品就是201701。焊接工艺评定的工作令号可以写工艺评定编号，如PQR01。

3）依据企业质量保证手册中焊接质量控制体系中焊接工艺评定的编号规则来编写，一般会采用年代和当年的序号来编写，例如 2017 年的第一个评定，编号为 pWPS2017-01；小企业中的评定少，也会直接依据数量来编写，例如 pWPS01。

4）填写选择进行焊接工艺评定遵守的技术标准，需要写清楚版本，如承压设备焊接工艺评定标准 NB/T 47014—2011。

5）焊接工艺评定试件的分类对象是焊缝，依据 NB/T 47014—2011 中第 6.3.1.2 条规定，评定对接焊缝预焊接工艺规程时，采用对接焊缝试件，对接焊缝试件评定合格的焊接工艺，适用于焊件中的对接焊缝和角焊缝。所以在焊接工艺评定时，常选用对接焊缝。

6）焊接工艺评定选择材料时，根据分离器的钢材，分析其焊接性，NB/T 47014—2011 第 5.1.2 条规定，金属材料依据其化学成分、力学性能和焊接性分为 14 类，见表 1-4。其目的是在保证焊接质量的前提下，为了减少焊接工艺评定的数量，节约成本，提高效率。

表 1-4 金属材料分类

类别	金属材料简称	NB/T 47014—2011分类号
第一类	强度钢	Fe-1
第二类	待定	Fe-2
第三类	含Mo的强度钢，一般 $w_{Mo} \geqslant 0.3\%$	Fe-3
第四类	铬钼耐热钢，$w_{Cr} < 2\%$	Fe-4
第五类	铬钼耐热钢，$w_{Cr} \geqslant 2.5\%$	Fe-5
第六类	马氏体不锈钢	Fe-6
第七类	马氏体不锈钢	Fe-7
第八类	奥氏体不锈钢	Fe-8
第九类	$w_{Ni} = 3\%$ 的低温钢	Fe-9B
第十类	奥氏体和铁素体的双相不锈钢和高铬铁素体钢	Fe-10H和Fe-10I
第十一类	铝及铝合金	Al-1~Al-5
第十二类	钛及钛合金	Ti-1~Ti-2
第十三类	铜及铜合金	Cu-1~Cu-5
第十四类	镍及镍合金	Ni-1~Ni-5

假如是新企业，一般选择和产品一样的金属材料；假如是老企业，会根据分类和材料评定规则选择使用与其焊接性相似的同类材料进行焊接工艺评定。

7）依据 NB/T 47014—2011 第 6.1.5 条试件厚度与焊件厚度的评定规则，只要工艺评定合格后，厚度范围能够覆盖的分离器产品钢材厚度的都可以选用；但一定要具体分析，试件厚度应充分考虑适用于焊件厚度的有效范围，尽量使焊接工艺评定的数量越少越好。当选用常用的焊条电弧焊（SMAW）、埋弧焊（SAW）和钨极氩弧焊（GTAW）时，选用表1-5中的厚度，对于有冲击要求的母材，几乎能覆盖焊接产品的所有厚度，焊接工艺评定最经济。

表1-5 NB/T 47014—2011碳素钢和低合金钢焊接工艺评定项目

序号	焊接方法	热处理类型	试件母材厚度/mm	焊件母材厚度覆盖范围/mm
1	SMAW（或SAW、GTAW）	AW（焊态）	4	2~8
2			8	8~16
3			38	16~200

根据NB/T 47014—2011第6.4条检验的要求和结果评价规定，确定需要进行力学性能试验的项目和数量，以及力学性能的取样要求，制取试样时还应避开焊接缺陷。综合考虑上述因素，选择的焊接工艺评定试样的长度和宽度，应满足制备试样的要求，进行手工焊的试板长400mm，进行自动焊的试板长500mm，宽度为125~150mm。

8）依据NB/T 47014—2011第6.1.1条规定，改变焊接方法时，需要重新进行焊接工艺评定，所以这里的焊接方法需要选择与企业生产时一样的焊接方法。如果是多种焊接方法的组合评定，则需同时填写所有的焊接方法。焊接方法的选择要充分考虑构件的几何形状、结构类型、工件厚度、接头形式、焊接位置、母材特性和企业的设备条件、技术水平、焊接用耗材，综合考虑经济效益。

9）焊接工艺评定选择焊接材料时，依据焊接方法选择合适的焊条、焊丝等焊接材料。一般采用等性能原则，强度钢一般采用等强度原则，不锈钢一般采用等成分原则。焊接材料可以依据NB/T 47015—2011第4.2.3条规定进行选择。

10）当采用单一焊接方法焊接工艺评定试板时，全焊透的对接焊缝的熔敷厚度就等于试件厚度；当采用多种焊接方法时，填写按照产品生产需要的每种焊接方法的熔敷厚度，如图1-12所示采用三种焊接方法，它们的熔敷厚度分别为氩弧焊8mm、焊条电弧焊12mm、埋弧焊20mm。

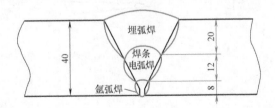

图1-12 40mm厚的试件分别采用三种焊接方法焊接

11）填写分析分离器产品生产时可能采用的焊接位置，当采用立焊时需要增加焊接方向。

①焊缝位置规定的方法。焊接位置的选择要充分考虑产品构件的几何形状、结构类型、工件厚度、接头形式、企业的设备条件、技术水平和综合经济效益，技术水平要求较低的是平焊。下面介绍对接焊缝和角焊缝的位置图。

a. 将对接焊缝或角焊缝置于水平参考面上方，如图 1-13、图 1-14 所示。

b. 焊缝倾角：对接焊缝或角焊缝的轴线（图 1-13、图 1-14 中的 *OP* 线）与水平面的夹角。

c. 当焊缝轴线与水平面重合时，焊缝倾角为 0°；焊缝轴线与垂直面重合时，焊缝倾角为 90°。

d. 焊缝面转角：焊缝中心线（焊根与盖面层中心连线，即图 1-13、图 1-14 中垂直于焊缝轴线的箭头线）围绕焊缝轴线顺时针旋转的角度。

e 当面对 *P* 点，焊缝中心线在 6 点钟时的焊缝面转角为 0°；焊缝中心线旋转再回到 6 点钟时的焊缝面转角为 360°。

②焊缝位置规定的范围：

a. 对接焊缝位置规定的范围见表 1-6 及图 1-13。

b. 角焊缝位置规定的范围见表 1-7 及图 1-14。

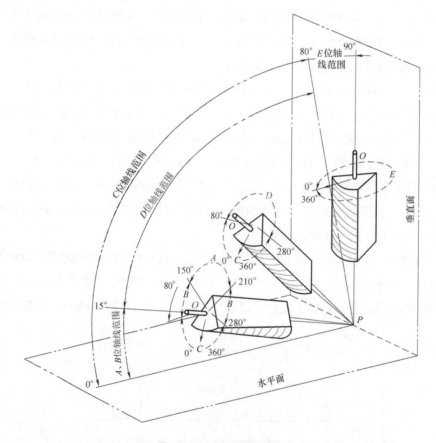

图 1-13 对接焊缝位置图

表 1-6 对接焊缝位置范围

位置	图1-13中位置	焊缝倾角/(°)	焊缝面转角/(°)
平焊缝	*A*	0～15	150～210
横焊缝	*B*	0～15	80～150、210～280

（续）

位置	图1-13中位置	焊缝倾角/（°）	焊缝面转角/（°）
仰焊缝	C	0～80	0～80、280～360
立焊缝	D	15～80	80～280
	E	80～90	0～360

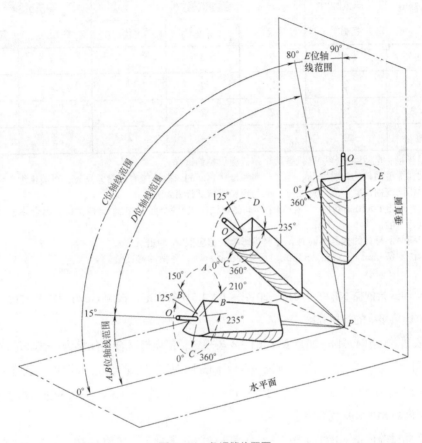

图 1-14　角焊缝位置图

表 1-7　角焊缝位置范围

位置	图1-14中位置	焊缝倾角/（°）	焊缝面转角/（°）
平焊缝	A	0～15	150～210
横焊缝	B	0～15	125～150、210～235
仰焊缝	C	0～80	0～125、235～360
立焊缝	D	15～80	125～235
	E	80～90	0～360

12）依据 NB/T 47014—2011 第 6.4.1.1 条规定，需要进行外观检查、无损检测、力学性能试验和弯曲试验。

13）依据 NB/T 47014—2011 第 6.4.1.2 条规定，进行外观检查和无损检测（按 NB/T 47013—2015）结果不得有裂纹。

14）依据 NB/T 47014—2011 第 6.4.1.3 条规定，明确焊接工艺评定试件不同厚度的检验项目、形式和数量，见表 1-8。

表 1-8　力学性能试验和弯曲试验项目和取样数量

试件母材厚度 T/mm	拉伸试验/个	弯曲试验[2]/个			冲击试验[4]、[5]/个	
	拉伸[1]	面弯	背弯	侧弯	焊缝区	热影响区[4]
T < 1.5	2	2	2	—	—	—
1.5 ≤ T ≤ 10	2	2	2	[3]	3	3
10 < T < 20	2	2	2	[3]	3	3
T ≥ 20	2	—	—	4	3	3

① 一根管接头全截面试样可以代替两个带肩板形拉伸试样。
② 当试件焊缝两侧的母材之间、焊缝金属和母材之间的弯曲性能有显著差别时，可改用纵向弯曲试验代替横向弯曲试验。纵向弯曲时，取面弯和背弯试样各 2 个。
③ 当试件厚度 T≥10mm 时，可以用 4 个横向侧弯试样代替 2 个面弯和 2 个背弯试样。组合评定时，应进行侧弯试验。
④ 当焊缝两侧母材的代号不同时，每侧热影响区都应取 3 个冲击试样。
⑤ 当无法制备 5mm×10mm×55mm 小尺寸冲击试样时，免做冲击试验。

15）拉伸试验依据 NB/T 47014—2011 第 6.4.1.5.3 条规定，按照 GB/T 228.1—2010 规定的试验方法测定焊接接头的抗拉强度。

16）依据 NB/T 47014—2011 第 6.4.1.5.4 条规定，钢质母材合格指标为：试样母材为同一金属材料代号时，每个（片）试样的抗拉强度应不低于钢质母材规定的抗拉强度最低值（等于其标准规定的抗拉强度的下限值）。如采用 GB/T 713—2014 中的 16mm Q345R 板进行焊接工艺评定，那么抗拉强度 ≥ 510 MPa 为合格。

17）弯曲试验依据 NB/T 47014—2011 第 6.4.1.6.3 条规定，按照 GB/T 2653—2008 进行弯曲试验，测定焊接接头的完好性，低碳钢、低合金钢、不锈钢弯曲试验条件及参数见表 1-9。

表 1-9　低碳钢、低合金钢、不锈钢弯曲试验条件及参数

焊缝两侧的母材类别	试样厚度 S/mm	弯心直径 D/mm	支承辊之间距离/mm	弯曲角度/（°）
低碳钢、低合金钢、不锈钢等断后伸长率标准规定值下限等于或者大于 20% 的母材类别	10	40	63	180
	< 10	4S	6S+3	

18）依据 NB/T 47014—2011 第 6.4.1.6.4 条规定，合格指标为：对接焊缝试件的弯曲试样弯曲到规定的角度后，其拉伸面上的焊缝和热影响区内，沿任何方向不得有单条长度大于 3mm 的开口缺陷，试样的棱角开口缺陷一般不计，但由未熔合、夹渣或其他内部缺欠引起的棱角开口缺陷

长度应记入。

19）冲击试验依据 NB/T 47014—2011 第 6.4.1.7.2 条规定，试样形式、尺寸和试验方法应符合 GB/T 229—2007 的规定。

20）依据 NB/T47014—2011 第 6.4.1.7.3 条规定，钢质材料冲击试验的合格指标为：

①试验温度应不高于钢材标准规定的冲击试验温度。

②钢质焊接接头每个区 3 个标准试样为一组的冲击吸收能量平均值应符合设计文件或相关技术文件规定，且不应低于表 1-10 中的规定值，至多允许有 1 个试样的冲击吸收能量低于规定值，但不得低于规定值的 70%。

③宽度为 7.5mm 或者 5mm 的小尺寸冲击试样的冲击吸收能量指标，分别是标准试样冲击吸收能量指标的 75% 或 50%。

表 1-10　钢材及奥氏体不锈钢焊缝的冲击吸收能量最低值

材料类别	钢材标准抗拉强度下限值R_m/MPa	3 个标准试样冲击吸收能量平均值KV_2/J
碳钢和低合金钢	≤450	≥20
	>450~510	≥24
	>510~570	≥31
	>570~630	≥34
	>630~690	≥38
奥氏体不锈钢	—	≥31

当规定进行冲击试验时，需增加补加因素。国内压力容器标准或法规中都没有规定在何种情况下要进行冲击试验。ASME 中锅炉压力容器规范第Ⅷ卷第一分卷中根据钢材强度级别及交货状态，最低设计温度和焊接件的控制厚度，绘制了冲击试验豁免曲线，作为焊接接头是否需要进行冲击试验的依据。目前，国内缺少相当数量的工程失效实例脆断分析和对压力容器用钢韧性追踪考察报告，没有规定进行冲击试验的条件。原劳动部锅炉压力容器安全监察局曾以劳锅局字 [1993]13 号文下发"关于压力容器产品焊接试板问题补充规定的通知"，其中第七条对 TSG 21 规定产品焊接试板要进行"必要的冲击韧性试验"。所谓必要的是指：

a.TSG 21《固定式压力容器安全技术监察规程》、GB 150《压力容器》、压力容器产品专项标准规定要做冲击韧性试验的。

b.压力容器产品设计图样规定要做冲击韧性试验的。

c.按压力容器产品所选用的材料，其材料标准规定要做冲击韧性试验的。

在国内压力容器法规和标准没有正式规定之前，各评定单位暂以劳锅局字 [1993]13 号文作为确定冲击韧性试验的依据。

特别要说明的是，由于国内对承压设备冲击试验的要求是由标准、实际文件或钢材本身有无冲击试验来决定的，可以说，几乎大部分压力容器用钢都要求进行冲击试验，这点和 ASME 不尽相同。

21）填写实际编制人员，一般是焊接工艺员，同时填写编制完成的时间。

22）依据 TSG 21—2016 要求，由焊接责任工程师审核。

1.2.8　教学案例：4mmQ235B 焊条电弧焊对接焊缝焊接工艺评定任务书

4mm Q235B 焊条电弧焊对接焊缝焊接工艺评定任务书见表 1-11。

表 1-11　4mmQ235B 焊条电弧焊对接焊缝焊接工艺评定任务书

单位名称		XXXXXX设备有限公司			工作令号	PQR02
					预焊接工艺规程编号	pWPS02
评定标准		NB/T 47014—2011			评定类型	对接
母材牌号		母材规格	焊接方法		焊接材料	熔敷厚度
Q235B		4mm	SMAW		J422（E4303）	4mm
焊接位置		平焊（1G）				
试件检验：试验项目、试样数量、试验方法和评定指标						
外观检验		不得有裂纹				
无损检测		100%RT，按NB/T 47013.2—2015，不得有裂纹				
试验项目			试样数量	试验方法	合格指标	备注
力学性能	拉伸试验	常温	2	GB/T 228.1—2010	$R_m \geqslant 370MPa$	焊接接头
		高温	—	—	—	—
	弯曲试验 ☑ 横向 □ 纵向	面弯	2	GB/T 2653—2008 弯心直径D= 16 mm 支座间距离L= 27 mm 弯曲角度α =180°	拉伸面上沿任何方向不得有单条长度大于3mm的裂纹或缺陷	—
		背弯	2			
		侧弯	—			
	冲击试验	焊缝区	—	—	—	—
		热影响区	—			
	宏观金相检验		—	—	—	—
	化学成分分析		—	—	—	—
	硬度试验		—	—	—	—
	腐蚀试验		—	—	—	—
	铁素体测定		—	—	—	—
	其他		—			
编 制	XXX		日 期	XXX	审 核	（焊接责任工程师）| 日 期	XXX

思考与练习

一、单选题

1. 按照 NB/T 47014—2011，当规定进行冲击试验时，焊接工艺评定合格后，若 $T \geqslant$（　　），适用于焊件母材厚度的有效范围最小值为试件厚度 T 与 16mm 两者中的较小值。

　　A. 4mm　　　　　　B. 6mm　　　　　　C. 8mm　　　　　　D. 16mm

2. 焊接 Q235B 材料时，其焊接材料的选择一般遵循（　　）原则。

　　A. 等韧性　　　　　B. 等塑性　　　　　C. 等强度　　　　　D. 等力学性能

3. 根据 NB/T 47014—2011，对接焊缝试件的弯曲试样弯曲到规定的角度后，其拉伸面上的焊缝和热影响区内沿任何方向不得有单条长度大于（　　）mm 的开口缺陷。

　　A. 1　　　　　　　B. 2　　　　　　　C. 3　　　　　　　D. 4

4. 以下（　　）是国内压力容器焊接工艺评定的标准。

　　A. ASME IX《焊接、钎接和粘接评定》　　　B. GB 50661—2011《钢结构焊接规范》

　　C. 中国船级社《材料与焊接规范》　　　　　D. NB/T 47014—2011《承压设备焊接工艺评定》

5. 根据 NB/T 47014—2011，对接焊缝工艺评定拉伸试样要（　　）个。

　　A. 1　　　　　　　B. 2　　　　　　　C. 3　　　　　　　D. 4

6. 根据 NB/T 47014—2011，对接焊缝工艺评定弯曲试样要（　　）个。

　　A. 1　　　　　　　B. 2　　　　　　　C. 3　　　　　　　D. 4

7. 根据 NB/T 47014—2011，对接焊缝需要冲击韧性工艺评定试验时，冲击试样每个区取（　　）个。

　　A. 1　　　　　　　B. 2　　　　　　　C. 3　　　　　　　D. 4

8. 焊条电弧焊的英文缩写是（　　）。

　　A. SMAW　　　　　B. GTAW　　　　　C. GMAW　　　　　D. SAW

9. 根据 NB/T 47014—2011，焊接工艺评定拉伸试验的标准是（　　）。

　　A. GB/T 228—2010　B. GB/T 2653—2008　C. GB/T 229—2007　D. GB/T 232—2010

10. 根据 NB/T 47014—2011，焊接工艺评定冲击试验的标准是（　　）。

　　A. GB/T 228.1—2010　B. GB/T 2653—2008　C. GB/T 229—2007　D. GB/T 232—2010

二、多选题

1. NB/T 47014—2011 的适用范围是（　　）。

　　A. 锅炉　　　　　　B. 船舶　　　　　　C. 压力容器　　　　D. 压力管道

2. 根据 NB/T 47014—2011，焊接完成的对接焊缝试件需要进行（　　）。

　　A. 外观检测　　　　B. 无损检测　　　　C. 力学性能试验　　D. 弯曲试验

3. NB/T 47014—2011 适用于（　　）等焊接方法。

　　A. 焊条电弧焊　　　B. 熔化极气体保护焊　C. 钨极氩弧焊　　　D. 等离子弧焊

4. 根据NB/T 47014—2011,对接焊缝需要冲击韧性工艺评定试验时,冲击韧性试验需要在( )进行。

    A. 母材   B. 焊缝区   C. 熔合区   D. 热影响区

三、判断题

1. 根据NB/T 47014—2011,焊接工艺评定拉伸试验的标准是GB/T 2653—2008。( )

2. 根据NB/T 47014—2011,焊接工艺评定冲击试验的标准是GB/T 229—2007。( )

3. 根据NB/T 47014—2011,焊接工艺评定拉伸试验的标准是GB/T 228.1—2010。( )

4. 根据NB/T 47014—2011,采用角焊缝试样,角焊缝试件评定合格的焊接工艺,适用于焊件中的对接焊缝和角焊缝。( )

5. 按照NB/T 47014—2011,改变焊接方法时,需要重新进行焊接工艺评定。( )

6. 焊接完成的Q235B试样的无损检测(NB/T 47013—2015)结果不得有裂纹。( )

7. 钢质母材规定的抗拉强度的最低值等于其标准规定的抗拉强度的上限值。( )

8. 按照NB/T 47014—2011,对接焊缝评定合格可以焊接角焊缝,且厚度不限。( )

9. 根据NB/T 47014—2011,焊接工艺评定无损检测按NB/T 47013—2015结果无裂纹合格。( )

10. 根据NB/T 47014—2011,焊接工艺评定外观检查结果不得有未熔合、气孔、夹渣等缺陷。( )

1.3　编制对接焊缝焊接工艺评定预焊接工艺规程

任务解析

分析Q235B的焊接性,依据NB/T 47014—2011中对接焊缝焊接工艺评定的要求,理解低碳钢母材和对接焊缝焊条电弧焊焊接工艺评定规则,选择合适的焊接接头、母材、填充金属、焊接位置、预热、焊后热处理、电特性和技术措施,编制分离器对接焊缝焊接工艺评定预焊接工艺规程。

必备知识

1.3.1　承压设备焊接工艺评定的基础

焊接工艺评定的基础是材料的焊接性。钢材的焊接性试验一般包括:根据钢材化学成分、组织和性能进行焊接性分析,预计焊接特点并提出相应的措施与办法;从钢材焊接特点出发,选择与其相适应的焊接方法;通过试验确定若干适用的焊接方法,当焊接方法确定后,依据焊缝金属性能不低于钢材性能的原则进行焊接材料的筛选或研制;在选定某种焊接材料后,着手进行焊接工艺试验,确定合适的焊接规范参数。在确定焊接方法、焊接材料和焊接规范参数的过程中,主要进行焊接性试验,即焊接接头的结合性能和使用性能试验。

材料的焊接性可由材料生产单位提供。材料生产单位在试制出任何一种新钢种时均做了大量的试验研究,材料的焊接性是其中的一个重要内容。如果材料的焊接性不好,则该钢种将无法用于焊接生产,也就不能用于焊制压力容器了。

钢材的焊接性试验目前常用的有以下几种:最高硬度法试验、斜Y形坡口焊接裂纹试验和焊接用插销法冷裂纹试验等。通过焊接性试验,可以确定该钢材的焊接性和焊接时的预热温度、层间温度、热输入的范围等参数。对于碳钢和低合金钢，最简单的办法是通过公式计算出该钢号的 C_{eq}（碳当量）和 P_{cm}（冷裂纹敏感性指数），从理论上进行大致的判断。对于用于压力容器焊接的碳钢和低合金钢，钢材中碳的质量分数应不大于 0.25% ，且 C_{eq}（碳当量）应不大于 0.45%，P_{cm}（冷裂纹敏感性指数）应不大于 0.25% 。

材料的焊接性试验主要解决材料如何焊接的问题，金相组织、裂纹产生的机理、腐蚀试验、回火脆化等问题都属于材料的焊接性范畴，应当在焊接工艺评定前进行充分研究、试验，得出结论。焊接性试验不能回答在具体工艺条件下焊接接头的使用性能是否满足要求这个实际问题，只有依靠焊接工艺评定来完成。焊接工艺评定与材料的焊接性试验是两个相互关联、又有所区别的概念，它们之间不能互相代替。

焊接工艺评定应以可靠的材料焊接性为依据，并在产品焊接前完成。进行焊接工艺评定试验前，首先要拟定预焊接工艺规程（pWPS），由具有一定专业知识和相当生产实践经验的焊接技术人员，依据所掌握材料的焊接性，结合产品设计要求与制造厂焊接工艺和设施，拟定出供评定使用的预焊接工艺规程（pWPS）。拟定的"预焊接工艺规程"与产品特点、制造条件及人员素质有关，每个单位都不完全一样，因此，焊接工艺评定应在本单位进行，不允许"照抄"或"输入"外单位的焊接工艺评定。

1.3.2　承压设备焊接工艺评定适用范围

NB/T 47014—2011 中的焊接工艺评定规则不适用于超出规定范围、变更和增加试件的检验项目。焊接工艺评定试件检验项目也只要求力学性能（拉伸、弯曲和冲击）。如果要增加检验项目，如不锈钢要求检验晶间腐蚀，则不仅要给出相应的检验方法、合格指标，还要给出增加晶间腐蚀检验后评定合格的焊接工艺适用范围，原来的评定规则、焊接工艺评定因素的划分、钢材的分类分组、厚度替代原则等不一定都能适用。例如，不锈钢焊接工艺评定如果增加晶间腐蚀检验，那么评定合格的焊接工艺不能再用"某一钢号母材评定合格的焊接工艺可以用于同组别号的其他钢号母材"这条评定规则。换句话讲，就要重新编制以力学性能、弯曲性能和晶间腐蚀为判断准则的焊接工艺评定标准，原来的焊接工艺评定规则不再适用了。增加其他检验要求也是这个道理。通常，对所要求增加的检验要求，只是对所施焊的试件有效，该评定并没有可省略的评定范围、覆盖范围和替代范围。

1.3.3　承压设备焊接工艺评定规则

1. 对接焊缝和角焊缝的焊接工艺评定规则

NB/T 47014—2011 中规定的评定规则、焊接工艺评定因素类别划分、材料的分类分组、厚度替代原则等，都是围绕焊接接头力学性能（拉伸、冲击和弯曲 ）这个准则，焊接工艺评定试件检验项目也只要求检验力学性能。

例如，可以将众多的奥氏体不锈钢放在一个组内，并规定某一钢号母材评定合格的焊接工艺可以用于同组别号的其他钢号母材，这是因为，虽然这些不锈钢焊接接头的耐蚀性不同，但当通用评定因素和专用评定因素中的重要因素不变时，它们的焊接接头力学性能相同或相近。NB/T 47014—2011 中的焊接工艺评定规则不能直接用来编制焊接作业指导书，如改用同一组中奥氏体不锈钢任一钢号，虽然规定了不要求重新进行焊接工艺评定，但在编制焊接工艺文件时，改用同一组内的另一奥氏体不锈钢钢号时，要考虑腐蚀性能是否满足介质、环境的要求，改用与该钢号相匹配的焊接材料。

2. 对接焊缝和角焊缝重新进行焊接工艺评定的规则

对接焊缝和角焊缝重新进行焊接工艺评定的准则是焊接条件变更是否影响焊接接头的力学性能。

由于压力容器用途广泛，服役条件复杂，因而焊接接头的性能也是多种多样的。当某一焊接条件变更时可能引起焊接接头的一种或多种性能发生变化。目前为止，焊接条件与接头性能之间对应变化规律并没有完全掌握，但对焊接条件变更引起焊接接头力学性能改变的规律掌握得比较充分，因而标准将焊接条件变更是否影响焊接接头力学性能作为是否需要重新进行焊接工艺评定的准则，从而制订承压设备焊接工艺评定标准，确定评定规则。同时焊接接头的力学性能是承压设备设计的基础，也是基本性能，以力学性能作为判断准则也是恰当的。

当依据焊接接头力学性能进行焊接工艺评定时，如产品有其他性能要求，则由焊接工艺人员依据理论知识和科学实验结果来选择焊接条件并规定焊接工艺适用范围。需要指出的是，以焊接接头力学性能作为准则制订焊接工艺评定标准不是不考虑其他性能，而是目前没有条件制订以各种性能作为准则的焊接工艺评定标准。承压设备焊接工艺评定标准是确保焊接接头力学性能符合要求的焊接工艺评定标准（接头形式试验件和耐蚀堆焊工艺评定除外）。

任务实施

1.3.4 编制对接焊缝预焊接工艺规程 pWPS01

按照焊接工艺评定流程，焊接工艺评定前必须根据金属材料的焊接性，按照设计文件的规定和制造工艺拟定预焊接工艺规程（pWPS）。为了更好地理解预焊接工艺规程的要求，为简化起见将表 1-12 中各项内容都用数字代号表示并逐项进行编制说明。

1.3 对接焊缝预焊接工艺规程编制要点

表 1-12 预焊接工艺规程（pWPS）

单位名称＿＿＿＿1）＿＿＿＿

预焊接工艺规程编号＿＿2）＿＿ 日期＿＿3）＿＿ 所依据焊接工艺评定报告编号＿＿4）＿＿

焊接方法＿＿＿5）＿＿ 机械化程度（手工、机动、自动）＿＿＿6）＿＿＿

焊接接头： 坡口形式＿＿＿7）＿＿＿ 衬垫（材料及规格）＿＿8）＿＿ 其他＿＿＿9）＿＿＿	简图：（接头形式、坡口形式与尺寸、焊层、焊道布置及顺序） 10）

母材：

类别号＿＿11）＿＿ 组别号＿＿＿＿＿ 与类别号＿＿＿＿＿ 组别号＿＿＿＿＿ 相焊或

标准号＿＿12）＿＿ 钢号＿＿13）＿＿ 与标准号＿＿＿＿＿ 钢号＿＿＿＿＿ 相焊

对接焊缝焊件母材厚度范围＿＿＿＿＿＿14）＿＿＿＿＿＿

角焊缝焊件母材厚度范围＿＿＿＿＿＿15）＿＿＿＿＿＿

管子直径、壁厚范围：对接焊缝＿＿＿＿＿16）＿＿＿＿＿，角焊缝＿＿＿＿＿17）＿＿＿＿＿

其他＿＿＿＿＿＿＿＿18）＿＿＿＿＿＿＿＿

（续）

填充金属：

焊材类别	19）	
焊材标准	20）	
填充金属尺寸	21）	
焊材型号	22）	
焊材牌号（金属材料代号）	23）	
填充金属类别	24）	

其他 ＿＿＿＿＿＿＿＿＿＿＿25）＿＿＿＿＿＿＿＿＿＿＿＿＿＿＿＿＿＿＿＿＿

对接焊缝焊件焊缝金属厚度范围：＿＿＿17）＿＿＿角焊缝焊件焊缝金属厚度范围：＿＿＿＿＿＿

耐蚀堆焊金属化学成分（质量分数，%）26）

C	Si	Mn	P	S	Cr	Ni	Mo	V	Ti	Nb

其他：27）

焊接位置：28）
　　对接焊缝位置＿＿＿＿＿＿＿＿＿＿＿＿
　　立焊的焊接方向（向上、向下）＿＿＿＿＿
　　角焊缝位置＿＿＿＿＿＿＿＿＿＿＿＿
　　立焊的焊接方向（向上、向下）＿＿＿＿＿

焊后热处理：29）
　　保温温度/℃＿＿＿＿＿＿＿＿＿＿
　　保温时间范围/h＿＿＿＿＿＿＿＿＿

预热：30）
　　最小预热温度/℃＿＿＿＿＿＿＿＿＿
　　最大道间温度/℃＿＿＿＿＿＿＿＿＿
　　保持预热时间＿＿＿＿＿＿＿＿＿＿
　　加热方式＿＿＿＿＿＿＿＿＿＿＿＿

气体：31）
　　　　　　　　　气体种类　混合比　流量/（L/min）
　　保护气　　　＿＿＿＿　＿＿＿　＿＿＿＿
　　尾部保护气＿＿＿＿　＿＿＿　＿＿＿＿
　　背面保护气＿＿＿＿　＿＿＿　＿＿＿＿

电特性：
电流种类＿＿＿＿32）＿＿＿＿　极性＿＿＿＿＿33）＿＿＿＿＿
焊接电流范围/A＿＿＿34）＿＿＿　电弧电压/V＿＿＿35）＿＿＿
焊接速度（范围）＿＿＿＿36）＿＿＿＿＿＿＿＿＿＿
钨极类型及直径＿＿＿＿39）＿＿＿　喷嘴直径/mm＿＿＿40）＿＿＿＿
焊接电弧种类（喷射弧、短路弧等）＿＿41）＿＿　焊丝送进速度/（cm/min）＿＿42）＿＿
（按所焊位置和厚度，分别列出电流和电压范围，记入下表）

焊道/ 焊层	焊接方法	填充金属		焊接电流		电弧电压/ V	焊接速度/ （cm/min）	热输入/ （kJ/cm）
		牌号	直径/mm	极性	电流/A			
38）	5）	22）	21）	33）	34）	35）	36）	37）

（续）

技术措施：

摆动焊或不摆动焊_____43)_____ 摆动参数_____44)_____

焊前清理和层间清理_____45)_____ 背面清根方法_____46)_____

单道焊或多道焊（每面）_____47)_____ 单丝焊或多丝焊_____48)_____

导电嘴至工件距离/mm_____49)_____ 锤击_____50)_____

其他：_____51)_____

编制	52)	日期		审核	53)	日期		批准	54)	日期	

注：对每一种母材与焊接材料的组合均需分别填表。

1）实际使用并进行焊接工艺评定的单位名称，与经营注册名称一致。

2）这个预焊接工艺规程是依据焊接工艺评定任务书编制的，所以和焊接工艺评定任务书是一致的。

3）这个日期为"焊接工艺评定报告"批准日期或更晚，"预焊接工艺规程"经评定合格才能填写，开始编制的时候这个日期可以不填写。

4）填写对该"预焊接工艺规程"进行评定的"焊接工艺评定报告"的编号。例如针对 PWPS 01 进行工艺评定试验后完成的工艺评定报告，一般简写为 PQR 01。

5）填写任务书选择的焊接方法。

6）机械化程度是相应于焊接方法而言的，用手操作和控制的焊接，就填写"手工"；由焊机操作工直接或在他人指导下，对机械装置夹持的焊枪等进行调节控制以适应焊接条件的焊接，就填写"机动"；无需焊机操作工调节控制设备进行的焊接，就填写"自动"。

7）应填写产品生产选用的坡口形式，一般常用的有 I 型、V 型、Y 型、X 型和 U 型等，可参考 GB/T 985—2008 和 HG/T 20583—2011。

8）依据选用的焊接接头如实填写是否有衬垫，没有填写"无"，有就填写材料和规格。

9）填写焊接接头中没有表达清楚的其他内容，如坡口加工方法、加工质量要求等。

10）画出具体的接头形式、坡口形式与尺寸、焊接层数、焊道布置及焊接顺序。

11）依据 NB/T 47014—2011 第 5.1.2 条填写选用焊接工艺评定材料的类别和组别号。例如低碳钢的类别号为 Fe-1，组别号为 Fe-1-1。

12）当焊接工艺评定选用的钢材在 NB/T 47014—2011 第 5.1.2 条材料分类中时，就不需要填写标准号；假如没有对应的类别和组别号，才在该项目中填写该选用钢材的标准号。

13）填写焊接工艺评定试验选用钢材的钢号，如 Q235B。

14）填写选用板材试件评定合格后适用于对接焊缝焊件母材的厚度范围，依据标准 NB/T 47014—2011 第 6.1.5.1 条规定对接焊缝试件评定合格的焊接工艺适用于焊件厚度的有效范围按表 1-13 和表 1-14 确定。

NB/T 47014—2011 第 6.1.5.2 条规定，用焊条电弧焊、埋弧焊、钨极气体保护焊、熔化极气体保护焊、等离子弧焊和气电立焊等焊接方法完成的试件，当规定进行冲击试验时，焊接工艺评定合格后，若 $T \geqslant 6mm$ 时，适用于焊件母材厚度的有效范围最小值为试件厚度 T 与 16mm 两者中的较小值；当 $T<6mm$ 时，适用于焊件母材厚度的最小值为 $T/2$。如试件经高于上转变温度的焊后热处理或奥氏体材料焊后经固溶处理时，仍按表 1-13 或表 1-14 规定执行。

NB/T 47014—2011 所述及的"焊件"与"试件"厚度，均包括母材和焊缝金属厚度两部分，要不就只述及焊（试）件母材厚度或焊（试）件焊缝金属厚度。

表 1-13　对接焊缝试件厚度与焊件厚度（试件进行拉伸试验和横向弯曲试验）（单位：mm）

试件母材厚度 T	适用于焊件母材厚度的有效范围		适用于焊件焊缝金属厚度（t）的有效范围	
	最小值	最大值	最小值	最大值
<1.5	T	$2T$	不限	$2t$
$1.5 \leq T \leq 10$	1.5	$2T$	不限	$2t$
$10 < T < 20$	5	$2T$	不限	$2t$
$20 \leq T < 38$	5	$2T$	不限	$2t$（$t<20$）
$20 \leq T < 38$	5	$2T$	不限	$2t$（$t \geq 20$）

表 1-14　对接焊缝试件厚度与焊件厚度（试件进行拉伸试验和纵向弯曲试验）（单位：mm）

试件母材厚度 T	适用于焊件母材厚度的有效范围		适用于焊件焊缝金属厚度（t）的有效范围	
	最小值	最大值	最小值	最大值
<1.5	T	$2T$	不限	$2t$
$1.5 \leq T \leq 10$	1.5	$2T$	不限	$2t$
>10	5	$2T$	不限	$2t$

15）依据 NB/T 47014—2011 第 6.1.5.5 条，对接焊缝试件评定合格的焊接工艺用于焊件角焊缝时，焊件厚度的有效范围不限。说明不论是对接焊缝试件或角焊缝试件，评定合格的焊接工艺适用于角焊缝焊件母材厚度不限，此处填"不限"。

16）依据 NB/T 47014—2011 第 6.3.2 条，板状对接焊缝试件评定合格的焊接工艺，适用于管状焊件的对接焊缝，反之亦可。所以此处填写的内容参照 14）和 15）。

17）从试件上测量对接焊缝的实际厚度（余高不计），查阅表 1-13 和表 1-14，确定其焊缝金属厚度范围。如为组合评定，则按各焊接方法或焊接工艺的焊缝厚度分别填写。

18）该处可以填写补充与注释，如返修焊、补焊等。

19）依据 NB/T 47014—2011 第 5.1.3.2 条填写填充金属的分类代号，例如 NB/T 47018—2017 中的 E43×× 型焊条的分类代号为 FeT-1-1。

20）用作压力容器焊接填充金属的焊接材料应符合中国国家标准、行业标准和 NB/T 47018—2017《承压设备用焊接材料订货技术条件》的规定，一般填写 NB/T 47018—2017。

21）根据工艺评定试板的厚度，选择合适的焊接材料，如焊条和焊丝的直径，当可能使用多种直径时，都需要填写。

22）按国家标准规定填写焊材型号，例如 E4303、E5015 等。

23）焊材牌号按《焊接材料产品样本》（1997年，机械工业出版社）填写，例如J422、J507等。

24）依据NB/T 47014—2011第5.1.3.1条规定，填充金属包括焊条、焊丝、填充丝、焊带、焊剂、预置填充金属、金属粉、板极、熔嘴等，依据实际填写。

25）填写焊接材料标准以外的填充金属分类、分组规定等补充内容。

26）只有进行堆焊焊接工艺评定时才填写。

27）堆焊焊接工艺评定时需要补充的一些其他要求。

28）焊接位置的具体内容，依据焊接工艺评定选用的焊缝形式，确定填写对接焊缝还是角焊缝，填写的焊接位置要与任务书一致，如采用立焊，需要明确向上立焊或向下立焊，其他的焊接位置都不需要填写焊接方向。

29）对于焊后热处理，依据NB/T 47014—2011第6.1.4.1条规定，改变焊后热处理类别，需要重新进行焊接工艺评定，所以该处的焊后热处理必须和产品的要求一致，分析产品制造材料的焊接性，确定是否需要热处理。热处理要求可以参照NB/T 47015—2011第4.6条，它明确了热处理厚度、规范、方式等具体要求。

30）分析评定选用材料的焊接性，确定是否需要预热，道间温度、加热方式和保持时间，可以参照NB/T 47015—2011第3.5.7条、第3.6.3条和第4.4条规定。如8mm的Q235B焊接，焊前不需要预热，写室温；层间温度不宜大于300℃，可填写小于或等于300℃。

31）采用需要用保护气体的焊接方法（如熔化极气体保护焊、钨极氩弧焊、等离子弧焊等焊接方法）时，需要填写气体种类、混合比和流量。按照经验，钨极氩弧焊时氩气的合适流量为0.8~1.2倍的喷嘴直径；熔化极气体保护焊时短路过渡的气体流量为15~20L/min，射流过渡的气体流量为20~25L/min。

32）根据焊接工艺评定试件选用的焊接方法和焊材，分析选用焊接电流种类是直流还是交流。例如焊条电弧焊采用E4303，交直流电源都可以；E5015焊条则采用直流反接。

33）采用直流电源时，要明确是正接还是反接。直流正接时，熔深略大；直流反接时，可以薄板防止烧穿。根据焊接方法和焊材等实际情况选择。

34）根据试板的材料和厚度、焊接位置、焊接接头形式、焊接层数和焊条直径等选择焊接电流范围。对于焊条电弧焊，电流常用经验公式：$I=（35~55）d$ 或 $I=10d^2$ 或 $I=（30~50）d$（I为电流，A；d为焊条直径，mm）。每层或每道的电流要分别填写，范围就填写最小的电流至最大电流。

35）不同焊接方法的电弧电压不一样，按照经验，焊条电弧焊的电弧电压为（20+0.04I）V；熔化极气体保护焊焊接电流<300A时，电弧电压=（0.04倍焊接电流+16±1.5）V，焊接电流>300A时，电弧电压=（0.04倍焊接电流+20±2）V；钨极氩弧焊的电弧电压是（10+0.04I）V。每层或每道的电压要分别填写，范围就填写最小电压至最大电压。

36）焊接速度是指单位时间内完成的焊缝长度。如果焊接速度过快，熔池温度不够，易造成未焊透、未熔合、焊缝成形不良等缺陷。如果焊接速度过慢，使高温停留时间延长，热影响区宽度增加，焊接接头的晶粒变粗、力学性能降低，同时使变形量增大。因此，要合理选择焊接速度，在保证焊接质量的前提下，生产中选择的焊接速度略大，可提高生产率，一般焊条电弧焊的焊接速度为 14~16cm/min。

37）焊接热输入 = 焊接电流 × 电弧电压 / 焊接速度。

38）估算焊接层数，对于焊条电弧焊，焊接层数 = 母材厚度 / 焊条直径。

39）只有需要用到钨极的时候才填写钨极类型和直径，目前最常用的是铈钨极。

40）采用气体保护焊时，填写选用的喷嘴直径。喷嘴直径与气体流量同时增加，则保护区增大，保护效果好。但喷嘴直径不宜过大，否则会影响焊工的视线。按照经验，喷嘴直径一般为钨极直径的 2.5~3.5 倍，手工氩弧焊时喷嘴直径为 2 倍的钨极直径再加上 4mm。

41）当采用熔化极气体保护焊时，要填写熔滴的过渡形式，一般最常用的是短路过渡、喷射过渡和粗滴过渡。

42）焊丝送进速度等于焊丝熔化速度时，焊接不断弧，可以稳定焊接。焊丝送进速度小于熔化速度时，因焊丝供不上熔化，会出现断弧现象，根本无法焊接。焊丝送进速度大于熔化速度时，因焊丝送丝太快来不及熔化，会导致焊丝伸出过长，电阻热加剧而烧断焊丝，也会导致无法焊接。电流越大，送丝速度越快。

焊接工艺评定考虑的是在具体条件下的焊接工艺问题，而不是为了选择最佳工艺参数，所以，工艺评定所选择的焊接参数要综合考虑企业的具体条件、评定覆盖和生产率等问题。

43）和 44）为摆动方式及参数。焊接时，为达到需要的焊接宽度，有时会作适当摆动。摆动幅度太大，会增加气孔等缺陷，同时也会降低焊缝的性能。摆动参数依据焊材直径和焊接需达到宽度确定，所以依照经验，一般宽度不超过焊条直径的 3 倍。

45）焊前清理和层间清理依据评定试板的焊接性确定。一般碳钢、低合金钢和不锈钢常采用打磨清理，钛合金常采用丙酮或酒精清理。

46）背面清根方法根据评定试板的焊接性确定。一般碳钢、低合金钢和不锈钢常采用炭弧气刨，然后用砂轮打磨直至露出金属光泽。

47）单道焊或多道焊依据坡口简图填写，一面焊接 2 道以上，就属于多道焊。

48）单丝焊或多丝焊根据实际选择的焊接方法填写，选用双丝以上焊接，就属于多丝焊接。

49）需要用到导电嘴的焊接方法才填写。按照经验，熔化极气体保护焊时导电嘴至工件距离采用短路过渡时为 10~15mm、采用射流过渡时为 15~20mm；钨极氩弧焊时导电嘴至工件的距离为 8~12mm。

50）锤击能去除部分焊接应力，但注意打底层与盖面层不宜锤击。

51）填写焊接过程中其他需要指出的技术措施。例如 NB/T 47015—2011 第 3.6.3 条中的焊接环境要求等。

52）填写实际编制人员，一般为焊接工艺员，同时应填写编制完成的时间。

53）依据 TSG 21—2016 要求，由焊接责任工程师审核。

54）依据 TSG 21—2016 要求，必须是技术负责人批准。

1.3.5　教学案例：对接焊缝预焊接工艺规程 pWPS02

4mmQ235B 焊条电弧焊对接焊缝预焊接工艺规程见表 1-15。

表 1-15　4mm Q235B 焊条电弧焊对接焊缝预焊接工艺规程

单位名称＿＿＿＿＿＿＿＿＿＿×××××设备有限公司＿＿＿＿＿＿＿＿＿＿

预焊接工艺规程编号＿pWPS02＿＿　日期＿＿＿＿＿　所依据焊接工艺评定报告编号＿PQR02＿

焊接方法＿＿＿SMAW＿＿＿　机械化程度（手工、机动、自动）＿＿＿＿＿手工＿＿＿＿＿

| 焊接接头：
坡口形式＿＿＿＿Y型坡口＿＿＿＿
衬垫（材料及规格）＿母材和
焊缝金属＿＿
其他＿＿＿＿＿/＿＿＿＿＿ | 简图：（接头形式、坡口形式与尺寸、焊层、焊道布置及顺序）
 |

母材：

类别号＿Fe-1＿　组别号＿Fe-1-1＿　与类别号＿Fe-1＿　组别号＿Fe-1-1＿相焊或

标准号＿＿/＿＿　钢号＿Q235B＿　与标准号＿＿/＿＿　钢号＿Q235B＿相焊

对接焊缝焊件母材厚度范围＿＿＿＿＿＿2～8mm＿＿＿＿＿＿

角焊缝焊件母材厚度范围＿＿＿＿＿＿＿不限＿＿＿＿＿＿

管子直径、壁厚范围：对接焊缝＿＿＿2～8mm＿＿＿　角焊缝＿＿＿不限＿＿＿

其他：＿＿＿＿＿＿＿＿＿＿/＿＿＿＿＿＿＿＿＿＿

填充金属：

焊材类别	FeT-1-1	/
焊材标准	GB/T 5117—2012、NB/T 47018.2—2017	/
填充金属尺寸	Φ3.2mm	/
焊材型号	E4303	/
焊材牌号（金属材料代号）	J422	/
填充金属类别	焊条	/

其他：＿＿＿＿＿＿＿＿＿＿＿＿/＿＿＿＿＿＿＿＿＿＿＿

对接焊缝焊件焊缝金属厚度范围＿＿≤8mm＿＿　角焊缝焊件焊缝金属厚度范围＿＿不限＿＿

耐蚀堆焊金属化学成分（质量分数，%）

C	Si	Mn	P	S	Cr	Ni	Mo	V	Ti	Nb
/	/	/	/	/	/	/	/	/	/	/

其他：＿＿＿＿＿＿＿＿＿＿＿/＿＿＿＿＿＿＿＿＿＿

注：对每一种母材与焊接材料的组合均需分别填表

| 焊接位置：
对接焊缝位置＿＿＿＿1G＿＿＿＿
立焊的焊接方向（向上、向下）＿＿/＿＿
角焊缝位置＿＿＿＿＿/＿＿＿＿＿
立焊的焊接方向（向上、向下）＿＿/＿＿ | 焊后热处理：
温度范围/℃＿＿＿＿＿/＿＿＿＿＿
保温时间范围/h＿＿＿＿/＿＿＿＿ |

（续）

预热：
最小预热温度/℃ ___室温___
最大道间温度/℃ ___＜300___
保持预热时间 ___/___
加热方式 ___/___

气体：
气体种类 混合比 流量/（L/min）
保 护 气 __/__ __/__ __/__
尾部保护气 __/__ __/__ __/__
背面保护气 __/__ __/__ __/__

电特性：
电流种类 ___直流（DC）___
焊接电流范围/A ___90～120___
焊接速度（范围） ___10～13cm/min___
钨极类型及直径 ___/___
焊接电弧种类（喷射弧、短路弧等） ___/___

极性 ___反接（EP）___
电弧电压/V ___23～26___
喷嘴直径/mm ___/___
焊丝送进速度/（cm/min） ___/___

（按所焊位置和厚度，分别列出电流和电压范围，记入下表）

焊道/焊层	焊接方法	填充材料		焊接电流		电弧电压/V	焊接速度/（cm/min）	热输入/（kJ/cm）
		牌号	直径/mm	极性	电流/A			
1	SMAW	J422	Φ3.2	DCEP	90～110	23～25	10～13	16.5
2	SMAW	J422	Φ3.2	DCEP	110～120	24～26	11～13	17.0
/								

技术措施：
摆动焊或不摆动焊 ___不摆动焊___
焊前清理和层间清理 ___刷或磨___
单道焊或多道焊（每面） ___单道焊___
导电嘴至工件距离/mm ___/___
其他： ___环境温度＞0℃ 相对湿度＜90%___

摆动参数 ___/___
背面清根方法 ___炭弧气刨+修磨___
单丝焊或多丝焊 ___/___
锤击 ___/___

编制	XXX	日期	XXX	审核	XXX	日期	XXX	批准	XXX	日期	XXX

思考与练习

一、单选题

1. 根据 NB/T 47015—2011 焊接时，焊接环境的相对湿度应该小于（ ）；焊接环境的温度应该高于（ ）。

A. 80%；－30℃　　　B. 80%；－20℃　　　C. 90%；－30℃　　　D. 90%；－20℃

2.10mm 的 Fe-1-2 材料对接焊缝评定合格后，其焊件母材厚度的有效范围是（ ）mm。

A. 1.5～20　　　B. 5～20　　　C. 10～20　　　D. ≤20

3.10mm 的 Fe-1-2 材料对接焊缝经上转变温度热处理评定合格后，其焊件母材厚度的有效范围是（ ）mm。

A. 1.5～20　　　B. 5～20　　　C. 10～20　　　D. ≤20

4. 按照 NB/T 47014—2011，焊条 J507（E5015）的分类代号是（　）。

　　A. FeT-1-1　　　　　B. FeT-1-2　　　　　C. FeT-1-3　　　　　D. FeT-1-4

5. 下列（　）焊接位置需要填写焊接方向。

　　A. 平焊　　　　　　　B. 立焊　　　　　　　C. 横焊　　　　　　　D. 仰焊

6. Q235B 按照 NB/T 47014—2011 材料分类，属于（　）组别。

　　A. Fe-1-1　　　　　 B. Fe-1-2　　　　　 C. Fe-1-3　　　　　 D. Fe-1-4

7. Q345R 按照 NB/T 47014—2011 材料分类，属于（　）组别。

　　A. Fe-1-1　　　　　 B. Fe-1-2　　　　　 C. Fe-1-3　　　　　 D. Fe-1-4

8. 15CrMoR 按照 NB/T 47014—2011 材料分类，属于（　）类别。

　　A. Fe-1　　　　　　 B. Fe-2　　　　　　 C. Fe-3　　　　　　 D. Fe-4

9. 根据 NB/T 47014—2011，金属材料总共分成（　）大类。

　　A. 12　　　　　　　 B. 13　　　　　　　 C. 14　　　　　　　 D. 15

10. 填充材料的选择都需要采用（　）的原则。

　　A. 等强度　　　　　 B. 等韧性　　　　　 C. 等成分　　　　　 D. 等性能

11. 低碳钢焊接时填充金属的选择都需要采用（　）的原则。

　　A. 等强度　　　　　 B. 等韧性　　　　　 C. 等成分　　　　　 D. 等性能

12. 不锈钢焊接时填充金属的选择都需要采用（　）的原则。

　　A. 等强度　　　　　 B. 等韧性　　　　　 C. 等成分　　　　　 D. 等性能

13. 预焊接工艺规程的英文缩写是（　）。

　　A. pWPS　　　　　　 B. PQR　　　　　　 C. WPS　　　　　　 D. WWI

二、多选题

1. 可以参照选择焊接坡口标准有（　）。

　　A. GB/T 985—2008　 B. GB 150—2011　 C. HG/T 20584—2011　 D. HG/T 20583—2011

2. 焊接接头的选择主要根据（　）。

　　A. 结构类型　　　　 B. 工件厚度　　　　 C. 企业加工条件　　 D. 经济性

3. 在其他因素不变的情况下，增加（　），焊接热输入越大。

　　A. 焊接电流　　　　 B. 焊接电压　　　　 C. 焊接速度　　　　 D. 增加焊接层数

4. 预焊接工艺规程的焊接接头简图包括（　）等内容。

　　A. 坡口形式和尺寸　 B. 焊接层数　　　　 C. 焊道布置　　　　 D. 焊接顺序

5. 填充材料包括（　）等。

　　A. 焊条　　　　　　 B. 焊丝　　　　　　 C. 气体　　　　　　 D. 熔嘴

三、判断题

1. 双面焊的衬垫材料可以是母材。（　）

2. 根据 NB/T 47014—2011，对接焊缝试件评定合格的焊接工艺用于焊件角焊缝时，焊件厚度的有效范围为不限。（　）

3. 根据 NB/T 47014—2011，板状对接焊缝试件评定合格的焊接工艺，不适于管状焊件的对接焊缝。（　　）

4. 根据 NB/T 47014—2011，接头厚度为 26mm 的 Fe-1 钢材不需要热处理。（　　）

5. 焊接 Q235B 厚板，焊接中间层可以锤击处理。（　　）

6. 根据 NB/T 47014—2011，接头厚度为 26mm 的 Fe-1 钢材不需要预热。（　　）

7. 采用焊条电弧焊焊接 10mm 的 Fe-1-2 材料对接焊缝评定合格后，其焊件熔敷金属的厚度的有效范围 > 20mm。（　　）

8. 低碳钢的焊接层间温度应小于或等于 300℃。（　　）

9. 焊接压力容器的低碳钢焊条除了符合 GB/T 5117—2012 外，还需符合 NB/T 47018—2017。（　　）

10. 编制预焊接工艺规程的基础是材料的焊接性。（　　）

1.4　PQR01 对接焊缝焊接工艺评定试验

任务解析

依据分离器产品技术要求和 NB/T 47014—2011 要求，选择合适的工艺评定试板，按照预焊接工艺规程进行焊接，并进行外观检查和无损检测，然后截取拉伸、弯曲和冲击试样，加工和测量试样，并分别依据 GB/T 228.1—2010 进行拉伸试验、GB/T 2653—2008 进行弯曲试验和 GB/T 229—2007 进行冲击试验，并出具试验报告。

必备知识

1.4.1　PQR01 焊接工艺评定试板的焊接和无损检测

1. 焊接工艺评定试件焊接

依据 NB/T 47014—2011 第 4.3 条，焊接工艺评定必须在本单位进行。焊接工艺评定所用设备、仪表应处于正常工作状态，金属材料和焊接材料应符合相应标准，由本单位技能熟练的焊接人员使用本单位焊接设备焊接试件。

1.4.1　焊接工艺评定试板焊接

"本单位技能熟练的焊接人员""使用本单位焊接设备"和"验证施焊单位拟定的焊接工艺"这三条限定了焊接工艺评定需在本单位进行，不允许"借用""输入"或"交换"。

（1）焊前准备

1）试板准备：按照任务书和预焊接工艺规程要求，部分企业在下达评定任务的时候，会有焊接工艺评定流转卡，明确工艺评定的要求和流转程序，选择具有合格质量证明书的 Q235B 板，划线、采用热切割试板 400mm×125mm×8mm 两块，同步进行标记移植。

2）坡口准备：按照预焊接工艺规程，开 30° 单边 V 形坡口（用焊接检验尺测量），加工钝边 1~2mm，打磨坡口内及两侧 20mm 范围内的油污、铁锈等污物。

3）焊机准备：选用计量合格、有完好标志的焊条电弧焊焊机，检查接地可靠。

4）工具准备：焊前、焊接过程中和焊后检查的量具，如焊接检验尺、钢直尺、红外线记录仪等都必须记录合格。

5）焊材准备：按照预焊接工艺规程准备符合标准要求的 J 422 焊条，按照质量证明书要求在150℃烘干，保温 1h，随用随取。

（2）焊接

1）试板装配：控制错边量＜0.5mm，装配间隙为 1~2mm，测量并记录。

2）焊接：总共焊接 3 层，正面焊 2 层，背面焊 1 层，注意记录层间温度和焊接参数。

3）焊后清理：自检。

（3）焊后外观检查　采用目视或 5 倍的放大镜进行外观检查，确定没有焊接裂纹即合格。

根据实际焊接情况，如实填写焊接工艺评定试验记录（表 1-16），试板实物如图 1-15 所示。

表 1-16　焊接工艺评定试验记录

工艺评定号	PQR01	母材材质	Q235B	规　格	8mm
焊接方法 ＼ 层次	第　层（道）	第　层（道）	第　层（道）	第　层（道）	
	1	2	3		
焊材批号					
焊材型号或牌号					
焊接位置					
焊机型号					
电源极性					
焊接电流/A					
电弧电压/V					
焊接速度/（cm/min）					
钨棒直径					
伸出长度/mm					
气体流量/（L/min）					
焊材规格					
焊材用量/kg					
层（道）间温度/℃					

（说明：左侧表头为"焊接记录"）

（续）

焊前坡口检查					焊接接头简图
角度/（°）	钝边/mm	间隙/mm	宽度/mm	错边/mm	

温度：		湿度：	

焊 后 检 查				
正面	焊缝宽度/mm	焊脚高度/mm	焊缝余高/mm	
反面	焊缝宽度/mm	焊缝余高/mm	结论	

咬边	深度/mm	正面：	反面：	焊工姓名、日期：
	长度/mm	正面：	反面：	检验员姓名、日期：

图 1-15　焊接工艺评定试板实物图

2. 焊接工艺评定试件焊后无损检测

试件外观检查合格后，开出无损检测委托单，试件依据 NB/T 47013.2—2015《承压设备无损检测　第 2 部分：射线检测》进行无损检测。

1.4.1　焊接工艺评定试板焊后无损检测

1）准备：X 射线检测设备进行预热、训机等保证设备完好；准备 X 射线器材。

2）焊接工艺评定试板 X 射线定位、布片、曝光和洗片。

如实填写射线检测报告（表 1-17），X 射线检测底片如图 1-16 所示。

表 1–17　射线检测报告

检测标准			验收规则		曝光条件	
拍片日期			检测技术等级		管电压/kV	
仪器型号			材料牌号		管电流/mA	
像质计型号			材料厚度		曝光时间/min	
应识别丝号			透照方式		焦距/mm	

试板编号	片号	级　别				缺　陷　记　录	结　　论
		I	II	III	IV		

评　片		审　核	
日　期		日　期	

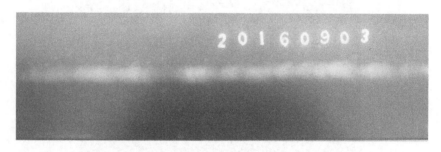

图 1–16　X 射线检测底片

1.4.2　PQR01 焊接工艺评定力学性能试样的截取和加工

按照预焊接工艺规程焊接完成的试件，在外观检查和无损检测合格后，依据 NB/T 47014—2011 第 6.4.1.3 条规定，力学性能试验和弯曲试验项目和取样数量应符合表 1-8 的要求。截取横向拉伸试样 2 个，面弯试样 2 个，背弯试样 2 个，热影响区冲击试样 3 个，焊缝区冲击试样 3 个。

1. 力学性能试样截取

依据 NB/T 47014—2011 第 6.4.1.4 条，力学性能试验和弯曲试验的取样要求是：

1.4.2　工艺评定力
学性能试样截取

1）取样时，一般采用冷加工方法，当采用热加工方法取样时，则应去除热影响区。

2）允许避开焊接缺陷、缺欠制取试样。

3）试样去除焊缝余高前允许对试样进行冷校平。

4）板材对接焊缝试件上试样位置如图1-17所示。

依据图1-17所示的位置截取力学性能试样时，一定要考虑取样的加工方法，适当地选取加工余量，才能加工出符合标准要求的力学性能试样。

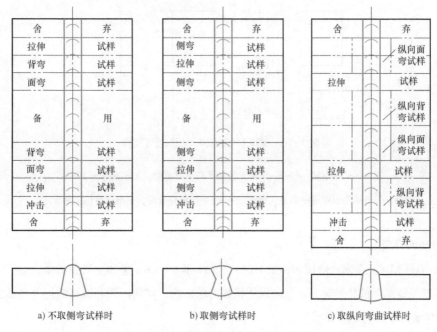

图 1-17　板材对接焊缝试件上试样位置

2. 拉伸试样加工

（1）拉伸试样的取样和加工要求　依据 NB/T 47014—2011 第 6.4.1.5 条，取样和加工要求如下：

1）试样的焊缝余高应以机械方法去除，使之与母材齐平。

2）厚度小于或等于 30mm 的试件，采用全厚度试样进行试验。试样厚度应等于或接近试件母材厚度 T。

1.4.2　工艺评定力
学性能试样加工

3）当试验机受能力限制不能进行全厚度的拉伸试验时，则可将试件在厚度方向上均匀分层取样，等分后制取试样厚度应接近试验机所能试验的最大厚度。等分后的两片或多片试样试验代替一个全厚度试样的试验。

拉伸试样取样方法标准中不再强调多片试样厚度每片为 30mm，允许在切取多片试样时，切口占据的部分厚度不进行拉伸试验。切口宽度应尽量小，用薄锯条或薄铣刀对试样进行分层加工。

用机械方法去除焊缝余高过程中可能会加工到母材，所以规定拉伸试样厚度应等于或接近试件母材厚度 T，这是符合实际情况的。

（2）试样形式及加工图　分离器对接接头板厚为 6mm，依据标准取紧凑型板接头带肩板形拉伸试样，如图 1-18 所示。NB/T 47014—2011 中拉伸试样与钢材、焊材的拉伸试样不同，其特点是：试样受拉伸平行部分很短，通常等于焊缝宽度加12mm，实质上是焊缝宽度加上热影响区宽度，两侧立即以 $R=25mm$ 的圆弧过渡到夹持部分，其目的是强迫拉伸试样在焊接接头内（焊缝区、熔合区和热影响区）断裂，以测定焊接接头的抗拉强度 R_m。

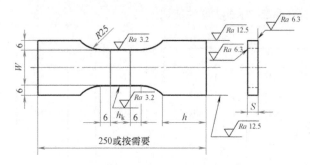

图 1-18　紧凑型板接头带肩板形拉伸试样

S——试样厚度　W——试样受拉伸平行侧面宽度，大于或等于20mm

h_k——S 两侧面焊缝中的最大宽度　h——夹持部分长度，根据试验机夹具而定

3. 弯曲试样加工

（1）取样和加工要求　依据 NB/T 47014—2011 第 6.4.1.6.1 条加工弯曲试样。

试样加工要求：试样的焊缝余高应采用机械方法去除，面弯、背弯试样的拉伸表面应齐平，试样受拉伸表面不得有划痕和损伤。

（2）试样形式及加工图　依据 NB/T 47014—2011 第 6.4.1.6.2 条，钢质焊接试板的试样形式如下。

1）面弯和背弯试样如图 1-19 所示。

①当试件厚度 $T \leqslant 10mm$ 时，试样厚度 S 尽量接近 T；当 $T>10mm$ 时，$S=10mm$，从试样受压面去除多余厚度。

②板状及外径 $\phi > 100mm$ 的管状试件，试样宽度 $B=38mm$；当管状试件外径 $\phi =50 \sim 100mm$ 时，则 $B=（S+\phi /20）$，且 $8mm \leqslant B \leqslant 38mm$；$10mm \leqslant \phi \leqslant 50mm$ 时，则 $B=（S+\phi /10）$，且最小为 8mm；或 $\phi \leqslant 25mm$ 时，则将试件在圆周方向上四等分取样。

2）横向侧弯试样如图 1-20 所示。

当试件厚度 T 为 $10 \sim 38mm$ 时，试样宽度 B 等于或接近试件厚度。

当试件厚度 $T \geqslant 38mm$ 时，允许沿试件厚度方向分层切成宽度为 $20 \sim 38mm$ 等分的两片或多片试样的试验代替一个全厚度侧弯试样的试验；或者试样在全宽度下弯曲。

4. 冲击试样加工

（1）试样制取　依据 NB/T 47014—2011 第 6.4.1.7.1 条规定，制取冲击试样。

1）试样取向：试样纵轴线应垂直于焊缝轴线，缺口轴线垂直于母材表面。

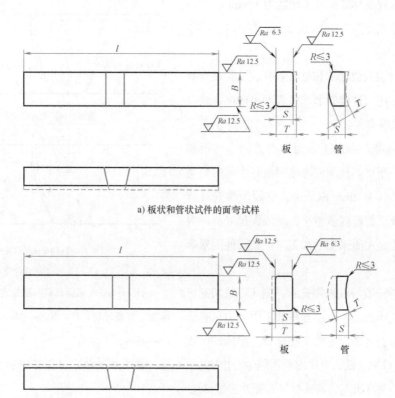

a) 板状和管状试件的面弯试样

b) 板状和管状试件的背弯试样

图 1-19　面弯和背弯试样（弯曲试样加工图）

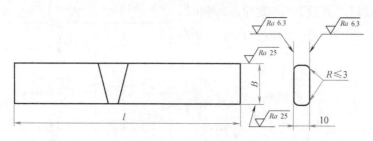

图 1-20　横向侧弯试样

2）取样位置：在试件厚度上的取样位置如图 1-21 所示。

3）缺口位置：焊缝区试样的缺口轴线应位于焊缝中心线上。

热影响区试样的缺口轴线至试样纵轴线与熔合线交点的距离 $k > 0$，且应尽可能多地通过热影响区，如图 1-22 所示。

4）当试件采用两种或两种以上焊接方法（或焊接工艺）时，拉伸试样和弯曲试样的受拉面应包括每一种焊接方法（或焊接工艺）的焊缝金属和热影响区；当规定进行冲击试验时，对每一种焊接方法（或焊接工艺）的焊缝金属和热影响区都要经受冲击试验的检验。

（2）冲击试样的加工　冲击试样的形式、尺寸和试验方法依据 GB/T 229—2007 的规定。当试件尺寸无法制备标准试样（宽度为 10mm）时，则应依次制备宽度为 7.5mm 或 5mm 的小尺寸冲击试样。

冲击试验的数值除了和材料本身、试验温度等因素有关外，还与试样的形状和表面粗糙度、缺口的位置、形式等有关。

表面粗糙度是指加工表面具有的较小间距和微小峰谷的不平度。其两波峰或两波谷之间的距离（波距）很小（在 1mm 以下），它属于微观几何形状误差。表面粗糙度值越小，则表面越光滑。表面粗糙度一般是由所采用的加工方法和其他因素确定的。

冲击试样一般可以采用铣床、刨床、线切割、磨床和专用拉床加工。上述五种加工手段中只有后三种能保证加工合格的夏比 V 型缺口。磨床加工效果最好，但是效率太低，无法用于常规生产检验中；线切割多用于硬度极高的特殊材料；而冲击试样缺口专用拉床是一种效率高且可以保证加工合格冲击试样缺口的专用加工设备。

（3）缺口加工 焊接工艺评定冲击试样依据标准 GB/T 229—2007，加工 V 型缺口试样，如图 1-23 所示。

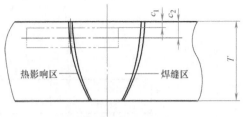

a) 热影响区冲击试样位置

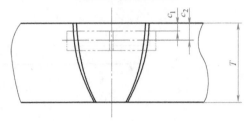

b) 焊缝区冲击试样位置

图 1-21　冲击试样位置图

注 1：c_1、c_2 依据材料标准规定执行。当材料标准没有规定时，$T \leq 40mm$，则 $c_1 \approx 0.5 \sim 2mm$；$T > 40mm$，则 $c_2 = T/4$。

注 2：双面焊时，c_2 从焊缝背面的材料表面测量。

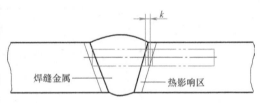

图 1-22　热影响区冲击试样的缺口轴线位置

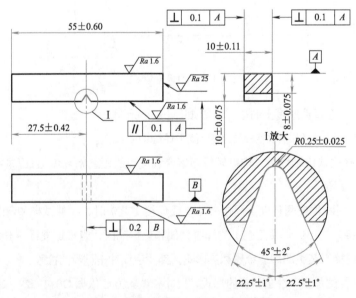

图 1-23　标准夏比 V 型缺口冲击试样

任务实施

力学性能试验所用设备和仪表应处于正常工作状态，试验人员必须具有合格的力学性能试验人员资格，试验时严格遵循安全操作规程。

1.4.3　PQR01 焊接工艺评定试样拉伸试验

依据 NB/T 47014—2011 第 6.4.1.5.3 条规定，按照 GB/T 228.1—2010 规定的试验方法测定焊接接头的抗拉强度。

1.4.3　工艺评定试
样拉伸试验

1. 检查拉伸试样

1）检查加工后拉伸试样的尺寸，测量后才进行拉伸试验。按照 GB/T 228.1—2010 的要求，拉伸段取三点测量宽度和厚度，取平均值，如实记录拉伸试验数据，填写拉伸试验报告（表1-18）。

表 1-18　拉伸试验报告

试样编号	试样宽度/mm	试样厚度/mm	横截面积/mm^2	断裂载荷/kN	抗拉强度/MPa	断裂部位和特征
L-1						
L-2						

2）试验人员必须具有力学性能 I 级及以上资格证书，并且在有效期内。

3）试验设备必须计量合格，并在有效期内，并且要定期保养。

4）试验用测量工具也都必须计量合格且在有效期内。

2. 拉伸试验

（1）拉伸试验的基本步骤　拉伸试验选用 WAW-300C 计算机控制电液伺服万能试验机，如图 1-24 所示。

拉伸试验的基本步骤如下：

1）检查试样是否符合试验要求，量取试样尺寸，并根据试样尺寸及形状更换合适的夹具，并确保夹具安装到位，避免试验过程中试样受力后滑出。

2）打开计算机和电控箱电源开关，起动液压泵。计算机起动后找出相应的操作软件 Testsoft 并双击打开操作界面，此时在界面的右上角试验方案下可以看到一盏红灯，在左下角单击液压缸空载调位按钮中的上升按

图 1-24　WAW-300C 计算机控制电
液伺服万能试验机

钮，并选择百分之百输出，工作台快速上升，直到红灯变成绿色，再单击停止按钮，此时计算机才正式进入可操作状态。

3）将试样放入下夹具，按动下夹紧按钮夹紧试样；按动横梁上升按钮直到合适高度；按动上夹紧按钮夹紧试样，注意此时试样的夹持部分应该大部分处于夹具内。

4）在计算机操作界面上设置好试验方案、曲线种类、试样信息后，将显示在窗口的绿色数据全部清零。计算机默认输出为百分之一，可以根据需要选择合适的输出百分比，然后单击试验开始按钮即开始进行拉伸试验。

5）随着试验的进行，计算机界面显示不断变化，可以清楚地看到拉伸曲线和试验力的大小，位移量和时间也同时显示。在试样被拉断或试验力突然迅速下降到设定范围时，试验机会自动停止拉伸。此时可根据试验要求记录或保存试验数据。

6）按压试验机的上、下夹具松开按钮，取下试样，进行下一个试样的装夹和试验。

7）试验结束后，首先按住横梁下降按钮，将横梁下降到合适高度，再关闭计算机操作界面，此时试验机工作台会快速下降到初始位置；然后关闭液压泵、电控箱电源及计算机，清理干净试验机后方可离开实验室。

图 1-25　拉伸试验完成后的试样

拉伸试验完成的 2 个试样如图 1-25 所示。

（2）试验结果

1）拉伸试验前先测量拉伸试样厚度和宽度，按照 GB/T 228.1—2010 规定，测量三个点，计算它们的平均值。

2）读取试验过程中的最大力，计算抗拉强度 R_m。

3）依据 GB/T 228.1—2010，试验测定的性能结果数值应按照相关产品标准的要求进行修约。如表规定具体要求，应按照表 1-19 的要求进行修约。

表 1-19　性能结果数值的修约间隔

性能	修约间隔
强度性能	修约至 1MPa
屈服点延伸率	修约至 0.1%
其他延伸率和断后伸长率	修约至 0.5%
断面收缩率	修约至 1%

1.4.4　PQR01 焊接工艺评定试样弯曲试验

依据 NB/T 47014—2011 第 6.4.1.6.3 条规定进行试验。

1. 弯曲试验方法

1）弯曲试验按 GB/T 2653—2008 和 NB/T 47014—2011 表 13 规定的试验方法测定焊接接头的完好性和塑性。

1.4.4　工艺评定试样弯曲试验

2）试样的焊缝中心应对准弯心轴线。侧弯试验时，若试样表面存在缺欠，则以缺欠较严重一侧作为拉伸面。

3）弯曲角度应以试样承受载荷时测量为准。

4）对于断后伸长率 A 标准规定值下限小于20%的母材，若按表1-20弯曲试验条件及参数规定的弯曲试验不合格，而其实测值小于20%，则允许加大弯心直径重新进行试验，此时弯心直径等于 $S(200-A)/2A$（A 为断后伸长率的规定值下限乘以100），支座间距离等于弯心直径加上（$2S+3mm$）。

5）横向试样弯曲试验时，焊缝金属和热影响区应完全位于试样的弯曲部分内。

表 1-20　弯曲试验条件及参数

序号	焊缝两侧的母材类别	试样厚度 S/mm	弯心直径 D/mm	支承辊之间距离/mm	弯曲角度/(°)
1	（1）Al-3与Al-1、Al-2、Al-3、Al-5相焊	3	50	58	180
	（2）用AlS-3类焊丝焊接Al-1、Al-2、Al-3、Al-5（各自焊接或相互焊接） （3）Cu-5 （4）各类铜母材用焊条（CuT-3、CuT-6和CuT-7）、焊丝（CuS-3、CuS-6和CuS-7）焊接时	<3	16.5S	18.5S+1.5	
2	Al-5与Al-1、Al-2、Al-5相焊	10	66	89	
		<10	6.6S	8.6S+3	
3	Ti-1	10	80	103	
		<10	8S	10S+3	
4	Ti-2	10	100	123	
		<10	10S	12S+3	
5	除以上所列类别母材外，断后伸长率标准规定值下限等于或者大于20%的母材类别	10	40	63	
		<10	4S	6S+3	

特别说明：焊接接头的弯曲试样加工、试验方法与判废指标一直是压力容器标准中争论最多的问题之一，影响弯曲试验结果的因素也十分复杂。弯曲试验与拉伸、冲击试验相比，因为没有实物弯曲开裂数值作参照，因而难以确定弯曲试验的判废指标与试验方法。

焊接接头弯曲试验的目的在于测定焊接接头的完好性（连续性、致密性）和塑性，压力容器工作者希望焊接接头的焊缝区、熔合区和热影响区都在相同伸长率条件下考核其完好性才是真正合理的，值得注意的是热影响区的性能比焊缝和母材更难以控制，是焊接接头的薄弱面，是弯曲试验检测重点。

弯曲试验的弯心直径为3S时，是否表明比4S要求更严呢？回答是否定的。因为弯曲试验（特别是横向弯曲试验）要求试样的焊缝区、熔合区和热影响区应全都在试样受弯范围内，在近似相同伸长率条件下进行考核。试验结果表明，随着弯心直径的减小，试样受弯范围也相应减少，主要集中在焊缝区受弯，而热影响区受弯程度大大减少，热影响区这个薄弱面在弯曲试验中得不到充分考核,这样减小弯心直径所谓提高弯曲试验要求不过是严在焊缝区、松在热影响区,这对提高焊接接头的弯曲性能,提高压力容器安全性能极为不利。4倍板厚的弯心直径进行弯曲试验时,焊缝区、熔合区和热影响区都在弯曲范围内,其表面伸长率近似相同(约20%)承受弯曲试验考核,这不仅是合理的,也是严格的。

用不同钢材的单面焊、双面焊焊接接头制成的压力容器,无论在制造过程中或在使用过程中都经受着同样的弯曲变形过程和弯曲后承压过程,从设计、制造、检验而言,就不应当规定单面焊和双面焊有不同的弯曲试验要求,也不应当规定不同钢材的焊接接头有不同的弯曲试验要求。

参照美国、日本相关标准,在压力容器焊接工艺评定标准中的弯曲试验方法,规定不区分单面焊还是双面焊,也不区分钢材种类,焊接接头弯曲试验都规定弯心直径为4S,弯曲角度为180°。

弯曲试样受弯时,其拉伸面在拉伸过程中极易受到试样表面加工质量的影响,因为不同试样母材原始表面缺陷(如咬边、鱼鳞纹等)状况和程度不同,对应力集中敏感性也不一样,因而使弯曲试验不是在同一条件下考核,在较大应力集中的表面缺陷处弯曲试样开裂,掩盖了焊缝内部细小缺陷的实际状况。

当考核焊工技能时,弯曲试样保留焊缝一侧母材原始表面,似乎有些道理。当考核焊接接头弯曲性能时,再保留焊缝一侧母材原始表面就显然不近情理了。压力容器产品使用时大都保留了焊缝两侧母材原始表面,这种不利因素已被安全系数等设计规定所包容了。

修订NB/T 47014—2011时,对弯曲试样受拉面依据GB/T 2653—2008《焊接接头弯曲试验方法》中对试样表面规定"不得有划痕""不应有横向刀痕或划痕"等要求,规定了弯曲试样的拉伸表面应齐平,在同样表面加工质量条件下对比试样的弯曲性能,才能体现弯曲试验的本意。

弯曲试验不再按钢材类别、单面焊、双面焊区分,一律按弯曲角度180°进行弯曲试验。试样在离开试验机后都有回弹,在试样承载时测量弯曲角度表明试样已经具备的弯曲能力,这是合理的。

2. 弯曲试验步骤

弯曲试验也选用WAW-300C计算机控制电液伺服万能试验机,按照标准GB/T 2653—2008规定进行,其简单步骤如下:

1)检查试样是否符合试验要求,量取试样尺寸。根据试样尺寸选择配套的上压头,同时必须依据公式计算出下支承座的间距,依据支承座的标尺调整两支承头的距离到所需数值,锁紧固定螺母和拉杆螺母。

2)打开计算机和电控箱电源开关,起动液压泵。计算机起动后找出相应的操作软件Testsoft并双击打开操作界面,此时在界面的右上角试验方案下可以看到一盏红灯;在左下角单击液压缸空载调位按钮的上升按钮,并选择百分之百输出,工作台快速上升,直到红灯变成绿色;再单击停止按钮,此时计算机才正式进入可操作状态。

3)将试样放在支承座上,按动横梁下降按钮直到上压头靠近试样;调节试样位置,使试样处于支承座的中间位置,并且要使被弯曲部分的中心对准上压头的中心。

4)在计算机操作界面上设置好试验方案、曲线种类、试样信息后,将显示在窗口的绿色数据全部清零。计算机默认输出为百分之一,可以根据需要选择合适的输出百分比,然后单击试验开始按钮即开始做弯曲试验。

5）随着试验的进行，计算机界面显示不断变化，可以清楚地看到弯曲曲线和试验力的大小，位移量和时间也同时显示。在试样被弯曲到要求角度时按停止按钮，停止试验；或者在试验力突然迅速下降到设定范围时，试验机会自动停止。此时可根据试验要求记录或保存试验数据。

6）单击液压缸下行按钮，直到上压头退到试验开始位置，取下被弯曲的试样。如果试样被支承座夹住，就需要松开压紧螺母，推开支承座，取出试样，再把支承座归位紧固后才能进行下次试验。

7）试验结束后，首先按住横梁上升按钮，将横梁上升到合适高度，再关闭计算机操作界面，此时试验机工作台会快速下降到初始位置；然后关闭液压泵、电控箱电源及计算机，清理干净试验机后方可离开实验室。

3. 弯曲试验注意事项

1）测量试样厚度，确定弯心直径 D，选择合适的弯头。

2）计算支承座之间的距离，并调节。

3）确保试样的焊缝中心对准弯心轴线才开始试验。

4）试验时保证弯曲角度为 180°。

4. 填写弯曲试验报告

根据弯曲试验数据，填写弯曲试验报告（表1-21）。弯曲试验后试样图片如图1-26所示。

表1-21　弯曲试验报告

试样编号	试样类型	试样厚度/mm	弯心直径/mm	支承座间距离/mm	弯曲角度/(°)	试验结果
W-1						
W-2						
W-3						
W-4						

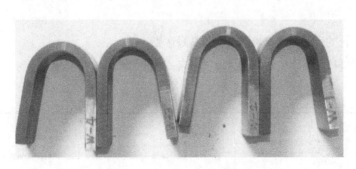

图1-26　弯曲试验完成后的试样

1.4.5　PQR01焊接工艺评定试样冲击试验

在冲击试样前，要检查冲击试样的尺寸是否符合标准要求，并设定试验温度。

1. 冲击试样缺口检查

冲击试验的数值和缺口的加工有很大关系，所以必须对加工的缺口进行检验。常用 CST-50 型冲击试样投影仪，如图 1-27 所示，它是用于检查夏比 V 型和 U 型冲击试样缺口加工质量的专用光学仪器。

（1）CST-50 型冲击试样投影原理　该仪器是利用光学投影方法将被测的冲击试样 V 型和 U 型缺口轮廓放大投射到投影屏上，与投影屏上冲击试样 V 型和 U 型缺口标准样板图对比，以确定被检测的冲击试样 V 型和 U 型缺口加工是否合格，其优点是操作简便、检查对比直观、效率高。

该仪器为单一投射照明，光源通过一系列光学元件投射在工作台上，通过一系列光学元件将被测试样轮廓清晰地投射到投影屏上，试样经二次放大和二次反射成正像，在投影屏上所看到的图形与实际试样放置的方向一致。

图 1-27　CST-50 型冲击试样投影仪

（2）操作方法

1）接通电源，电源开关指示灯亮，打开电源开关，工作指示灯亮，随后屏幕出现光栅，处于待使用状态。

2）将被测试的试样轻轻地放在工作台上，转动工作台升降手轮，进行焦距调节，直到影像调整清晰后，再调节工作台的纵向和横向调节手轮，使已经放大了 50 倍的冲击试样 V 型和 U 型缺口投影图像与仪器所提供的已经放大了 50 倍的冲击试样 V 型和 U 型缺口标准尺寸对比，并以此来判断冲击试样 V 型和 U 型缺口的几何尺寸及加工质量是否符合要求。

（3）操作注意事项

1）注意用电安全。

2）工作台表面是玻璃制品，放置试样时动作要轻柔，以免砸破玻璃。

3）放置试样前先检查试样表面是否有加工后未去除的毛刺，如有毛刺必须先清理，以免划伤玻璃表面。

4）调节工作台的过程必须缓慢轻柔，严禁野蛮操作。

（4）冲击试样检查表　填写冲击试样检查表（表 1-22）。

表 1-22　冲击试样检查

冲击试样		$a=$	$b=$	$c=$	$d=$
		$e=$	$r=$	$f=$	$g=$
结论：		检验员：		日期：	

2. 冲击试验

依据标准 GB/T 229—2007 进行试验，选用 JB-W300 冲击试验机，如图 1-28 所示。

1.4.5　工艺评定
试样冲击试验

其简单操作步骤如下：

（1）试验前准备　试验前根据试样的打击能量要求，更换合适的摆锤（大摆锤的最大打击能量为 300J，小摆锤为 150J），更换摆锤有配套的专用工具。

（2）开机　打开机身电源开关和手持操作器电源开关。

（3）空打　手持操作器按下"取摆"按钮，提升摆锤，当扬起到设定高度听到"卡塔"声时说明摆锤已锁定；检查止退销是否弹出，确认后清除摆锤打击圈内的一切障碍，并把度盘指针拨到最大打击能量刻度处。然后按"退销"和"冲击"按钮，使摆锤进行一次空打（不放置试样），持续按压"放摆"按钮使摆锤尽快停下，检查刻度盘被动指针是否指零，

图 1-28　JB-W300 冲击试验机

若不指零应调整指针位置，使空打时指针为零，同时也可检查试验机工作是否正常。

（4）冲击试验　按下"取摆"按钮，提升摆锤，当扬起到设定高度听到"卡塔"声时说明摆锤已锁定；检查止退销是否弹出，若正常则可放置试样。将试样水平放在支架上，缺口面在冲击受拉一面。试样缺口背面处于摆锤击打位置，用缺口对中样板使冲击试样缺口处于支座跨度中心，并把刻度盘指针拨到最大打击能量刻度处。先按下"退销"按钮，再按下"冲击"按钮，落摆击断试样；待摆锤回摆时，按"制动"按钮，当摆锤停止摆动后，记下冲击吸收能量。然后再依据上述步骤继续进行试验。

（5）试验结束　关闭操作器电源及试验机电源，把操作器放回原位。

冲击完成后的试样如图 1-29 所示。

图 1-29　冲击完成后的试样

3. 冲击试验注意事项

1）摆锤提升后必须先检查止退销是否弹出，俯身安置试样时确保手持操作器处于无人触碰

状态；试验时在摆锤摆动平面内不允许有人员活动。

2）试样击断摆锤来回摆动时要按"制动"按钮，不能用手制止尚在摆动中的摆锤。在摆锤未完全静止下来前，禁止触碰试验机任何部分。

3）检查试样的尺寸和缺口。

4）设定试验温度，保证温度在规定值 ±2℃以内。

5）根据试样材质和尺寸选择打击能力为 300J 还是 150J。

6）试验前检查摆锤空打时的被动指针的回零差，指针回零，一般是放置在最大值。

7）试样应紧贴支座放置，并使试样缺口的背面朝向摆锤刀刃。试样缺口对称面位于两支座对称面上，其误差不应大于 0.5mm。

8）试验结果依据 GB/T 229—2007 第 8 条处理，至少保留两位有效数字。

4. 填写冲击试验报告

根据冲击试验实际情况和试验数据，填写冲击试验报告（表 1-23）。

表 1-23　冲击试验报告

试样编号	试样尺寸	缺口类型	缺口位置	试验温度/℃	冲击吸收能量/J	备注
C-1						
C-2						
C-3						
C-4						
C-5						
C-6						

1.4.6　教学案例：PQR02 对接焊缝焊接工艺评定试验

4mmQ235B 焊条电弧焊对接焊缝焊接工艺评定焊接记录见表 1-24。

表 1-24　4mmQ235B 焊条电弧焊对接焊缝焊接工艺评定焊接记录

工艺评定号		PQR02	母材材质	Q235B	规格		T=4mm
	层次	1	2				
	焊接方法	SMAW	SMAW				
焊接记录	焊接位置	1G	1G				
	焊材牌号或型号	J422	J422				
	焊材规格/mm	ϕ3.2	ϕ3.2				
	电源极性	DCEP	DCEP				
	电流/A	100	120				

（续）

焊接记录	电压/V	25	25	
	焊接速度/（cm/min）	11.8	10.5	
	钨棒直径	/	/	
	气体流量/（L/min）	/	/	
	层间温度	/	235	
	热输入/（kJ/cm）	12.7	17.1	

焊前坡口检查				
坡口角度	钝边/mm	间隙/mm	宽度/mm	错边/mm
70°	0.5	0.5	6	0
温度：	25℃		湿度：	60%

焊 后 检 查			
正面	焊缝宽度/mm	焊脚高度/mm	焊缝余高/mm
	6.5	/	1.5
反面	焊缝宽度/mm	焊缝余高/mm	结论
	5.5	1.8	合格
裂纹	无	气孔	无
咬边	深度/mm	正面：无 反面：无	焊工姓名、日期：
	长度/mm	正面：无 反面：无	检验员姓名、日期：

4mmQ235B 焊条电弧焊对接焊缝焊接工艺评定射线检测报告见表 1-25。

表 1-25　4mmQ235B 焊条电弧焊对接焊缝焊接工艺评定射线检测报告

工件	材料牌号		Q235B	
检测条件及工艺参数	源种类	□X□Ir192□Co60	设备型号	2515
	焦点尺寸	3mm	胶片牌号	爱克发
	增感方式	□Pb□Fe前屏 后屏	胶片规格	80mm×360mm
	像质计型号	FE10-16	冲洗条件	□自动 ☑手工
	显影配方	/	显影条件	时间6min，温度20℃
	照相质量	☑AB □B	底片黑度	1.5~3.5
	焊缝编号	2016-01	2016-01	
	板厚/mm	8	8	

（续）

检测条件及工艺参数	透照方式	直缝	直缝	
	L_1（焦距）/mm	700	700	
	能量/kV	150	150	
	管电流（源活度）/mA（Bq）	10	10	
	曝光时间/min	2	2	
	要求像质指数	13	13	
	焊缝长度/mm	400	400	
	一次透照长度/mm	200	200	

合格级别/级		II	II	
要求检测比例（%）		100	100	
实际检测比例（%）		100	100	
检测标准		NB/T 47013—2015	检测工艺编号	

合格片数	A类焊缝/张	B类焊缝/张	相交焊缝/张	共计/张	最终评定结果	I级/张	II级/张	III级/张	IV级/张
	2	/	/	2			1	1	/

缺陷及返修情况说明	检测结果
1.本台产品返修部位共计＿＿处,最高返修次数＿＿次 2.超标缺陷部位返修后经复验合格 3.返修部位原缺陷情况见焊缝射线检测底片评定表	1.本台产品焊缝质量符合＿＿级的要求，结果合格 2.检测位置及底片情况详见焊缝射线底片评定表及射线检测位置示意图（另附）

报告人（资格）	审核人（资格）	无损检测专用章
年 月 日	年 月 日	年 月 日

4mmQ235B焊条电弧焊对接焊缝焊接工艺评定拉伸、弯曲试样检查表见表1-26。

表1-26 4mmQ235B焊条电弧焊对接焊缝焊接工艺评定拉伸、弯曲试样检查表 （单位：mm）

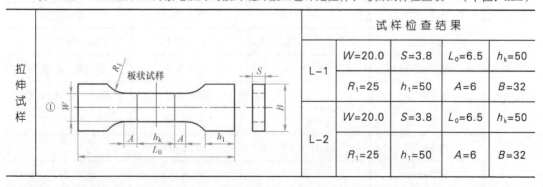

拉伸试样	①	试样检查结果			
		L-1	$W=20.0$	$S=3.8$	$L_0=6.5$	$h_k=50$
			$R_1=25$	$h_1=50$	$A=6$	$B=32$
		L-2	$W=20.0$	$S=3.8$	$L_0=6.5$	$h_k=50$
			$R_1=25$	$h_1=50$	$A=6$	$B=32$

（续）

弯曲试样	面、背弯试样	W-1	$L_1=140$	$B_1=38$	$R_1=3$	$S_1=3.8$
		W-2	$L_1=140$	$B_1=38$	$R_1=3$	$S_1=3.8$
		W-3	$L_1=140$	$B_1=38$	$R_1=3$	$S_1=3.8$
		W-4	$L_1=140$	$B_1=38$	$R_1=3$	$S_1=3.8$

4mmQ235B 焊条电弧焊对接焊缝焊接工艺评定拉伸、弯曲试验报告见表 1-27。

表 1-27 4mmQ235B 焊条电弧焊对接焊缝焊接工艺评定拉伸、弯曲试验报告

炉号：		样品名称：焊接工艺评定		制令：		报告编号：PQR02	
批号：		材质：Q235B，T=4mm		状态：		室温： 23℃	
拉伸（GB/T 228.1—2010）	试样号	宽度/mm	厚度/mm	横截面积/mm²	屈服载荷/kN	屈服强度/MPa	
	L-1	20.0	3.8	76	/	/	
	L-2	20.0	3.8	76	/	/	
	试样号	极限载荷/kN		拉伸强度/MPa	延伸率/（%）（G=50mm）	断裂类型及位置	
	L-1	34		447	/	韧性、热影响区	
	L-2	34		447	/	韧性、热影响区	
弯曲（GB/T 2653—2008）	试样号	母材	面弯	背弯	侧弯	弯曲直径/mm	
	W-1	Q235B	合格			16	
	W-2	Q235B	合格			弯曲角度	
	W-3	Q235B		合格		180°	
	W-4	Q235B		合格			
冲击（夏比V型）	试样号	缺口位置	试样尺寸/mm	试验温度/℃	冲击吸收能量/J	侧向膨胀量/mm	
	/						
	/						
评定标准	NB/T 47014—2011			评定结果		合格	
试验员	×××			审核		×××	
日期	×××			日期		×××	

思考与练习

一、单选题

1. 依据 NB/T 47014—2011，焊接工艺评定无损检测按 NB/T 47013—2015 结果（　　），为无损检测合格。

    A. I 级　　　　　　　B. 无裂纹　　　　　　　C. II 级　　　　　　　D. IV 级

2. 焊接工艺评定试板焊接时，焊接环境的湿度应不高于（　　）。

    A. 60%　　　　　　　B. 70%　　　　　　　C. 80%　　　　　　　D. 90%

3. 焊接工艺评定试件选择的焊材是 J422，其烘干温度是（　　）℃。

    A. 不需要　　　　　　B. 100　　　　　　　C. 150　　　　　　　D. 350

4. 工艺评定拉伸试样的宽度为（　　）mm。

    A. 32　　　　　　　　B. 20　　　　　　　　C. 38　　　　　　　　D. 10

5. 工艺评定面弯和背弯试样的宽度为（　　）mm。

    A. 32　　　　　　　　B. 20　　　　　　　　C. 38　　　　　　　　D. 10

6. 工艺评定侧弯试样的厚度为（　　）mm。

    A. 32　　　　　　　　B. 20　　　　　　　　C. 38　　　　　　　　D. 10

7. 冲击韧性试样的标准尺寸是（　　）。

    A. 10mm × 10mm × 55mm　　　　　　　　B. 7.5mm × 10mm × 55mm

    C. 5mm × 10mm × 55mm　　　　　　　　D. 5mm × 10mm × 50mm

8. 弯曲试样的厚度为 7mm，应该选用弯心直径为（　　）mm 的压头。

    A. 26　　　　　　　　B. 28　　　　　　　　C. 30　　　　　　　　D. 32

9. 按 GB/T 228.1—2010 拉伸试验拉伸段，每个试样测量（　　）点的宽度和厚度，计算它们的平均值。

    A. 2　　　　　　　　　B. 3　　　　　　　　　C. 4　　　　　　　　　D. 5

10. 按 GB/T 228.1—2010 拉伸试验时，试样截面积为 200mm^2，最大的力 99.7kN，力学性能报告中其抗拉强度为（　　）MPa。

    A. 498.5　　　　　　B. 500　　　　　　　C. 495　　　　　　　D. 490

11. 弯曲试样的厚度为 8mm，支承辊之间距离为（　　）mm。

    A. 32　　　　　　　　B. 51　　　　　　　　C. 33　　　　　　　　D. 63

二、多选题

1. NB/T 47014—2011 力学性能试验和弯曲试验的取样要求是（　　）。

    A. 取样时，一般采用冷加工方法

    B. 允许避开焊接缺陷、缺欠制取试样

    C. 试样去除焊缝余高前允许对试样进行冷校平

    D. 当采用热加工方法取样时，则应去掉热影响区

2. 按照 pWPS01 焊接的工艺评定试板，总共需要（　　）力学性能试样。

    A. 拉伸 2 个　　　　　B. 横向弯曲 4 个　　　　C. 纵向弯曲 4 个　　　　D. 冲击 6 个

3. 弯曲试样的摆放应该（　　）。

  A. 试样轴线与压头轴线呈 90°

  B. 焊缝中心对准压头中心

  C. 试样中心与压头轴线平行

  D. 试样应放于支承辊的中心

三、判断题

1. 焊接工艺评定试件必须由本单位技能熟练的焊接人员施焊。（　　）

2. 焊接工艺评定试件可以由外单位的持证焊工来施焊。（　　）

3. 焊接工艺评定试件可使用外单位的焊接设备施焊。（　　）

4. 焊接工艺评定试件焊接设备需要计量合格，并在有效期内，且定期维护。（　　）

5. 焊接工艺评定试件外观检查用的焊接检验尺新买回来就可以直接使用。（　　）

6. 焊接工艺评定试件焊接时的工艺参数应如实记录。（　　）

7. 焊接工艺评定试件外观检查不能有未熔合和咬边。（　　）

8. 焊接工艺评定试件外观检查余高不允许太高。（　　）

9. 焊接工艺评定试件焊接时，环境温度和湿度没有要求。（　　）

10. 焊接工艺评定试件无损检测可以有未焊透、未熔合、气孔缺陷。（　　）

11. 焊接工艺评定试样的截取可以避开缺陷取样。（　　）

12. 焊接工艺评定试样的取样一般采用冷加工方法，当采用热加工方法取样时,则应去除热影响区。（　　）

13. 焊接工艺评定试样不平整,不允许在去除余高前冷校平。（　　）

14. 当焊缝金属和母材的弯曲性能有显著差别时，取横向弯曲试样。（　　）

15. 冲击试样纵轴线应平行于焊缝轴线，缺口轴线垂直于母材表面。（　　）

16. 冲击焊缝区试样的缺口位置应位于焊缝中心线上。（　　）

17. 拉伸、弯曲和冲击试验人员没有资格要求。（　　）

18. 拉伸、弯曲和冲击试验设备完好，并计量合格，且在有效期内。（　　）

19. 在试样夹持时，试样上端的夹持部分应该全部处于夹头内，并且试样不应该顶住上夹头平面。（　　）

20. 工艺评定弯曲试验按 GB/T 2653—2008 的试验方法测定焊接接头的完好性和塑性。（　　）

21. 工艺评定拉伸试验按照 GB/T 228.1—2010 规定的试验方法测定焊接接头的抗拉强度。（　　）

22. 侧弯试验时，若试样表面存在缺欠，则以没有缺欠的一侧作为拉伸面。（　　）

23. 根据 NB/T 47014—2011，焊接工艺评定弯曲试验的弯曲角度都是 180°。（　　）

24. 根据 NB/T 47014—2011，焊接工艺评定弯曲试验弯心直径越小越严格。（　　）

25. 冲击试样吸收能量与冲击试验温度没有关系。（　　）

26. 冲击试验前需要检查试样的缺口是否符合要求。（　　）

27. 假如拉伸试样断裂位置在母材，那么该拉伸试验不合格。（　　）

28. 拉伸试验前需要根据试样类型，选择合适的拉伸试验夹持端。（　　）

29. 弯曲试验后，弯曲试样没有任何开裂但焊缝不对中，那弯曲试验合格。（　　）

30. 冲击试验前需要选择合适的摆锤。（　　）

31. 面弯试验是指焊缝较宽的一面受压。（　　）

32. 拉伸弯曲试验结束后，要保证工作台下降到原始位置，保证液压缸处于空载状态。（　　）

1.5 编制对接焊缝焊接工艺评定报告 PQR01

任务解析

依据 NB/T 47014—2011 要求和实际进行焊接工艺评定试验的数据记录、焊接记录、无损检测报告、力学性能报告等，编制 8mmQ235B 焊条电弧焊对接焊缝的焊接工艺评定报告，关键是要判断工艺评定报告是否合格。

必备知识

1.5.1 焊接工艺评定报告的合格指标

依据 NB/T 47014—2011 要求进行焊接工艺评定试验后，要分析这些试验数据是否合格，并填写焊接工艺评定报告。

1. 外观检查和无损检测

NB/T 47014—2011 中对接焊缝试件评定焊接工艺的目的在于得到焊接接头力学性能符合要求的焊接工艺，在标准中规定的评定规则、试验方法和合格指标都是围绕焊接接头力学性能的。评定合格的焊接工艺的目的不在于焊缝外观达到何种要求，也不在于焊缝能达到无损检测几级标准，所以虽然在试件检验项目规定了外观检查、无损检测，其主要目的在于了解试件的施焊情况，避开焊接缺陷取样。

出现焊接裂纹的原因比较复杂，首先要考虑对钢材焊接性是否完全掌握、焊接工艺是否正确、钢板冶金轧制缺陷等，坡口宽窄对裂纹敏感性也有影响。从焊接工艺评定原理来讲，试件出现裂纹的焊接工艺评定合格，只说明对力学性能而言是合格的，对焊接裂纹而言是不合格的；如果改变焊接条件（例如加大坡口宽度、加大焊缝成形系数）消除了裂纹，而所改变的焊接条件又是次要因素，那么原来产生裂纹的焊接工艺不需重新评定了。

鉴于焊接裂纹产生原因复杂，故在 NB/T 47014—2011 第 6.4.1.2 条中规定外观检查和无损检测（按 NB/T 47013—2015）结果不得有裂纹。

2. 拉伸试验

拉伸试验合格指标依据 NB/T 47014—2011 第 6.4.1.5.4 条规定为：

1）试样母材为同一金属材料代号时，每个（片）试样的抗拉强度应不低于"本标准规定的母材抗拉强度最低值"，而不是以前所要求的不低于"母材钢号标准规定值的下限值"。

①钢质母材规定的抗拉强度最低值，等于其标准规定的抗拉强度下限值。

②铝质母材类别号为 Al-1、Al-2、Al-5 的母材规定的抗拉强度最低值，等于其退火状态标准规定的抗拉强度下限值。

③钛质母材规定的抗拉强度最低值，等于其退火状态标准规定的抗拉强度下限值。

④铜质母材规定的抗拉强度最低值，等于其退火状态与其他状态标准规定的抗拉强度下限值中的较小值。当挤制铜材在标准中没有给出退火状态下规定的抗拉强度下限值时，可以按原状态

下标准规定的抗拉强度下限值的 90% 确定，或按试验研究结果确定。

⑤镍质母材规定的抗拉强度最低值，等于其退火状态（限 Ni-1 类、Ni-2 类）或固溶状态（限 Ni-3 类、Ni-4 类、Ni-5 类）的母材标准规定的抗拉强度下限值。

2）试样母材为两种金属材料代号时，每个（片）试样的抗拉强度应不低于本标准规定的两种母材抗拉强度最低值中的较小值。

3）若规定使用室温抗拉强度低于母材的焊缝金属，则每个（片）试样的抗拉强度应不低于焊缝金属规定的抗拉强度最低值。

4）上述试样如果断在焊缝或熔合线以外的母材上，其抗拉强度值不得低于本标准规定的母材抗拉强度最低值的 95%。不同于以前所要求的"单片试样其最低值不得低于母材钢号标准规定值下限的 95%（碳素钢）或 97%（低合金钢和高合金钢）"。

5）分层取样后，拉伸试样合格指标不再取平均值，而应是每个（片）试样抗拉强度不低于本标准规定的母材抗拉强度最低值。

3. 弯曲试验

弯曲试验合格指标依据 NB/T 47014—2011 第 6.4.1.6.4 条规定为：

对接焊缝试件的弯曲试样弯曲到规定的角度后，其拉伸面上的焊缝和热影响区内，沿任何方向不得有单条长度大于 3mm 的开口缺陷，试样的棱角开口缺陷一般不计，但由未熔合、夹渣或其他内部缺欠引起的棱角开口缺陷长度应记入。

若采用两片或多片试样时，每片试样都应符合上述要求。

4. 冲击试验

冲击试验合格指标依据标准 NB/T 47014—2011 第 6.4.1.7.3 条规定为：

1）试验温度应不高于钢材标准规定的冲击试验温度。

2）钢质焊接接头每个区 3 个标准试样为一组的冲击吸收能量平均值应符合设计文件或相关技术文件规定，且不应低于表 1-28 中规定值，至多允许一个试样的冲击吸收能量低于规定值，但不得低于规定值的 70%。

3）对于镁的质量分数超过 3% 的铝镁合金母材，试验温度应不高于承压设备的最低设计金属温度，焊缝区 3 个标准试样为一组的冲击吸收能量平均值，应符合设计文件或相关技术文件规定，且不应小于 20J，至多允许一个试样的冲击吸收能量低于规定值，但不得低于规定值的 70%。

4）宽度为 7.5mm 或 5mm 的小尺寸冲击试样的冲击吸收能量指标，分别为标准试样冲击吸收能量指标的 75% 或 50%。

表 1-28　碳钢和低合金钢焊缝的冲击吸收能量最低值

钢材标准抗拉强度下限值R_m/MPa	3个标准试样冲击吸收能量平均值KV_2/J
≤450	≥20
>450~510	≥24

（续）

钢材标准抗拉强度下限值R_m/MPa	3个标准试样冲击吸收能量平均值KV_2/J
>510~570	≥31
>570~630	≥34
>630~690	≥38

任务实施

1.5.2 编制对接焊缝焊接工艺评定报告

"焊接工艺评定报告"与"预焊接工艺规程"的最大区别在于评定报告是焊接工艺评定的实际记录，要详细记录试件焊接和试验结果的具体数据，任何在试件焊接中未观察和测量的因素都不能填写。

1.5 对接焊缝焊接
工艺评定报告编制
要点

为简化起见，将焊接工艺评定报告（表1-29）中各项目的内容都用数字代号表示。该工艺评定报告的格式不允许改变。

表1-29 焊接工艺评定报告

单位名称_____1)_____
焊接工艺评定报告编号_____2)_____ 预焊接工艺规程编号_____3)_____
焊接方法_____4)_____ 机械化程度（手工、机动、自动）_____5)_____

接头简图：（坡口形式、尺寸、衬垫、每种焊接方法或者焊接工艺的焊缝金属厚度）
6)

母材：
材料标准_____7)_____
材料代号_____8)_____
类、组别号___9)___与类、组别号___10)___相焊
厚度_____11)_____
直径_____12)_____
其他_____13)_____

焊后热处理：
保温温度/℃_____25)_____
保温时间/h_____26)_____

保护气体：27)
　　　　　　　气体　混合比　气体流量/（L/min）
保　护　气_____ _____ _____
尾部保护气_____ _____ _____
背面保护气_____ _____ _____

填充金属：
焊材类别_____14)_____
焊材标准_____15)_____
焊材型号_____16)_____
焊材牌号_____17)_____
焊材规格_____18)_____
焊缝金属厚度_____19)_____
其他_____20)_____

电特性：
电流种类_____28)_____
极性_____29)_____
钨极尺寸_____30)_____
焊接电流/A_____31)_____
电弧电压/V_____32)_____
焊接电弧种类_____33)_____
其他

（续）

焊接位置：21）
对接焊缝位置＿＿＿＿＿＿方向：（向上、向下）
角焊缝位置＿＿＿＿＿方向：（向上、向下）

预热：
预热温度／℃　　22）＿＿＿＿＿＿＿＿
道间温度／℃　　23）＿＿＿＿＿＿＿＿
其他＿＿＿＿＿24）＿＿＿＿＿＿＿＿

技术措施：
焊接速度／（cm/min）＿＿＿＿34）
摆动或不摆动＿＿＿＿＿35）＿＿＿＿
摆动参数＿＿＿＿＿36）＿＿＿＿＿
多道焊或单道焊（每面）＿＿＿＿37）
多丝焊或单丝焊＿＿＿＿38）＿＿＿＿
其他＿＿＿＿＿39）＿＿＿＿＿

拉伸试验　　　　　　　　　　　　　　试验报告编号：＿＿＿＿＿40）

试样编号	试样宽度/mm	试样厚度/mm	横截面积/mm²	断裂载荷/kN	抗拉强度/MPa	断裂部位和特征
41）	42）	43）	44）	45）	46）	47）

弯曲试验　　　　　　　　　　　　　　试验报告编号：＿＿＿＿＿40）

试样编号	试样类型	试样厚度/mm	弯心直径/mm	弯曲角度/（°）	试验结果
48）	49）	50）	51）	52）	53）

冲击试验　　　　　　　　　　　　　　试验报告编号：＿＿＿＿＿40）

试样编号	试样尺寸	夏比V型缺口位置	试验温度/℃	冲击吸收能量/J	侧向膨胀量/mm	备注
54）	55）	56）	57）	58）		59）

金相检验（角焊缝）：60）
根部（焊透、未焊透）＿＿＿＿＿＿＿＿＿＿＿＿，焊缝（熔合、未熔合）＿＿＿＿＿＿＿＿＿＿＿＿＿＿＿＿
焊缝、热影响区（有裂纹、无裂纹）＿＿＿＿＿＿＿＿＿＿＿＿＿＿＿＿＿＿＿＿＿＿＿＿＿＿＿＿

检验截面	Ⅰ	Ⅱ	Ⅲ	Ⅳ	Ⅴ
焊脚差/mm61）					

（续）

无损检验：62）

RT_____ UT_____

MT_____ PT_____

其他_____ 63）_____

耐蚀堆焊金属化学成分（质量分数，%）64）

C	Si	Mn	P	S	Cr	Ni	Mo	V	Ti	Nb

化学成分测定表面至熔合线的距离/mm　　　　　　　65）_____

附加说明：66）

结论：　本评定按NB/T 47014—2011规定焊接试件、检验试样、测定性能、确认试验记录正确

　　　评定结果：　（合格、不合格）67）_____

焊工姓名	68）		焊工代号		69）		施焊日期		70）
编制	71）	日期		审核	72）	日期		批准	73）	日期	
第三方检验					74）				

1）实际进行焊接工艺评定的单位名称。

2）与按照预焊接工艺规程评定合格的工艺评定报告编号应该是一致的，两个编号要有区别并有内在联系，以便查询。

3）填写首次评定预焊接工艺规程的编号，以后由于次要因素变更，根据此评定报告再编写的预焊接工艺规程编号不强求填写。

4）填写试件焊接所采用的所有焊接方法。

5）相应于4）中采用的焊接方法的自动化程度（包括机械化）。

6）依据实际施焊结果详细填写坡口形式、尺寸、衬垫、每种焊接方法或者焊接工艺的焊缝金属厚度。

7）～13）按实际情况填写母材的信息。

14）～20）按实际情况填写试件施焊时填充金属的信息。

21）填写试件施焊的所有实际位置。

22）填写试件焊前实测的预热温度，记录最低值，不预热则填写室温。

23）填写焊接过程中实测的下一层（或道）焊接前的温度。

24）有其他的信息时，按照实际情况填写。

25）～26）填写试件焊后热处理的实际情况。假如试板焊后热处理，一定要有热处理记录曲线作为凭证。

27）～32）按实际施焊所记录的具体的数值填写。每种焊接方法（焊接工艺）都要填写清楚。

33）按焊接时实际采用的电弧填写，如喷射弧、短路弧等。

将同一种焊接方法或同一重要因素或补加因素的焊接工艺焊接试件的实际最大热输入记入"其他"项目内。

34）～38）按焊接时实际采用的技术措施填写。

39）填写焊接时采取的其他技术措施。

40）～46）按力学性能试验时的实际数值填写。

47）照实填写，不要空白，按 NB/T 47014—2011 进行，便于国内外单位认可。注意拉伸试验中不应填写屈服点，断裂部位应在焊接接头范围内。若填写断于母材，应当慎重鉴别，不要将热影响区当作母材。断裂特征主要看是韧性断裂还是脆性断裂。

48）照实填写。

49）填写面弯、背弯、侧弯。

50）～59）照实填写。

60）填写角焊缝试件根部是否焊透、焊缝有无未熔合、焊缝和热影响区有无裂纹。

61）填写"焊脚差"，而不是"焊脚尺寸差"。

62）～63）填写评定试件无损检测后有无裂纹，根据无损检测结果在试件上避开缺陷取样，将无损检测报告号附入。

64）～65）照实填写。

66）填写上列各栏各项所没有包括的内容或特别说明。

67）横线上填写合格与不合格。对试件、试样的检验，只要有一项内容，或一个试样不合格，则评定结果便判定不合格。

68）～70）照实填写。

71）～73）编制、审核、批准程序不可缺少，签字人员应按质保体系规定应经制造（组焊）单位焊接责任工程师审核，技术负责人批准。

74）国内第三方检验一般是特种设备安全监督检验研究院。

1.5.3 教学案例：对接焊缝焊接工艺评定报告 PQR02

4mmQ235B 焊条电弧焊对接焊缝焊接工艺评定报告见表 1-30。

表 1-30　4mmQ235B 焊条电弧焊对接焊缝焊接工艺评定报告

单位名称：	XXXXXX设备有限公司		
焊接工艺评定报告编号	PQR02	预焊接工艺规程编号	pWPS02
焊接方法	SMAW	机械化程度（手工、半自动、自动）	手工

（续）

接头简图：（坡口形式、尺寸、衬垫、每种焊接方法或者焊接工艺的焊缝金属厚度）

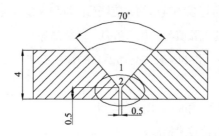

母材：
材料标准 _____GB/T 3524—2015_____
材料代号 _____Q235B_____
类、组别号:Fe-1-1与类、组别号Fe-1-1相焊
厚度 _____4mm_____
直径 _____/_____
其他 _____/_____

焊后热处理：
保温温度 / ℃ _____/_____
保温时间 / h _____/_____

保护气体：
	气体	混合比	气体流量/(L/min)
保 护 气	/	/	/
尾部保护气	/	/	/
背面保护气	/	/	/

填充金属：
焊材类别 _____FeT-1-1_____
焊材标准 _____GB/T 5117—2012、NB/T 47018.2—2017
焊材型号 _____E4303_____
焊材牌号 _____J422_____
焊材规格 _____φ3.2mm_____
焊缝金属厚度 _____4mm_____
其他 _____/_____

电特性：
电流种类 _____直流（DC）_____
极性 _____反接（EP）_____
钨极尺寸 _____/_____
焊接电流/A _____①100 ②120_____
电弧电压/V _____25_____
焊接电弧种类 _____/_____
其他 _____最大热输入≤17.1KJ/cm_____

焊接位置：
对接焊缝位置 __1G__ 方向：（向上、向下）
角焊缝位置 __/__ 方向：（向上、向下）

预热：
预热温度/℃ _____室温_____
道间温度/℃ _____235_____
其他 _____

技术措施：
焊接速度/(cm/min) _____①11.8 ②10.5_____
摆动或不摆动 _____不摆动_____
摆动参数 _____/_____
多道焊或单道焊（每面） _____单道焊_____
多丝焊或单丝焊 _____/_____
其他 _____/_____

拉伸试验GB/ 228.1—2010　　　　　　　　　　试验报告编号：_____PQR02_____

试样编号	试样宽度/ mm	试样厚度/ mm	横截面积/ mm²	断裂载荷/ kN	抗拉强度/ MPa	断裂部位和特征
L-1	20.0	3.8	76	34	447	热影响区、韧性
L-2	20.0	3.8	76	34	447	热影响区、韧性

弯曲试验GB/T 2653—2008　　　　　　　　　　试验报告编号：_____PQR02_____

（续）

试样编号	试样类型	试样厚度/mm	弯心直径/mm	弯曲角度/（°）	试验结果
W-1	面弯	4	16	180	合格
W-2	背弯	4	16	180	合格
W-3	面弯	4	16	180	合格
W-4	背弯	4	16	180	合格

冲击试验　　　　　　　　　　　　　　　　试验报告编号：_____/_____

试样编号	试样尺寸	缺口类型	缺口位置	试验温度/℃	冲击吸收能量/J	备注
/	/	/	/	/	/	/
/	/	/	/	/	/	/
/	/	/	/	/	/	/

金相检验（角焊缝）：
根部（焊透、未焊透）_____/_____，焊缝（熔合、未熔合）_____/_____
焊缝、热影响区（有裂纹、无裂纹）_____/_____

检验截面	I	II	III	IV	V
焊脚差/mm	/	/	/	/	/

无损检验：
RT_____无裂纹_____　　UT_____/_____
MT_____/_____　　PT_____/_____
其他_____/_____
耐蚀堆焊金属化学成分（质量分数，%）

C	Mn	Si	P	S	Cr	Ni	Mo	V	Ti	Nb
/	/	/	/	/	/	/	/	/	/	/

化学成分测定表面至熔合线的距离 / mm_____/_____

附加说明：_____/_____

结论：__本评定按NB/T 47014—2011规定焊接试件、检验试样、测定性能、确认试验记录正确__
评定结果：_____合格_____

焊工姓名	×××		焊工代号	×××		施焊日期	×××		
编制	×××	日期	×××	审核	×××	日期	×××	批准	×××
第三方检验	×××								

————————— **思考与练习** —————————

一、单选题

1. 在填写焊接工艺评定报告的电特性时，其中的"其他"一栏一般填写（ ）。

    A. 热输入的平均值   B. 热输入的最大值   C. 热输入的最小值   D. 焊接电流

2. 根据 GB/T 2653—2008 规定，在弯曲试验中，对接焊缝试件的弯曲试样弯曲到规定角度后，这里的规定角度指的是（ ）。

    A. 90°   B. 120°   C. 150°   D. 180°

二、多选题

1. 编制焊接工艺评定报告 PQR02 需要准备的材料有（ ）。

    A. 焊接记录   B. 预焊接工艺规程   C. 无损检测报告   D. 力学性能试验报告

2. 按 NB/T 47014—2011 规定，焊接工艺评定报告要对下列（ ）进行确认正确。

    A. 焊接试件   B. 检验试样   C. 测定性能   D. 焊接工艺规程

3. 对接焊缝试件的弯曲试样弯曲到规定的角度后，合格的要求有（ ）。

    A. 其拉伸面上的焊缝和热影响区内，沿任何方向不得有单条长度大于 3mm 的开口缺陷

    B. 试样的棱角开口缺陷一般不计

    C. 弯曲试样的焊缝必须对中

    D. 由未熔合、夹渣或其他内部缺欠引起的棱角开口缺陷长度应该记入

4. 按 NB/T 47014—2011 规定，钢质焊接接头冲击试验合格指标为（ ）。

    A. 试验温度应不低于钢材标准规定冲击试验温度

    B. 每个区 3 个标准试样为一组的冲击吸收能量平均值符合设计文件或相关技术文件规定，且不应低于标准规定值

    C. 至多允许一个试样的冲击吸收能量低于规定值，但不得低于规定值的 70%

    D. 试验温度应不高于钢材标准规定的冲击试验温度

三、判断题

1. 焊接工艺评定是为验证所拟定的焊件焊接工艺的正确性而进行的试验过程及结果评价。（ ）

2. 焊接工艺评定报告中接头简图上的数据根据预焊接工艺规程标注。（ ）

3. 在电特性的"其他"这一栏填写的是焊接热输入的平均值。（ ）

4. 某标准冲击试样的冲击吸收能量合格标准为 24J，现有 5 mm × 10 mm × 55 mm 的试样，其冲击试验热影响区的三个冲击试验的数值分别为 11J、12J 和 15J，由此判断其热影响区的冲击韧性合格。（ ）

5. 弯曲试验后，弯曲试样没有任何开裂但焊缝不对中，则弯曲试验合格。（ ）

6. 按 NB/T 47014—2011 规定，钢质母材规定的抗拉强度最低值，等于其标准规定的抗拉强度下限值。（ ）

1.6　编制对接焊缝的焊接工艺规程 WPS01

任务解析

依据 NB/T 47014—2011 要求和合格焊接工艺评定报告 PQR01，分析焊接工艺评定的重要因素、补加因素和次要因素；编制 8mmQ235B 焊条电弧焊对接焊缝焊接工艺规程 WPS01。

必备知识

1.6.1　NB/T 47014—2011 焊接工艺规程影响因素

焊接工艺评定报告合格后，按照 NB/T 47014—2011 和图 1-30 的要求编制焊接工艺规程。

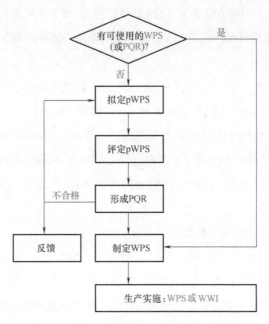

图 1-30　编制焊接工艺规程的流程

为了减少焊接工艺评定的数量，制定了焊接工艺评定规则，当变更焊接工艺评定因素时，要充分注意和遵守相关的各项评定规则。NB/T 47014—2011 将各种焊接方法中影响焊接接头性能的焊接工艺评定因素划分为通用焊接工艺评定因素和专用焊接工艺评定因素，其中专用焊接工艺评定因素又分为重要因素、补加因素和次要因素；同时将各种焊接工艺评定因素分类、分组并制定相互替代关系、覆盖关系等。

重要因素是指影响焊接接头力学性能和弯曲性能（冲击韧性除外）的焊接工艺评定因素。补加因素是指影响焊接接头冲击韧性的焊接工艺评定因素，当规定进行冲击试验时，需增加补加因素。次要因素是指对要求测定的力学性能和弯曲性能无明显影响的焊接工艺评定因素。

NB/T 47014 —2011 中焊接工艺评定因素分类如图 1-31 所示。

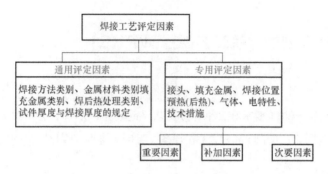

图 1-31　焊接工艺评定因素分类

1.6.2　NB/T 47014—2011 各种焊接方法通用焊接工艺评定因素和评定规则

NB/T 47014—2011 将焊接方法类别、金属材料类别、填充金属类别、焊后热处理类别、试件厚度与焊件厚度的规定作为通用焊接工艺评定因素。

1. 焊接方法

（1）焊接方法及分类　NB/T 47014—2011 第 5.1.1 条将焊接方法的类别划分为气焊（OFW）、焊条电弧焊（SMAW）、埋弧焊（SAW）、钨极气体保护焊（GTAW）、熔化极气体保护焊（含药芯焊丝电弧焊）（GMAW、FCAW）、电渣焊（ESW）、等离子弧焊（PAW）、摩擦焊（FRW）、气电立焊（EGW）和螺柱电弧焊（SW）。

1.6　pWPS、PQR 和 WPS 填写分析对比

（2）焊接方法的评定规则　NB/T 47014—2011 第 6.1.1 条规定，改变焊接方法，需要重新进行焊接工艺评定。

2. 金属材料及分类、分组和评定规则

（1）NB/T 47014—2011 中的母材分类、分组规定　NB/T 47014—2011 根据金属材料的化学成分、力学性能和焊接性将压力容器焊接用母材进行分类、分组。母材的分类、分组结果不仅直接影响焊接工艺评定质量与数量，而且与焊件预热、焊后热处理的温度有关。从对接焊缝与角焊缝焊接工艺评定的目的出发，对焊接工艺评定标准中金属材料的分类，在主要考虑焊接接头的力学性能的前提下，也充分考虑母材化学成分（与耐热、耐蚀等性能密切相关）、组织状态及焊接性。具体地说，是将压力容器焊接用金属材料划分为 14 类，其中铁基材料划分为 10 类。

对母材进行分类、分组是为了减少焊接工艺评定数量，这是国际上焊接工艺评定标准通常的做法。我国的焊接工艺评定标准基本上是参照美国 ASME BPVC.Ⅸ QW-422 对母材进行分类、分组的。ASME BPVC.Ⅸ 在 QW-420 中指出：对母材指定 P-No.（母材类别号）的主要目的是减少焊接工艺评定数量，而对规定进行冲击试验的铁基金属母材，在类别号之下还需要指定组号。ASME BPVC.Ⅷ 中规定，根据钢材的使用温度、钢材厚度、强度级别和交货状态确定，若符合 ASME BPVC.Ⅷ 中的 UG-84（4），即中图 UG-84.1 的规定，则要求母材进行冲击试验。也就是说，ASME BPVC.Ⅷ 中所使用的钢材并不是每一个都需进行冲击试验的。这与我国的承压设备冲击试验准则不尽相同。由于国内对压力容器冲击试验要求是由标准、设计文件或钢材本身有无冲击试验来决定的，可以说，几乎国内所有压力容器用钢都要求进行冲击试验，因此，国内压力容

器焊接工艺评定标准中母材分类后再进行分组的原则与 ASME BPVC.Ⅸ 不尽相同。

NB/T 47014—2011 是按照 ASME BPVC.Ⅸ QW-422 制定的原则对国产材料进行分类、分组的。需要说明的是：

1）NB/T 47014—2011 主要从金属材料化学成分、力学性能与焊接性出发，参照 ASME BPVC.Ⅸ QW-422 的原则对国产材料进行分类、分组。

2）对于碳钢、低合金钢，NB/T 47014—2011 主要按照强度级别进行分组，这一点与 QW-422 有所不同。

（2）标准以外的母材分类、分组规定

1）NB/T 47014—2011 中分类表以外的母材，但公称成分在分类表所列母材范围内时，符合承压设备安全技术规范，且已列入国家标准、行业标准的金属材料，以及相应承压设备标准允许使用的境外材料，当"母材归类报告"表明，承制单位已掌握该金属材料的特性（化学成分、力学性能和焊接性）并确认与标准中母材分类表内某金属材料相当，则可在本单位的焊接工艺评定文件中将该材料归入某材料所在类别、组别内；除此以外应按每个金属材料代号（依照标准规定命名）分别进行焊接工艺评定。

2）公称成分不在标准 NB/T 47014—2011 分类表所列母材范围内时，承制单位应制定供本单位使用的焊接工艺评定标准，技术要求不低于本标准，其母材按"母材归类报告"要求分类、分组。

3）"母材归类报告"的基本内容如下：母材相应的标准或技术条件；母材的冶炼方法、热处理状态、制品形态、技术要求及产品合格证明书；母材的焊接性（包括焊接性分析、工艺焊接性、使用焊接性、焊接方法、焊接材料和焊接工艺等）；母材的使用业绩及其来源；各项结论、数据及来源；母材归类、归组陈述；该母材归入类别、组别，及母材规定的抗拉强度最低值。

4）"母材归类报告"应存档备查。

（3）母材的评定规则

1）母材类别的评定规则（螺柱焊、摩擦焊除外）：

①母材类别号改变，需要重新进行焊接工艺评定。

②等离子弧焊使用填丝工艺，对 Fe-1～Fe-5A 类别母材进行焊接工艺评定时，高类别号母材相焊评定合格的焊接工艺，适用于该高类别号母材与低类别号母材相焊。

③采用焊条电弧焊、埋弧焊、熔化极气体保护焊或钨极气体保护焊，对 Fe-1～Fe-5A 类别母材进行焊接工艺评定时，高类别号母材相焊评定合格的焊接工艺，适用于该高类别号母材与低类别号母材相焊。

④除②、③外，当不同类别号母材相焊时，即使母材各自的焊接工艺都已评定合格，其焊接接头仍需重新进行焊接工艺评定。

⑤当规定对热影响区进行冲击试验时，两类（组）别号母材之间相焊，所拟定的预焊接工艺规程，与它们各自相焊评定合格的焊接工艺相同，则这两类（组）别号母材之间相焊，不需要重新进行焊接工艺评定。

两类（组）别号母材之间相焊，经评定合格的焊接工艺，也适用于这两类（组）别号母材各自相焊。

之所以有"当规定对热影响区进行冲击试验时"的规定，是因为在焊接接头三区（焊缝、熔合区和热影响区）之中，热影响区最为薄弱，可控制调整的焊接工艺因素少、性能也往往最差，是焊接接头中的薄弱环节，是焊接试件检验的重点部位。由于热影响区有粗晶区的存在，冲击韧性有可能降低；对于微合金化的钢材，热影响区还有析出物，也降低了冲击韧性。因此，不仅要强调焊缝区冲击韧性试验，而且要进行热影响区冲击韧性试验。

对焊接接头的热影响区是否进行冲击试验，在相关标准中有对试件焊接接头热影响区进行冲击试验的规定。

GB 150.4—2011规定，对于铬镍奥氏体不锈钢，低于 -196℃才属于低温。因为铬镍奥氏体不锈钢具有高韧性和塑性，所以一般常温不需要进行冲击试验。

2）组别评定规则：

①除下述规定外，母材组别号改变时，需重新进行焊接工艺评定。

②某一母材评定合格的焊接工艺，适用于同类别号同组别号的其他母材。

③在同类别号中，高组别号母材评定合格的焊接工艺，适用于该高组别号母材与低组别号母材相焊。

④组别号为Fe-1-2的母材评定合格的焊接工艺，适用于组别号为Fe-1-1的母材。

3. 填充金属及分类和评定规则

（1）填充金属及分类　填充金属是指在焊接过程中，对参与组成焊缝金属的焊接材料的通称。NB/T 47014—2011第5.1.3.1条规定，填充金属包括焊条、焊丝、填充丝、焊带、焊剂、预置填充金属、金属粉、板极、熔嘴等。

1）标准中填充金属的分类、分组规定。在NB/T 47014—2011中的表2～表5中列出了填充金属分类及类别，分别为"焊条分类""气焊、气体保护焊、等离子弧焊用焊丝和填充丝分类""埋弧焊用焊丝分类""碳钢、低合金钢和不锈钢埋弧焊用焊剂分类"。

用作压力容器焊接填充金属的焊接材料应符合中国国家标准、行业标准和NB/T 47018—2017《承压设备用焊接材料订货技术条件》的规定。

填充金属分类原则：

①焊条与焊丝分类，遵照标准中母材分类原则，力图使熔敷金属分类与母材分类相同。主要考虑熔敷金属的力学性能，同时也充分考虑其化学成分。

②埋弧焊焊材包括焊丝和焊剂，对焊丝和焊剂都进行分类。埋弧焊用焊丝和焊剂的分类原则仍遵照标准中母材分类原则，力图使熔敷金属分类与母材分类相同。

由于不锈钢埋弧焊的焊剂主要起保护作用，因此不锈钢埋弧焊焊剂仅分为熔炼焊剂和烧结焊剂两类。

2）标准以外的填充金属分类、分组规定。

①当"填充金属归类报告"表明，承制单位已掌握它们的化学成分、力学性能和焊接性时，则可以在本单位的焊接工艺评定文件中，对其按NB/T 47014—2011中表2～表5内的分类规定进

行分类；其他的填充金属，应按各焊接材料制造厂的牌号分别进行焊接工艺评定。

② NB/T 47014—2011 中尚未列出类别的填充金属，承制单位应制定供本单位使用的焊接工艺评定标准，技术要求不低于本标准，填充材料按"填充金属归类报告"要求分类。

③ "填充金属归类报告"的基本内容如下：填充材料相应的标准或技术条件；填充材料原始条件（制造厂的牌号、型号或代号；焊条药皮类别，电流类别及极性，焊接位置，熔敷金属化学成分、力学性能；焊剂类别、类型，焊丝或焊带牌号、化学成分和熔敷金属力学性能；气焊、气体保护焊、等离子弧焊用焊丝化学成分，熔敷金属化学成分和力学性能；产品合格证书）；填充材料的工艺性能；填充材料的焊接性（焊接性分析，包括工艺焊接性和使用焊接性）；填充材料的使用业绩及来源；各项结论、数据及来源；填充金属归类陈述和结论（该填充金属归入类别）。

④ "填充金属归类报告"应存档备查。

（2）填充金属评定规则

1）按照 NB/T 47014—2011 第 6.1.3 条规定，下列情况需重新进行焊接工艺评定：

①变更填充金属类别号。但当用强度级别高的类别填充金属代替强度级别低的类别填充金属焊接 Fe-1、Fe-3 类母材时，可不需重新进行焊接工艺评定。

②埋弧焊、熔化极气体保护焊和等离子弧焊的焊缝金属合金含量，若主要取决于附加填充金属时，当焊接工艺改变引起焊缝金属中重要合金元素成分超出评定范围。

③埋弧焊、熔化极气体保护焊时，增加、取消附加填充金属或改变其体积超过 10%。

④ Fe-1 类钢材埋弧多层焊时，改变焊剂类型（中性焊剂、活性焊剂），需要重新进行焊接工艺评定。

2）在同一类别填充金属中，当规定进行冲击试验时，下列情况为补加因素：

①用非低氢型药皮焊条代替低氢型（含 E××10 、E××11 ）药皮焊条。

②当用冲击试验合格指标（温度或冲击吸收能量）较低的填充金属替代较高的填充金属（若冲击试验合格指标较低时仍可符合本标准或设计文件规定的除外）。

4. 焊后热处理及分类和评定规则

（1）焊后热处理及分类

1）对于类别号为 Fe-1、Fe-3、Fe-4、Fe-5A、Fe-5B、Fe-5C、Fe-6、Fe-9B、Fe-10I、Fe-10H 的材料，将焊后热处理的类别划分为：

①不进行焊后热处理（AW- 焊态）。

②低于下转变温度进行焊后热处理，如焊后消除焊接应力热处理（SR）。

③高于上转变温度进行焊后热处理，如正火（N）。

④先在高于上转变温度，而后在低于下转变温度进行焊后热处理，如正火或淬火后回火（N 或 Q+T）。

⑤在上、下转变温度之间进行焊后热处理。

2）除 1）外，NB/T 47014—2011 母材分类表中各类别号的材料焊后热处理类别为：

①不进行焊后热处理。

②在规定的温度范围内进行焊后热处理。

3）需要特别提出的是，对于类别号为 Fe-8（奥氏体不锈钢）的材料，焊后热处理类别为：

①不进行焊后热处理。

②进行焊后固溶（S）或稳定化热处理。

（2）焊后热处理的评定规则　按照 NB/T 47014—2011 第 6.1.4 条规定，评定规则为：

1）改变焊后热处理类别，需重新进行焊接工艺评定。

2）除气焊、螺柱电弧焊、摩擦焊外，当规定进行冲击试验时，焊后热处理的保温温度或保温时间范围改变后要重新进行焊接工艺评定。试件的焊后热处理应与焊件在制造过程中的焊后热处理基本相同，低于下转变温度进行焊后热处理时，试件保温时间不得少于焊件在制造过程中累计保温时间的 80%。

1.6.3　NB/T 47014—2011 中各种焊接方法专用焊接工艺评定因素

各种焊接方法专用焊接工艺评定因素分为重要因素、补加因素和次要因素。NB/T 47014—2011 中的表 6 以分类形式列出了"各种焊接方法的专用焊接工艺评定因素"，评定因素类别包括接头，填充金属（除类别以外因素），焊接位置，预热、后热，气体，电特性，技术措施等。

1. 各种焊接方法的专用评定规则

1）当变更任何一个重要因素时，都需要重新进行焊接工艺评定。

2）当增加或变更任何一个补加因素时，则可按增加或变更的补加因素，增焊冲击韧性用试件进行试验。

3）当增加或变更次要因素时，不需要重新评定，但需要重新编制预焊接工艺规程。

2. 焊条电弧焊重新进行焊接工艺评定的条件

每种焊接方法的重要因素、补加因素、次要因素是不同的，重新评定条件也不一样。

NB/T 47014—2011 中的"各种焊接方法的专用焊接工艺评定因素"表中对不同的焊接方法列出了不同的重要因素、补加因素和次要因素。以承压设备最常用的焊条电弧焊为例，其重要因素和补加因素有：

1）焊条电弧焊在预热温度比已评定合格值降低 50℃ 以上时，需重新做焊接工艺评定。

2）焊条电弧焊在下列情况下属于增加或变更了补加因素，需增焊冲击韧性用试件进行试验：

①改变电流种类或极性。

②未经高于上转变温度的焊后热处理或奥氏体母材焊后未经固溶处理时。

a. 焊条的直径改为大于 6mm。

b. 从评定合格的焊接位置改为向上立焊。

c. 道间最高温度比经评定记录值高 50℃ 以上。

d. 增加热输入或单位长度焊道的熔敷金属体积超过评定合格值。

e. 由每面多道焊改为每面单道焊。

特别指出，在图样或技术条件中可以看到，设计人员除要求按 NB/T 47014—2011 进行焊接工艺评定外，对检验项目增加了内容。例如对强度材料要求增加硬度和金相（微观）试验，对铬钼耐热钢增加回火脆化试验，对耐蚀钢增加腐蚀试验项目等。当要求增加检验项目时，应同时规定出评定规则、替代范围、试验方法和合格指标。应强调指出，当对试件增加检验项目后，NB/T 47014—2011 中的评定规则和有关条款并不保证适用于所增加的检验项目。

3. 常用的焊接工艺评定因素

（1）焊接接头　坡口形式与尺寸对各种焊接方法而言都是次要因素，它的变更对焊接接头力学性能和弯曲性能无明显影响，但坡口形式与尺寸对焊缝抗裂性、生产率、焊接缺陷、劳动保护却有很重要的作用。

焊接接头中取消单面焊时的钢垫板都是次要因素。有人认为，焊接位置改变、取消单面焊时的钢垫板或焊接衬垫，增加了焊接难度，因而要求重新评定。这个问题的实质是混淆了焊接工艺评定与焊接技能评定这两个概念。焊接工艺评定的目的在于评定出合格的焊接工艺，焊接接头的使用性能要符合要求；焊工考试的目的在于考出合格的焊工，能够焊出没有超标缺陷的焊缝。应当在焊工技能考试范围内解决的问题不要硬拉到焊接工艺评定中去解决，能不能焊好其他位置的焊缝，能不能焊好取消钢垫板的单面焊是焊工技能问题，不能通过焊接工艺评定去解决，而要通过焊工培训提高操作技能去解决。

（2）填充金属　填充材料是指焊接过程中，对参与组成焊缝金属的焊接材料的统称。

常用的焊缝填充金属包括焊条、焊丝、焊带、焊剂、预置填充金属、金属粉、板极、熔嘴等。

NB/T 47014—2011 第 5.1.3 条规定了焊条电弧焊用焊条；气焊、气体保护焊、等离子弧焊用焊丝和填充丝及埋弧焊用焊丝、焊剂的分类。它的主要原则是遵照 NB/T 47014—2011 中母材分类原则，力图使熔敷金属分类与母材分类相同。主要参考熔敷金属的力学性能，同时也充分考虑其化学成分。

用作锅炉、压力容器和压力管道的焊接填充金属的焊接材料应符合中国国家标准、行业标准和 NB/T 47018—2017。

（3）焊接位置　焊接位置也是焊接工艺评定因素，立焊分为向上立焊和向下立焊两种。向上立焊虽然电流减少，但焊接速度也降低很多，热输入大大增加，焊接接头冲击韧性可能要变更，故需重新评定。当没有冲击试验要求时，改变焊接位置不需要重新评定，故焊接工艺评定试件位置通常为平焊。

（4）电特性　电特性中单独变更电流值或电压值只是次要因素，考虑焊接速度后的焊接热输入则成了补加因素。当规定冲击韧性试验时，增加热输入要重新评定焊接工艺，但当经高于上转变温度的焊后热处理或奥氏体母材焊后经固溶处理时除外。热输入是指每条焊道的热输入，当规定进行冲击试验时每条焊道的热输入都应严格控制。

任务实施

1.6.4　编制焊接工艺规程（WPS01）

依据合格的分离器对接焊缝工艺评定，编制焊接工艺规程。当变更次要因素时，不需要重新评定焊接工艺，但需要重新编制"预焊接工艺规程"。例如，当重要因素、补加因素不变时，对接焊缝试件评定合格的焊接工艺适用于角焊缝焊件，其含义是，用对接焊缝试件的"焊接工艺评定报告"来重新编制角焊缝焊件的"预焊接工艺规程"。此时，角焊缝试件的焊接工艺已由对接焊缝试件评定报告评定过了；依据该份对接焊缝试件"焊接工艺评定报告"还可以编制焊工考试的"预焊接工艺规程"等。因此可以看出，依据一份评定合格的"焊接工艺评定报告"可以编制出多份焊件的焊接工艺规程。焊接工艺规程格式见表1-31。

表1-31 焊接工艺规程（WPS01）

单位名称＿＿＿＿＿＿＿＿＿＿＿＿＿＿＿＿＿＿＿＿＿＿＿＿＿＿＿＿＿＿＿＿＿＿＿＿＿＿
预焊接工艺规程编号＿＿＿＿＿＿＿日期＿＿＿＿＿＿所依据焊接工艺评定报告编号＿＿＿＿＿＿
焊接方法＿＿＿＿＿＿＿＿＿＿＿＿机械化程度（手工、机动、自动）＿＿＿＿＿＿＿＿

焊接接头： 坡口形式＿＿＿＿＿＿＿＿＿＿＿＿ 衬垫（材料及规格）＿＿＿＿＿＿＿ 其他＿＿＿＿＿＿＿＿＿＿＿＿＿＿	简图：（接头形式、坡口形式与尺寸、焊层、焊道布置及顺序）

母材：
类别号＿＿＿＿＿＿组别号＿＿＿＿＿＿与类别号＿＿＿＿＿组别号＿＿＿＿＿相焊或
标准号＿＿＿＿＿＿钢号＿＿＿＿＿与标准号＿＿＿＿＿钢号＿＿＿＿相焊
对接焊缝焊件母材厚度范围＿＿＿＿＿＿＿＿＿＿＿＿＿＿＿＿＿＿＿＿＿＿＿＿
角焊缝焊件母材厚度范围＿＿＿＿＿＿＿＿＿＿＿＿＿＿＿＿＿＿＿＿＿＿＿＿
管子直径、壁厚范围：对接焊缝＿＿＿＿＿＿＿＿＿＿＿角焊缝＿＿＿＿＿＿＿＿
其他＿＿＿＿＿＿＿＿＿＿＿＿＿＿＿＿＿＿＿＿＿＿＿＿＿＿＿＿

填充金属：

焊材类别		
焊材标准		
填充金属尺寸		
焊材型号		
焊材牌号（金属材料代号）		
填充金属类别		

其他＿＿＿＿＿＿＿＿＿＿＿＿＿＿＿＿＿＿＿＿＿＿＿＿＿＿＿＿＿＿＿＿
对接焊缝焊件焊缝金属厚度范围：＿＿＿＿＿＿＿＿角焊缝焊件焊缝金属厚度范围：＿＿＿＿＿
耐蚀堆焊金属化学成分（质量分数，%）

C	Si	Mn	P	S	Cr	Ni	Mo	V	Ti	Nb

其他：＿＿＿＿＿＿＿＿＿＿＿＿＿＿＿＿＿＿＿＿＿＿＿＿＿＿＿＿＿＿＿＿＿

焊接位置： 对接焊缝位置＿＿＿＿＿＿＿＿＿＿＿ 立焊的焊接方向（向上、向下）＿＿＿＿＿＿ 角焊缝位置＿＿＿＿＿＿＿＿＿＿＿＿ 立焊的焊接方向（向上、向下）＿＿＿＿＿＿	焊后热处理： 温度范围/℃＿＿＿＿＿＿＿＿＿＿ 保温时间范围/h＿＿＿＿＿＿＿＿＿＿＿＿

（续）

预热：   气体：

最小预热温度/℃＿＿＿＿＿＿＿＿＿＿＿   气体种类 混合比 流量/（L/min）

最大道间温度/℃＿＿＿＿＿＿＿＿＿＿＿ 保 护 气＿＿＿＿＿＿＿＿＿＿＿＿

保持预热时间＿＿＿＿＿＿＿＿＿＿＿＿＿ 尾部保护气＿＿＿＿＿＿＿＿＿＿＿＿

加热方式＿＿＿＿＿＿＿＿＿＿＿＿＿＿＿＿ 背面保护气＿＿＿＿＿＿＿＿＿＿＿＿

电特性：

电流种类＿＿＿＿＿＿＿＿＿＿＿＿＿＿＿＿   极性＿＿＿＿＿＿＿＿＿＿＿＿＿＿＿＿

焊接电流范围/A＿＿＿＿＿＿＿＿＿＿＿＿ 电弧电压/V＿＿＿＿＿＿＿＿＿＿＿＿

钨极类型及直径＿＿＿＿＿＿＿＿＿＿＿＿＿ 喷嘴直径/mm＿＿＿＿＿＿＿＿＿＿＿＿

焊接电弧种类（喷射弧、短路弧等）＿＿＿＿＿＿ 焊丝送进速度/（cm/min）＿＿＿＿＿＿＿

（按所焊位置和厚度，分别列出电流和电压范围，记入下表）

焊道/焊层	焊接方法	填充材料		焊接电流		电弧电压/V	焊接速度/（cm/min）	热输入/（kJ/cm）
		牌号	直径/mm	极性	电流/A			

技术措施：

摆动焊或不摆动焊＿＿＿＿＿＿＿＿＿＿＿＿ 摆动参数＿＿＿＿＿＿＿＿＿＿＿＿＿＿

焊前清理和层间清理＿＿＿＿＿＿＿＿＿＿＿ 背面清根方法＿＿＿＿＿＿＿＿＿＿＿＿

单道焊或多道焊（每面）＿＿＿＿＿＿＿＿＿ 单丝焊或多丝焊＿＿＿＿＿＿＿＿＿＿＿

导电嘴至工件距离/mm＿＿＿＿＿＿＿＿＿＿ 锤击＿＿＿＿＿＿＿＿＿＿＿＿＿＿＿＿

其他：

编制		日期		审核		日期		批准		日期	

1.6.5　教学案例：焊接工艺规程 WPS02

4mmQ235B 焊条电弧焊对接焊缝焊接工艺规程（WPS02）见表 1-32。

表 1-32　焊接工艺规程（WPS02）

单位名称＿＿＿＿＿＿＿＿＿＿＿＿XXXXX设备有限公司＿＿＿＿＿＿＿＿＿＿＿＿

预焊接工艺规程编号__pWPS02＿＿日期＿＿＿＿＿所依据焊接工艺评定报告编号＿＿＿＿PQR02＿＿

焊接方法＿＿＿＿＿SMAW＿＿＿＿机械化程度（手工、机动、自动）＿＿＿＿＿＿手工＿＿＿

焊接接头：

坡口形式＿＿＿＿＿＿V形坡口＿＿＿＿

衬垫（材料及规格）＿＿母材和焊缝金属＿

其他＿＿＿＿＿＿＿＿＿＿/＿＿＿＿＿＿

简图：（接头形式、坡口形式与尺寸、焊层、焊道布置及顺序）

（续）

母材：

类别号____Fe-1____组别号____Fe-1-1____与类别号____Fe-1____组别号____Fe-1-1____相焊或

标准号____/____钢 号____Q235B____与标准号____/____钢 号____Q235B____相焊

对接焊缝焊件母材厚度范围_____2~8mm_____

角焊缝焊件母材厚度范围_____不限_____

管子直径、壁厚范围：对接焊缝_____2~8mm_____角焊缝____不限____

其他：_____/_____

填充金属：

焊材类别	FeT-1-1	/
焊材标准	GB/T 5117—2012、NB/T 47018.2—2017	/
填充金属尺寸	ϕ 3.2mm	/
焊材型号	E4303	/
焊材牌号（金属材料代号）	J422	/
填充金属类别	焊条	/

其他：_____/_____

对接焊缝焊件焊缝金属厚度范围____≤8mm____角焊缝焊件焊缝金属厚度范围____不限____

耐蚀堆焊金属化学成分（质量分数，%）

C	Si	Mn	P	S	Cr	Ni	Mo	V	Ti	Nb
/	/	/	/	/	/	/	/	/	/	/

其他：_____/_____

注：对每一种母材与焊接材料的组合均需分别填表

焊接位置：

对接焊缝位置_____1G 、2G、3G、4G_____

立焊的焊接方向（向上、向下）_____向下_____

角焊缝位置_____/_____

立焊的焊接方向（向上、向下）_____/_____

焊后热处理：

温度范围/℃_____/_____

保温时间范围/h_____/_____

预热：

最小预热温度/℃____室温____

最大道间温度/℃____<280____

保持预热时间_____/_____

加热方式_____/_____

气体：

气体种类　混合比　流量/（L/min）

保 护 气____/_____/_____/____

尾部保护气____/_____/_____/____

背面保护气____/_____/_____/____

电特性：

电流种类____直流（DC）____极性____反接（EP）____

焊接电流范围/A____90~120____电弧电压/V____24~26____

焊接速度（范围）/（cm/min）_____10~13_____

钨极类型及直径_____/_____喷嘴直径/mm_____/_____

焊接电弧种类（喷射弧、短路弧等）_____/_____焊丝送进速度/（cm/min）_____/_____

（按所焊位置和厚度，分别列出电流和电压范围，记入下表）

（续）

焊道/焊层	焊接方法	填充材料		焊接电流		电弧电压/V	焊接速度/（cm/min）	热输入/（kJ/cm）
		牌号	直径/mm	极性	电流/A			
1	SMAW	J422	ϕ3.2	DCEP	90～105	24～26	10～13	16.4
2	SMAW	J422	ϕ3.2	DCEP	110～120	24～26	11～13	17.0
/								

技术措施：

摆动焊或不摆动焊 _____/_____　　　　摆动参数 _____/_____

焊前清理和层间清理 _____刷或磨_____　　　背面清根方法 ____炭弧气刨+修磨____

单道焊或多道焊（每面）_____单道焊_____　　单丝焊或多丝焊 _____/_____

导电嘴至工件距离/mm _____/_____　　　锤击 _____/_____

其他：_____环境温度＞0℃，相对湿度＜90%_____

编制	×××	日期	×××	审核	焊接责任工程师	日期	×××	批准	×××	日期	×××

思考与练习

一、单选题

1. 焊接工艺评定中补加因素是指影响焊接接头（　　）的焊接工艺因素。

    A. 力学性能　　　　　　B. 弯曲性能　　　　　　C. 冲击韧性　　　　　　D. 抗拉强度

2. 下列（　　）选项的 pWPS、PQR 和 WPS 完全一致。

    A. 焊接方法　　　　　　B. 母材　　　　　　　　C. 填充金属　　　　　　D. 焊件厚度

二、多选题

1. 对接焊缝焊接工艺评定通用评定规则是指（　　）等因素。

    A. 焊接方法　　　　　　B. 金属材料　　　　　　C. 填充金属　　　　　　D. 焊后热处理

2. 焊接工艺评定中重要因素是指影响焊接接头（　　）的焊接工艺因素。

    A. 力学性能　　　　　　B. 弯曲性能　　　　　　C. 冲击韧性　　　　　　D. 抗拉强度

3. 焊接工艺评定中次要因素是指对要求测定（　　）无明显影响的焊接工艺评定因素。

    A. 力学性能　　　　　　B. 弯曲性能　　　　　　C. 冲击韧性　　　　　　D. 抗拉强度

4. 按照 NB/T 47014—2011，采用 FeT-1-1 焊接 Fe-1 评定合格后，选用（　　）类别的焊条使用时不需要重新评定。

    A.FeT-1-1　　　　　　B.FeT-1-2　　　　　　C.FeT-1-3　　　　　　D.FeT-1-4

5. 未经高于上转变温度的焊后热处理或奥氏体母材焊后未经固溶处理时，焊条电弧焊评定合格后，当（　　）和由每面多道焊改为每面单道焊等因素时，需要增加冲击韧性试件进行试验。

    A. 焊条直径改为大于 6mm

    B. 从评定合格的焊接位置改为向上立焊

C.道间最高温度比经评定记录值高50℃以上

D.增加热输入或单位长度焊道的熔敷金属体积超过评定合格值

三、判断题

1. 按 NB/T 47014—2011 规定，改变焊接方法就需要重新评定。（ ）

2. 按 NB/T 47014—2011 规定，Fe-1-2 材料评定合格后适用于 Fe-1-1 材料。（ ）

3. 按照 NB/T 47014—2011，按规定进行了冲击试验，J427 焊条评定合格后，可以采用 J422 焊条焊接，不需要重新评定。（ ）

4. 按照 NB/T 47014—2011 规定，在同类别号中，高组别号母材评定合格的焊接工艺，适用于该高组别号母材与低组别号母材相焊。（ ）

5. 按 NB/T 47014—2011 规定，预热温度比评定合格值降低50℃以上是焊条电弧焊的重要因素。（ ）

6. 按 NB/T 47014—2011 规定，改变电流种类或极性是焊条电弧焊的补加因素，需增加冲击韧性试件进行试验。（ ）

1.7 编制分离器焊接工艺规程

任务解析

依据分离器的技术要求和需执行的法规和标准，以及合格的焊接工艺评定，确定合适的焊接工艺参数；按照 TSG Z 6002—2010 选择分离器 A、B、C、D、E 类焊接接头焊接生产所需的持证焊工，编制分离器 A、B、C、D、E 类焊接接头的焊接作业指导书。

必备知识

1.7.1 焊接作业指导书的内容和要求

产品焊接工艺规程由焊接接头编号表和焊接工艺卡（也称焊接作业指导书）等资料组成。焊接作业指导书（俗称焊接工艺卡）指与制造焊件有关的加工和实践要求的细则文件，可保证由熟练焊工或操作工操作时质量的再现性。接头的焊接工艺规程表格应能正确体现焊接具体要求和实施程序，包括设计、工艺、质保、检验、焊材、监督检查等各方面内容。

每台压力容器产品都有自己的特点，每个制造与安装单位也都有自身条件和工艺过程，没有必要也不可能规定各制造、安装单位依据统一的焊接规程焊制压力容器。编制标准的目的在于明确焊制压力容器的各个环节所允许与禁止的条款。当标准被图样技术条件采用后，标准中所规定的条款就必须执行，不得任意删改。

工艺人员应根据焊件设计文件、服役要求和制造现场条件，依据评定合格的焊接工艺，从实际情况出发，按每个焊接接头编制焊接工艺文件。

焊接工艺规程主要包括的内容有：

1）产品图号、名称和生产令号等。

2）焊缝编号、焊接接头简图、母材材质、厚度、坡口形式及尺寸等。

3）焊材型号（牌号）、规格、烘干温度、保温时间和焊材定额等。

4）遵循的焊接工艺评定报告编号。

5）适用的焊工持证项目。

6）焊接工艺参数包括：选用的焊接设备、焊接电源、焊接电流、电弧电压、焊接速度、焊接热输入等。

7）焊接技术要求包括：预热温度、预热方式、层间温度、焊后处理等，还有焊接顺序、焊前清理、层间清理、焊后要求等内容。

焊接工艺规程由焊接工艺员编制，焊接责任人审核，特种设备安全监督检验研究院（以下简称"特检院"）监察代表监督检查确认后下达执行。焊接工艺规程一般要发放至生产车间和质量部，作为施焊与检验的指导文件，且留存于技术部、资料室存档。焊材定额提供给焊材二级库，作为焊材发出的工艺依据。

1.7.2 焊接工艺评定

NB/T 47014—2011 对评定内容、方法和合格指标做出了规定，但压力容器产品上哪些焊缝要求评定、哪些焊缝不要求评定并没有规定。

TSG 21—2016《固定式压力容器安全技术监察规程》规定，压力容器产品施焊前，受压元件焊缝、与受压元件相焊的焊缝、熔入永久焊缝内的定位焊缝、受压元件母材表面堆焊与补焊，以及上述焊缝的返修焊缝都应当进行焊接工艺评定或者具有经过评定合格的焊接工艺规程（WPS）支持。

1.7 对接焊缝焊接工艺评定选择分析

NB/T 47015—2011 第 3.4.1 条规定，施焊下列各类焊缝的焊接工艺必须按 NB/T 47014—2011 评定合格。

1）受压元件焊缝。

2）与受压元件相焊的焊缝。

3）上述焊缝的定位焊缝。

4）受压元件母材表面堆焊、补焊。

"补焊"是对母材（钢板、锻件、铸件、机加工件母材）而言，而"返修焊"是对焊缝而言。

"定位焊"焊缝通常只在坡口底部，如图 1-32 所示。有人准备模拟图 1-32 所示的实际情况，焊接试件进行评定，这是不对的。正确的方法是，定位焊缝实际上是对接焊缝，是在厚度为 T 的母材上焊接，焊缝厚度为" t "，用对接焊缝试件（坡口焊满，单面焊、双面焊皆可）评定合格的焊接工艺就可以用于该定位焊缝。同理，补焊焊缝也是对接焊缝，则对接焊缝试件评定合格的焊接工艺可以用于补焊焊缝。

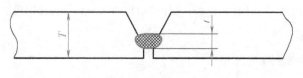

图 1-32 焊缝示例

迄今为止，仍然有单位对返修焊焊接工艺评定作如下规定：如果是第二次返修，那么在焊好的试件上，用返修方法清除焊缝再完全焊好，然后再清除焊缝再完全焊好，最后进行各种检测评定，称为"返修焊工艺评定"；如果是返修五次，那么必须在焊好的试件上清除—焊接—清除—焊接反复进行五次方可。这样认识返修焊的焊接工艺评定是错误的，即将焊接工艺评定当作"模拟件"对待。正确的做法是：返修焊缝若是对接焊缝，则用对接焊缝试件评定合格的焊接工艺施焊返修焊缝即可。当重要因素、补加因素没有变更时，则可用施焊原焊缝的焊接工艺评定报告编制一份预焊接工艺规程，用于焊接返修焊缝，返修次数不作为焊接工艺评定因素。

分离器C类焊缝都是角焊缝，D类焊缝是对接焊缝和角焊缝的组合焊缝，依据NB/T 47014—2011，对接焊缝试件评定合格的焊接工艺适用于对接焊缝和角焊缝，当用于角焊缝时，焊件厚度的有效范围不限。所以编制C类和D类焊缝的焊接工艺规程时，选择合格的对接焊缝焊接工艺评定即可。

目前已经完成了两个焊接工艺评定，企业会将合格的焊接工艺评定编制成一览表，见表1-33，在编制产品焊接工艺规程时可以选用。

表1-33　焊接工艺评定合格项目一览表

序号	PQR No.	焊接方法	母材		焊接材料		厚度范围/mm		预热温度层间温度（PWHT）	焊接位置冲击要求	接头形式
			牌号	规格/mm	型号（牌号）	规格/mm	母材熔敷厚度	焊缝金属厚度			
1	PQR01	SMAW	Q235B	8	E4303（J422）	ϕ3.2、ϕ4	8~16	≤16	常温<300℃（无）	1G常温	对接
2	PQR02	SMAW	Q235B	4	E4303（J422）	ϕ3.2	2~8	≤8	常温<280℃（无）	1G	对接

1.7.3　焊接材料

1. 焊接材料种类

依据NB/T 47015—2011第3.2条，焊接材料包括焊条、焊丝、焊带、焊剂、气体、电极和衬垫等。

焊接材料是指参与焊接过程所消耗的材料。焊接材料并不限于焊条、焊丝、焊剂，还包括气体（CH_4、O_2、Ar、CO_2等）、钨极、填充材料、金属粉和衬垫等。为确保压力容器的焊接质量，焊接材料必须要有产品质量证明书，并符合相应标准的规定，相应标准指国家标准、行业标准。分离器选用的焊条标准有：GB/T 5117—2012《非合金钢及细晶粒钢焊条》、GB/T 5118—2012《热强钢焊条》、GB/T 983—2012《不锈钢焊条》、GB/T 8110—2008《气体保护电弧焊用碳钢、低合金钢焊丝》、GB/T 14957—1994《熔化焊用钢丝》、GB/T 5293—1999《埋弧焊用碳钢焊丝和焊剂》、GB/T 4842—2006《氩》等。

2. 焊接材料的选用原则

依据NB/T 47015—2011第3.2.2条，焊接材料选用原则如下：

1）焊缝金属的力学性能应高于或等于母材规定的限值，当需要时，其他性能也不应低于母材相应要求；或力学性能和其他性能满足设计文件规定的技术要求。

2）合适的焊接材料与合理的焊接工艺相配合，以保证焊接接头性能在经历制造工艺过程后，还满足设计文件规定和服役要求。

3）制造（安装）单位应掌握焊接材料的焊接性，用于压力容器的焊接材料应有焊接试验或实践基础。

依据 NB/T 47015—2011 第 3.2.3 条，压力容器用焊接材料应符合 NB/T 47018—2017 的规定。

依据 NB/T 47015—2011 第 3.2.4 条，焊接材料应有产品质量证明书，并符合相应标准的规定。使用单位应根据质量管理体系规定按相关标准验收或复验，合格后方准使用，即必须根据母材的化学成分、力学性能、焊接性并结合压力容器的结构特点、使用条件及焊接方法综合考虑选用焊接材料，必要时通过试验确定。

焊缝金属的性能应高于或等于相应母材标准规定值的下限或满足图样规定的技术条件要求。

焊接材料标准或产品样本上所列性能都是焊材熔敷金属（不含母材金属）性能，而焊接接头性能取决于焊缝金属（包括焊材熔敷金属和母材金属）和焊接工艺，目前没有任何一种焊接材料在焊接过程中可以作用于焊接接头中的热影响区而改变它的性能，从选用焊接材料来说只能考虑焊缝金属性能，为保证焊接接头性能还需焊接工艺（特别是焊后热处理、热输入）配合。NB/T 47015—2011 规定的"焊缝金属的性能应高于或等于相应母材标准规定值的下限或满足图样规定的技术条件要求"作为选用焊接材料的总方针。

NB/T 47015—2011 将 GB 150—2011 中的低合金钢按其使用性能分为强度型低合金钢、耐热型低合金钢和低温型低合金钢，这样划分实际上也与它们的焊接特点相适应。

有人认为"通过焊接工艺评定，确定了焊接材料"这种说法是不全面的。例如，焊接 Q345R 钢，下列焊条都可以通过焊接工艺评定：J506、J507、J507R、J507G、J507RH、J507DF 等。但施焊产品使用哪个牌号则要考虑诸多因素，例如：

1）从焊接设备考虑，J506 使用交流焊机，J507 使用直流焊机。

2）从抗裂性考虑，J507RH 优于 J 507。

3）在容器内部施焊时，从劳动保护考虑，J507DF（低尘）要优于 J507。

4）从提高效率方面考虑，铁粉焊条 J507Fe 优于 J507。

综合考虑上述因素后才最终确定焊条牌号。

NB/T 47015—2011 第 4.1.1 条规定碳素钢相同钢号相焊时，选用的焊接材料应保证焊缝金属的力学性能高于或等于母材规定的限值，或符合设计文件规定的技术条件。

3. 焊接材料的使用

焊材使用前，焊丝需去除油、锈；保护气体应保持干燥。除真空包装外，焊条、焊剂应按产品说明书规定的规范进行再烘干，经烘干之后可放入保温箱内（100~150℃）待用。对烘干温度超过 350℃的焊条，累计烘干次数不宜超过 3 次。

当焊接接头拘束度大时，推荐采用抗裂性能更好的焊条施焊。从抗裂性来讲，低氢型药皮焊条优于非低氢型药皮焊条，而带"H"的超低氢型焊条和带"RH"的高韧性超低氢型焊条又优于低氢型药皮焊条。

1.7.4　焊接坡口

焊接坡口应根据图样要求或工艺条件选用标准坡口或自行设计。

1. 坡口应考虑的因素

1）焊接方法。

2）母材种类与厚度。

3）焊缝填充金属尽量少。

4）避免产生缺陷。

5）减少焊接变形与残余应力。

6）有利于焊接防护。

7）焊工操作方便。

8）复合材料的坡口应有利于减少过渡焊缝金属的稀释率。

2. 坡口准备

1）碳素钢和抗拉强度下限值不大于540MPa的强度型低合金钢制备坡口可采用冷加工法或热加工法。

2）焊接坡口表面应保持平整，不应有裂纹、分层、夹杂物等缺陷。

3. 坡口组对定位

1）组对定位后，坡口间隙、错边量、坡口角度等应符合图样规定或施工要求。

2）避免强力组装，定位焊缝长度及间距应符合焊接工艺文件的要求。

3）焊接接头拘束度大时，宜采用抗裂性能更好的焊材施焊。

4）定位焊缝不得有裂纹，否则应清除重焊。如存在气孔、夹渣时也应去除。

5）熔入永久焊缝内的定位焊缝两端应便于接弧，否则应予修整。

4. 坡口形式和尺寸

坡口形式有 I 形、V 形、X 形、K 形、U 形、J 形、喇叭形等。

坡口尺寸包括坡口角度 α，坡口面角 α_1，钝边 p，根部间隙 b，根部半径（又称圆角半径）R，如图1-33所示。

相对于其他焊接参数，焊接坡口与制造单位的实际情况有着更密切的联系，焊接坡口变化并不影响焊接接头

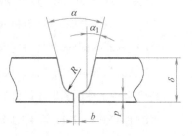

图1-33　坡口尺寸图

的力学性能，因此没有必要，也难以规定出压力容器焊接坡口强制执行标准。相关标准中规定"焊接坡口应根据图样要求或工艺条件选用标准坡口或自行设计"。坡口标准可参照 GB/T 985.1—2008《气焊、焊条电弧焊、气体保护焊和高能束焊的推荐坡口》、HG/T 20583—2011《钢制化工容器结构设计规定》等。各标准中所列坡口形式和尺寸都是可行的，确保焊接接头与母材等强，但不一定是最佳的，最佳的焊接坡口只有结合制造单位的实际条件才能

确定。

设计焊接坡口必须符合产品设计的有关规范标准（如低温容器不允许采用未焊透的焊接结构；承受疲劳的容器，其焊缝余高需打磨齐平），还要考虑母材的焊接性、结构的刚性、焊接应力、焊接方法的特点及熔深。奥氏体不锈钢焊接时，还要注意坡口形式和尺寸对耐蚀性的影响。

焊接坡口设计的根本目的在于确保接头根部焊透，并使两侧的坡口面熔合良好，故焊接坡口设计的两条原则是熔深和可焊到性，设计依据是：

1）焊接方法。

2）母材的钢种及厚度。

3）焊接接头的结构特点。

4）加工焊接坡口的设备能力。

5. 焊接坡口的选用原则

（1）I形坡口的选用原则　I形坡口适合薄板和中厚板的高效焊接。单面焊时，焊一道完成，双面焊时，内外各焊一道完成。I形坡口适用厚度如下：

单面焊：δ_{min}=1.6mm，b=0~0.5mm；δ_{max}=12 mm，b=0~2.5 mm。

双面焊：δ_{min}=4mm，b=0~0.5mm；δ_{max}=20 mm，b=0~2.5 mm。

这样的坡口尺寸，其最大焊接电流值一般不超过 850~900 A，这样的热输入量对于低碳钢和 R_m<490 MPa 的强度型低合金钢来说，焊接接头的性能可满足要求。

（2）Y形坡口的选用原则　随着焊件板厚的增加，I形坡口便满足不了焊接要求，采用 Y 形坡口就是 I 形坡口加 V 形坡口一种最常见的坡口形式。对于双面焊，它适用于厚度为 6 ~ 36 mm 的焊件，其中 6 ~ 12mm 为坡口侧，采用焊条电弧焊；钝边侧采用埋弧焊。

（3）X 形坡口的选用原则　适用 X 形坡口的板厚为 20 ~ 60mm。

不对称的 X 形坡口得到广泛应用。一般情况下，取坡口角度较小侧为先焊侧。这样做既可避免焊穿，又可确保焊透且变形较小。随着板厚的增加，先焊侧不仅坡口角度要减小，而且先焊侧的坡口高度也应增大，以减少填充金属量，降低热输入，改善焊接接头性能。

（4）U 形坡口的选用原则　坡口的根部圆角半径值和坡口角度是相互影响的。圆角半径小、坡口角度大时，有利于焊机头倾斜操作，可防止边缘未熔合和咬边等缺陷。但随着板厚的增加，坡口角度增大，使熔敷金属量较大，由此带来焊接应力及效率低等不利因素。因此，厚壁容器应采用增大圆角半径（有利于消除热裂纹，因为焊缝成形系数得到改善）、缩小坡口角度的措施。特厚的容器应采用窄间隙 U 形坡口或变角 U 形坡口。双 U 形坡口是 U 形坡口的推广应用，适用厚度为 50~160mm。

（5）组合形坡口的选用原则　组合形坡口是厚壁容器广泛应用的坡口形式，它的显著特点是采用的焊接规范不宜过大，严格控制热输入，因此钝边尺寸较小，一般钝边 p=2 ~ 4 mm。内侧坡口高度浅，一般取 $H=10^{+1}_{-2}$mm，内侧采用焊条电弧焊或气体保护焊。由于内外侧明显不对称，故用于环缝，而不用于纵缝和平板对接，否则将引起较大的角变形，不仅校正困难，而且在焊接过程中由于出现角变形而使焊接过程无法进行到最终。

1.7.5 预热

预热可以降低焊接接头的冷却速度，防止母材和热影响区产生裂纹，改善其塑性和韧性，减少焊接变形，降低焊接区的残余应力。

一般通过焊接性试验确定预热温度，通常采用的方法有斜 Y 形坡口焊接裂纹试验方法、T 形接头拘束焊接裂纹试验方法、刚性固定裂纹试验方法、焊接热影响区最高硬度试验方法等。

根据经验公式求出斜 Y 形坡口对接裂纹条件下，为了防止冷裂纹所需要的最低预热温度 T_0（℃）为

$$T_0=1440P_C-392$$

式中　P_C——焊接冷裂纹敏感指数（%），P_C=C+Si/30+（Mn+Cu+Cr）/20+Ni/60+Mo/15+V/10+5B+ δ/600+ [H]/60（式中化学成分字母表示各成分的质量分数，扩散氢含量 [H]=1~5mL/100g，板厚 δ=19~50mm），它不仅包括了母材的化学成分，又考虑了熔敷金属含氢量与拘束条件（板厚）的作用。

影响预热温度的因素很多，当遇有拘束度较大或环境温度低等情况时，还应适当增加预热温度。

预热常常会恶化劳动条件，使生产工艺复杂化；过高的预热和层间温度还会降低接头韧性，因此，焊前是否需要预热和预热温度的确定要认真考虑。

1.7.6 后热

后热就是焊接后立即对焊件的全部或局部进行加热或保温，使其缓冷的工艺措施。它不等于焊后热处理。后热有利于焊缝中扩散氢加速逸出，减少焊接残余变形与残余应力，所以后热是防止焊接冷裂纹的有效措施之一。采用后热还可以降低预热温度，有利于改善焊工劳动条件，后热对于容易产生冷裂纹又不能立即进行焊后热处理的焊件，更为有效。

1）对冷裂纹敏感性较大的低合金钢和拘束度较大的焊件应采取后热措施。

2）后热应在焊后立即进行。

3）后热温度一般为 200 ~ 350℃，保温时间与后热温度、焊缝金属厚度有关，一般不少于 30min。

温度达到 200℃以后，氢在钢中大大活跃起来，消氢效果较好。后热温度的上限一般不超过马氏体转变终结温度，一般定为 350℃。国内外标准都没有规定后热保温时间，根据工程实践经验，一般不低于 0.5h。保温时间与焊缝厚度有关，厚度越大，保温时间越长。

4）若焊后立即进行热处理，则可不进行后热。

1.7.7 焊后热处理

依据 NB/T 47015—2011，焊后热处理（Post Weld Heat Treatment，简称 PWHT）是指为改善焊接区域的性能，消除焊接残余应力等有害影响，将焊接区域或其中部分在金属相变点以下加热到足够高的温度，并保持一定的时间，而后均匀冷却的热过程。

焊后热处理是焊制压力容器的重要工艺，通过焊后热处理可以松弛焊接残余应力，软化淬硬区，改善组织，减少含氢量，提高耐蚀性，尤其是提高某些钢种的冲击韧性，改善力学性能及蠕

变性能。但是焊后热处理的温度过高，或者保温时间过长，反而会使焊缝金属结晶粗化，碳化物聚焦或脱碳层厚度增加，从而造成力学性能、蠕变强度及缺口韧性的下降。

在加热过程中，残余应力随着材料屈服点的降低而削弱，当达到焊后热处理温度后，就削弱到该温度的材料屈服点以下；在保温过程中，由于蠕变现象（高温松弛）残余应力得以充分松弛、降低。对于高温强度低的钢材和焊接接头，残余应力的松弛主要取决于加热过程的作用；而对于高温强度高的钢材，其残余应力的松弛虽然也取决于加热过程，但保温阶段的作用却相当重要。

对于高强度钢、铬钼钢和低温钢的焊缝金属，焊后热处理的温度越高、保温时间越长，其抗拉强度和屈服点越低。当然，焊缝金属的合金成分不同，强度下降的程度也不同。

焊缝金属的短时高温强度也是随着焊后热处理条件变化而变化的。

焊后热处理后，焊缝金属的冲击韧度值可能提高，也可能下降。铬钼耐热钢焊缝金属属于前者，$70 \ \mathrm{kgf/mm^2}$（700MPa）级的高强度钢焊缝金属属于后者。对于碳素钢、低温用钢、锰－钼－镍系的各种焊缝金属，焊后热处理影响并不明显。

在同一类钢材中，各国标准规定的焊后热处理温度并不相同，原因是：①各国标准对钢材化学成分、冶炼轧制、热处理状态规定各不相同；②焊后热处理目的不同，例如针对蠕变特性或焊缝区软化或高温性能或抗拉强度，而有不同的温度要求；③制定标准时的试验研究依据不同。

碳素钢和低合金钢低于490℃的热过程，高合金钢低于315℃的热过程，均不作为焊后热处理对待。

常用焊后热处理推荐规范见表1-34，各测温点的温度允许在热处理工艺规定温度的 ±20℃ 范围内波动。

表 1-34　常用焊后热处理推荐规范

钢质母材类别[①]		Fe-1	Fe-3
最低保温温度/℃		600	600
在相应焊后热处理厚度下，最短保温时间/h	≤50mm	最少为15min	
	>50~125mm	$2+\dfrac{\delta_{PWHT}-50}{100}$	$\dfrac{\delta_{PWHT}}{25}$
	>125mm		$5+\dfrac{\delta_{PWHT}-125}{100}$

① 钢质母材类别按 NB/T 47014—2011 规定。

1.7.8　焊接设备和施焊条件

1. 焊接设备

焊接设备、加热设备及辅助装备应确保工作状态正常，安全可靠，仪表应定期校准或检定。

2. 焊接环境

焊接环境出现下列任一情况时，应采取有效防护措施，否则禁止施焊：

1）气体保护焊时风速大于 2m/s；采用其他焊接方法时，风速大于 10m/s。

2）相对湿度大于 90%。

3）雨雪环境。

4）焊件温度低于 −20℃。

3. 温度条件

当焊件温度为 −20~0℃时，应在始焊处 100mm 范围内预热到 15℃以上。

4. 操作注意事项

1）应在引弧板或坡口内引弧，禁止在非焊接部位引弧。纵焊缝应在引出板上收弧，弧坑应填满。

2）防止地线、电缆线、焊钳等与焊件打弧。

3）电弧擦伤处需经修磨，使其均匀过渡到母材表面，修磨的深度应不大于该部位母材厚度 δ_s 的 5%，且不大于 2mm，否则应进行补焊。

4）有冲击试验要求的焊件应控制热输入，每条焊道的热输入都不超过评定合格的限值。

焊接热输入与焊接接头的冲击韧性密切相关。所谓控制热输入是要求控制每条焊道的热输入都不允许超过评定合格的限值。焊条电弧焊时，在生产现场控制热输入难度很大，当焊条头长度一定时，如果用测量一根焊条所熔敷焊缝金属长度的办法来控制热输入，是一个简便有效的措施。

5）焊接管件时，一般应采用多层焊，各焊道的接头应尽量错开。

6）角焊缝的根部应保证焊透。

7）多道焊或多层焊时，应注意道间和层间清理，将焊缝表面焊渣、有害氧化物、油脂、锈迹等清除干净后再继续施焊。

8）双面焊须清理焊根，显露出正面打底的焊缝金属。对于机动焊和自动焊，若经试验确认能保证焊透及焊接质量，也可不作清根处理。

9）接弧处应保证焊透与熔合。

10）施焊过程中应控制道间温度不超过规定的范围。当焊件规定预热时，应控制道间温度不低于预热温度。

11）每条焊缝宜一次焊完。当中断焊接时，对冷裂纹敏感的焊件应及时采取保温、后热或缓冷等措施。重新施焊时，仍需按原规定预热。

12）可锤击的钢质焊缝金属和热影响区，采用锤击消除接头残余应力时，打底层焊缝和盖面层焊缝不宜锤击。

锤击会使焊缝金属侧向扩展，使焊道的内部拉力在冷却时被抵消，故锤击焊缝金属有控制变形、稳定尺寸、消除残余应力和防止焊接裂纹的作用。锤击必须在每一条焊道上进行才能有效，锤击的有效程度随着焊道厚度或层数增加而降低，第一道焊道比较薄弱，经不起重锤敲打，而盖面层焊缝会因锤击而冷作硬化，没有被下一层焊缝热处理的可能，故第一层焊缝和盖面层焊缝不宜锤击。

13）引弧板、引出板、产品焊接试件不应锤击拆除。

1.7.9 特种设备持证焊工选择

1. 焊工持证上岗的意义

为了保证特种设备的安全运行，减少不必要的人员和财产损失，提高特种设备焊接操作人员的技能水平和综合素质，保证特种设备的焊接质

1.7 特种设备手工焊焊工持证项目选择分析

量，国家质量监督检验检疫总局颁布了 TSG Z6002—2010《特种设备焊接操作人员考核细则》，所有从事《特种设备安全监察条例》中规定的锅炉、压力容器（含气瓶，下同）、压力管道（以下统称为承压类设备）和电梯、起重机械、客运索道、大型游乐设施、场（厂）内专用机动车辆（以下统称为机电类设备）的焊接操作人员（以下简称焊工），都必须通过考核，持证上岗。

依据 NB/T 47015—2011 第 3.4.2 条，施焊下列各类焊缝的焊工必须按 TSG Z6002—2010 规定考试合格。

1）受压元件焊缝。

2）与受压元件相焊的焊缝。

3）熔入永久焊缝内的定位焊缝。

4）受压元件母材表面堆焊、补焊。

分析分离器 A、B、C、D、E 类焊接接头的特点，它们都必须由依据 TSG Z6002—2010 考核合格并持有相应资格证书的焊工焊接。

2. 持证焊工项目代号和影响因素

依据 TSG Z6002—2010 第 A9.1.1 条，手工焊焊工操作技能考试项目表示为①－②－③－④/⑤－⑥－⑦，如果操作技能考试项目中不出现其中某项时，则不包括该项。项目具体含义如下：

①——焊接方法代号。

②——金属材料类别代号。

③——试件位置代号，带衬垫加代号：（K）。

④——焊缝金属厚度。

⑤——外径。

⑥——填充金属类别代号。

⑦——焊接工艺要素代号。

3. 焊工项目的影响因素与考试规定

（1）焊接方法及其考试规定　常用焊接方法与代号见表 1-35，每种焊接方法都可以表现为手工焊、机动焊、自动焊等操作方式。

表 1-35　常用焊接方法与代号

焊接方法	代号
焊条电弧焊	SMAW
气焊	OFW
钨极气体保护焊	GTAW
熔化极气体保护焊	GMAW（含药芯焊丝电弧焊 FCAW）
埋弧焊	SAW

（续）

焊接方法	代　号
电渣焊	ESW
等离子弧焊	PAW
气电立焊	EGW
摩擦焊	FRW
螺柱电弧焊	SW

焊接方法的考试规则：

1）变更焊接方法，焊工需要重新进行焊接操作技能考试。

2）在同一种焊接方法中，当发生下列情况时，焊工也需重新进行焊接操作技能考试：

①手工焊焊工变更为焊机操作工，或者焊机操作工变更为手工焊焊工。

②自动焊焊工变更为机动焊焊工。

（2）金属材料及其考试规定　金属材料类别与示例见表1-36。

表 1-36　金属材料类别与示例

种类	类别	代号	型号、牌号、级别				
钢	低碳钢	Fe I	Q195 Q215 Q235 Q245R Q275	10 15 20 25 20G	HP245 HP265	L175 L210 WCA	S205
	低合金钢	Fe II	HP295 HP325 HP345 HP365 Q295 Q345 Q390 Q420	L245 L290 L320 L360 L415 L450 L485 L555 S240 S290 S315 S360 S385 S415 S450 S480	Q345R 16Mn Q370R 15MnV 20MnMo 10MoWVNb 13MnNiMoR 20MnMoNb 07MnMoVR 12MnNiVR 20MnG 10MnDG	15MoG 20MoG 12CrMo 12CrMoG 15CrMo 15CrMoR 15CrMoG 14Cr1Mo 14Cr1MoR 12Cr1MoV 12Cr1MoVG 12Cr2Mo 12Cr2Mo1 12Cr2Mo1R 12Cr2MoG 12CrMoWVTiB 12Cr3MoVSiTiB	09MnD 09MnNiD 09MnNiDR 16MnD 16MnDR 16MnDG 15MnNiDR 15MnNiNbDR 20MnMoD 07MnNiVDR 08MnNiMoVD 10Ni3MoVD 06Ni3MoDG ZG230-450 ZG20CrMo ZG15Cr1Mo1V ZG12Cr2Mo1G

（续）

种类	类别	代号	型号、牌号、级别			
钢	$w_{Cr} \geq 5\%$ 铬钼钢、铁素体钢、马氏体钢	Fe Ⅲ	12Cr5Mo 10Cr9MoVNb	06Cr13 008Cr27Mo	12Cr13 06Cr13Al	10Cr17　　1Cr9Mo1 ZG16Cr5MoG
	奥氏体钢、奥氏体与铁素体双相钢	Fe Ⅳ	06Cr19Ni10 06Cr19Ni11Ti 022Cr19Ni10 CF3 CF8	06Cr17Ni12Mo2 06Cr17Ni12Mo2Ti 06Cr19Ni13Mo3 022Cr17Ni12Mo2 022Cr19Ni13Mo3 022Cr23Ni5Mo3N	06Cr23Ni13 06Cr25Ni20 12Cr18Ni9	

焊工采用某类别任一钢号，经过焊接操作技能考试合格后，当发生下列情况时，不需重新进行焊接操作技能考试：

1）手工焊焊工焊接该类别其他钢号。

2）手工焊焊工焊接该类别钢号与类别号较低钢号所组成的异种钢号焊接接头。

3）除 Fe Ⅳ类外，手工焊焊工焊接较低类别钢号。

4）焊机操作工焊接各类别中的钢号。

（3）试件位置及其考试规定　焊缝位置基本上由试件位置决定。试件类别、位置与其代号见表 1-37。板材对接焊缝试件如图 1-34 所示，管材对接焊缝试件如图 1-35 所示，管板角接头试件如图 1-36 所示。

表 1-37　试件类别、位置与代号

试件类别	试件位置	代号
板材对接焊缝试件	平焊试件	1G
	横焊试件	2G
	立焊试件	3G
	仰焊试件	4G
板材角焊缝试件	平焊试件	1F
	横焊试件	2F
	立焊试件	3F
	仰焊试件	4F

（续）

试件类别	试件位置		代号
管材对接焊缝试件	水平转动试件		1G（转动）
	垂直固定试件		2G
	水平固定试件	向上焊	5G
		向下焊	5GX（向下焊）
	45°固定试件	向上焊	6G
		向下焊	6GX（向下焊）
管材角焊缝试件（分管-板角焊缝试件和管-管角焊缝试件两种）	45°转动试件		1F（转动）
	垂直固定横焊试件		2F
	水平转动试件		2FR（转动）
	垂直固定仰焊试件		4F
	水平固定试件		5F
管板角接头试件	水平转动试件		2FRG（转动）
	垂直固定平焊试件		2FG
	垂直固定仰焊试件		4FG
	水平固定试件		5FG
	45°固定试件		6FG
螺柱焊试件	平焊试件		1S
	横焊试件		2S
	仰焊试件		4S

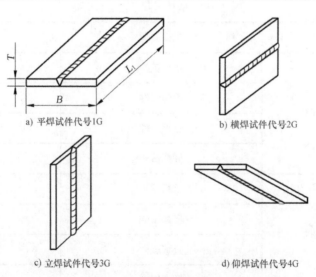

a) 平焊试件代号1G b) 横焊试件代号2G

c) 立焊试件代号3G d) 仰焊试件代号4G

图 1-34 板材对接焊缝试件（无坡口时为堆焊试件）

a) 水平转动试件代号1G(转动)　　b) 垂直固定试件代号2G

c) 水平固定试件代号
5G、5GX(向下焊)

d) 45°固定试件代号6G、
6GX(向下焊)

图1-35　管材对接焊缝试件（无坡口时为堆焊试件）

a)水平转动试件代号2FRG(转动)　　b)垂直固定平焊试件代号2FG

c) 垂直固定仰焊试件代号4FG　d) 水平固定试件代号5FG　e) 45°固定试件代号6FG

图1-36　管板角接头试件

　　板材对接焊缝试件、管材对接焊缝试件和管板角接头试件，都分为带衬垫和不带衬垫两种。试件和焊件的双面焊、角焊缝，焊件不要求焊透的对接焊缝和管板角接头，均视为带衬垫。

　　1）手工焊焊工和焊机操作工，采用对接焊缝试件、角焊缝试件和管板角接头试件，经过焊接操作技能考试合格后，适用于焊件的焊缝和焊件位置见表1-38。

　　2）管材角焊缝试件焊接操作技能考试时，可在管-板角焊缝试件与管-管角焊缝试件中任选一种。

　　3）手工焊焊工向下立焊试件考试合格后，不能免考向上立焊，反之也不可。

　　4）手工焊焊工或者焊机操作工采用不带衬垫对接焊缝试件或者管板角接头试件，经焊接操作技能考试合格后，分别适用于带衬垫对接焊缝焊件或者管板角接头焊件，反之不适用。

表 1-38 试件适用焊件焊缝和焊件位置

试件		适用焊件范围			
		对接焊缝位置		角焊缝位置	管板角接头焊件位置
类别	代号	板材和外径大于600mm的管材	外径小于或等于600mm的管材		
板材对接焊缝试件	1G	平	平②	平	—
	2G	平、横	平、横②	平、横	—
	3G	平、立①	平②	平、横、立	—
	4G	平、仰	平②	平、横、仰	—
管材对接焊缝试件	1G	平	平	平	—
	2G	平、横	平、横	平、横	—
	5G	平、立、仰	平、立、仰	平、立、仰	—
	5GX	平、立向下、仰	平、立向下、仰	平、立向下、仰	—
	6G	平、横、立、仰	平、横、立、仰	平、横、立、仰	—
	6GX	平、立向下、横、仰	平、立向下、横、仰	平、立向下、横、仰	—
管板角接头试件	2FG	—	—	平、横	2FG
	2FRG	—	—	平、横	2FRG、2FG
	4FG	—	—	平、横、仰	4FG、2FG
	5FG	—	—	平、横、立、仰	5FG、2FRG、2FG
	6FG	—	—	平、横、立、仰	所有位置

① 表中"立"表示向上立焊；向下立焊表示为"立向下"焊。

② 板材对接焊缝试件考试合格后，适用于管材对接焊缝焊件时，管外径应大于或等于76mm。

（4）焊缝金属厚度及其考试规定

1）手工焊焊工采用对接焊缝试件，经焊接操作技能考试合格后，适用于焊件焊缝金属厚度范围见表 1-39 [t 为每名焊工、每种焊接方法在试件上的对接焊缝金属厚度（余高不计）]，当某焊工用一种焊接方法考试且试件截面全焊透时，t 与试件母材厚度 T 相等（t 不得小于12mm，且焊缝不得少于3层）。

2）手工焊焊工采用半自动熔化极气体保护焊，短路弧焊接对接焊缝试件，焊缝金属厚度 $t < 12$mm，经焊接操作技能考试合格后，适用于焊件焊缝金属厚度为小于或者等于 $1.1t$；若当试件焊

缝金属厚度 $t \geqslant 12$mm，且焊缝不得少于 3 层，经焊接操作技能考试合格后，适用于焊件焊缝金属厚度不限。

表 1-39　手工焊对接焊缝试件适用于对接焊缝焊件焊缝金属厚度范围　（单位：mm）

试件母材厚度 T	适用于焊件焊缝金属厚度	
	最小值	最大值
< 12	不限	$2t$
≥ 12	不限	不限

（5）对接焊缝和管板角接头管材外径及其考试规定

1）手工焊焊工采用管材对接焊缝试件，经焊接操作技能考试合格后，适用于管材对接焊缝焊件外径范围见表 1-40，适用于焊缝金属厚度范围见表 1-39。

表 1-40　手工焊管材对接焊缝试件适用于对接焊缝焊件外径范围　（单位：mm）

管材试件外径 D	适用于管材焊件外径范围	
	最小值	最大值
< 25	D	不限
25 ≤ D < 76	25	不限
≥ 76	76	不限
≥ 300[①]	76	不限

① 管材向下焊试件。

2）手工焊焊工采用管板角接头试件，经焊接操作技能考试合格后，适用于管板角接头焊件尺寸范围见表 1-41；当某焊工用一种焊接方法考试且试件截面全焊透时，t 与试件板材厚度 S_0 相等；当 $S_0 \geqslant 12$mm 时，t 应不小于 12mm，且焊缝不得少于 3 层。

3）焊机操作工采用管材对接焊缝试件或管板角接头试件考试时，管外径由焊工考试机构自定，经焊接操作技能考试合格后，适用于管材对接焊缝焊件外径或管板角接头焊件管外径不限。

表 1-41　手工焊管板角接头试件适用于管板角接头焊件尺寸范围　（单位：mm）

试件管外径 D	适用于管板角接头焊件尺寸范围				
	管外径		管壁厚度	焊件焊缝金属厚度	
	最小值	最大值		最小值	最大值
< 25	D	不限	不限	不限	当 S_0 < 12 时，$2t$；当 $S_0 \geqslant 12$ 时，不限
25 ≤ D < 76	25	不限	不限		
≥ 76	76	不限	不限		

（6）填充金属类别及其考试规定　手工焊焊工采用某类别填充金属材料，经焊接操作技能考试合格后，适用于焊件相应种类的填充金属材料类别范围参见表 1-42。

表1-42 填充金属类别、示例与适用范围

填充金属		试件用填充金属类别代号	相应型号、牌号	适用于焊件填充金属类别范围	相应标准
种类	类别				
钢	碳钢焊条、低合金钢焊条、马氏体钢焊条、铁素体钢焊条	Fef1（钛钙型）	E××03	Fef1	NB/T 47018.2—2017 ［GB/T 5117—2012 GB/T 5118—2012 GB/T 983—2012（奥氏体、奥氏体与铁素体双相钢焊条除外）］
		Fef2（纤维素型）	E××10 E××11 E××10-X E××11-×	Fef1 Fef2	
		Fef3（钛型、钛钙型）	E×××（×）-16 E×××（×）-17	Fef1 Fef3	
		Fef3J（低氢型、碱性）	E××15 E××16 E××18 E××48 E××15-× E××16-× E××18-× E××48-× E×××（×）-15 E×××（×）-16 E×××（×）-17	Fef1 Fef3 Fef3J	
	奥氏体钢焊条、奥氏体与铁素体双相钢焊条	Fef4（钛型、钛钙型）	E×××（×）-16 E×××（×）-17	Fef4	NB/T 47018.2—2017 ［GB/T 983—2012（奥氏体、奥氏体与铁素体双相钢焊条）］
		Fef4J（碱性）	E×××（×）-15 E×××（×）-16 E×××（×）-17	Fef4 Fef4J	
	全部钢焊丝	FefS	全部实芯焊丝和药芯焊丝	FefS	NB/T 47018—2017

（7）焊接工艺因素及其考试规定　焊接工艺因素与代号见表1-43。

表1-43 焊接工艺因素与代号

机动化程度	焊接工艺因素		焊接工艺因素代号
手工焊	气焊、钨极气体保护焊、等离子弧焊用填充金属丝	无	01
		实芯	02
		药芯	03
	钨极气体保护焊、熔化极气体保护焊和等离子弧焊时，背面保护气体	有	10
		无	11

（续）

机动化程度	焊接工艺因素		焊接工艺因素代号
手工焊	钨极气体保护焊电流类别与极性	直流正接	12
		直流反接	13
		交流	14
	熔化极气体保护焊	喷射弧、熔滴弧、脉冲弧	15
		短路弧	16
机动焊	钨极气体保护焊自动稳压系统	有	04
		无	05
	各种焊接方法	目视观察、控制	19
		遥控	20
	各种焊接方法自动跟踪系统	有	06
		无	07
	各种焊接方法每面坡口内焊道	单道	08
		多道	09

当表 1-43 中焊接工艺因素代号 01、02、03、04、06、08、10、12、13、14、15、16、19、20 中某一代号因素变更时，焊工需重新进行焊接操作技能考试。

4. 项目代号应用举例

1）厚度为 14mm 的 Q345R 钢板对接焊缝平焊试件带衬垫，使用 J507 焊条手工焊接，试件全焊透。项目代号为 SMAW-Fe Ⅱ-1G（K）-14-Fef3J。

2）厚度为 12mm 的 Q235B 钢板，背面不加衬垫，采用 J427 焊条、立焊位置、单面焊背面自由成形。项目代号为 SMAW-Fe Ⅰ-3G-12-Fef3J。

3）管板角接头无衬垫水平固定试件，管材壁厚为 3mm，外径为 25mm，材质为 20 钢，板材厚度为 8mm，材质为 Q235B，焊条电弧焊，采用 J427 焊条。项目代号为 SMAW-Fe Ⅰ-5FG-8/25-Fef3J。

目前，企业取得了特种设备焊接作业资格证书的焊工见表 1-44，分析他们能够焊接的范围。

表 1-44　焊工持证项目一览表

姓名	钢印号	焊工项目代号	有限期
丁一	01	SMAW-FeⅡ-2G-12-Fef3J	2016.1.12—2020.1.11
王二	02	SMAW-FeⅡ-5FG-12/42-Fef3J	2016.1.12—2020.1.11
张三	03	SAW-1G（K）-07/09/19	2016.1.12—2020.1.11
李四	04	SMAW-FeⅣ-3G-12-Fef4J	2016.1.12—2020.1.11
赵五	05	SMAW-FeⅣ-5FG-12/38-Fef4J	2016.1.12—2020.1.11
马六	06	GTAW-FeⅣ-6G-6/38-FefS-02/10/12	2016.1.12—2020.1.11
吴七	07	GTAW-FeⅣ-5FG-12/14-FefS-02/10/12	2016.1.12—2020.1.11

1.7.10 承压设备焊接试件要求

分离器产品生产时，必须依据 TSG 21—2016 第 4.2.2 条 [试件（板）与试样]、GB 150.4—2011 第 9 条（试件与试样）、NB/T 47016—2011（JB/T 4744）《承压设备产品焊接试件的力学性能检验》的要求，制作焊接产品试件。

1. 产品焊接试件的设置

因为理论上承压设备产品 A 类焊接接头承受的工作应力是 B 类焊接接头的 2 倍，所以产品焊接试件的设置为：

1）筒节纵向接头的板状试件应置于其焊缝延长部位，与所代表的筒节同时施焊。

2）环向接头所用管状试件或板状试件，应在所代表的承压设备元件焊接过程中施焊。

2. 试件焊接工艺

1）当受检焊接接头经历不同的焊接工艺时，试件经历的焊接工艺过程与条件应与所代表的焊接接头相同，应选择使其力学性能较低的实际焊接工艺（含焊后热处理）制备试件。

2）焊接试件的焊工应是参加该承压设备元件焊接的焊工。

3）试件按编制的专用焊接工艺文件制备。焊接工艺文件中应明确试件代号、工作令号或承压设备编号、材料代号。

4）试件应有施焊记录。

3. 试件焊缝返修

试件焊缝允许焊接返修，返修工艺应与所代表的承压设备元件焊缝的返修工艺相同。

4. 试件检验

1）试件经外观检验和无损检测后，在无缺陷、缺欠部位制取试样。

2）当试件采用两种或两种以上焊接方法，或重要因素、补加因素不同的焊接工艺时，所有焊接方法或焊接工艺所施焊的焊缝金属及热影响区都应受到力学性能和弯曲性能检验。

3）试件力学性能和弯曲性能检验类别和试样数量见表 1-45。

表 1-45　试件力学性能和弯曲性能检验类别和试样数量

试件母材厚度 T/mm	检验类别和试样数量/个						
	拉伸试验		弯曲试验			冲击试验	
	接头拉伸	全焊缝金属拉伸	面弯	背弯	侧弯	焊缝区	热影响区
$T < 1.5$	1	—	1	1	—	—	—
$1.5 \leq T \leq 10$	1	—	1	1	—	3	3
$10 < T < 20$	1	（≥16）1	1	1	—	3	3
$T \geq 20$	1	1	—	—	2	3	3

注：1. 一根管接头全截面试件作为 1 个拉伸试样。

2. 当 10mm<T<20mm 时，可以用 2 个横向侧弯试样代替 1 个面弯试样和 1 个背弯试样。复合金属试件、组合焊接方法（或焊接工艺）完成的试件，取 2 个侧弯试样。

3. 当无法制备 5mm×10mm×55mm 小尺寸冲击试样时，免做冲击试验。

5. 试件应做下列识别标记

1）试件代号。

2）材料标记号。

3）焊工代号。

1.7.11　编制分离器焊接工艺规程

1. 完善分离器焊接接头编号表

分析分离器的产品技术要求，根据企业的场地、设备和人员等条件，根据焊接接头的钢号、厚度和实际的生产条件选择焊接方法；选择合适的焊接工艺评定和持证焊工，编制分离器焊接接头编号表，见表1-1。

2. 编制分离器A、B、C、D、E类焊接接头的焊接作业指导书

分析分离器的焊接生产工艺过程，一般来说，一种类型（材质、厚度、接头形式、焊接方法、技术要求相同）的焊接接头，应编制一张焊接工艺卡，把涉及的内容都叙述清楚，持证焊工按照焊接作业指导书焊接操作时能够使焊接质量再现，生产出合格的产品。

1）分离器A、B、C、D、E类焊接接头的焊接作业指导书，见表1-46。根据分离器装配图及其他技术条件，分析分离器焊缝的焊接特点，选择能够覆盖的焊接工艺评定，确定坡口形状和尺寸等，选择焊接材料，确定焊条的烘干保温时间、焊接用量、焊接电流的极性和电流值、电弧电压和焊接速度等；根据实际的生产条件确定焊接顺序、焊接技术要求等内容。

2）绘制焊接接头简图，包括坡口形状和尺寸等，选择能够覆盖的焊接工艺评定；根据焊接工艺评定编制具体的焊接参数，即每层焊道的填充材料的牌号、直径、烘干和保温时间、焊接用量、焊接电流的极性和电流值、电弧电压、焊接速度等；根据焊接工艺评定和实际的生产条件及技术要求和生产经验，编制焊接顺序，如坡口清理、预热、定位焊、焊接和清根的顺序、位置和范围等。

3）根据焊接方法、焊接位置、焊接厚度、焊条型号等选择合适的持证焊工。

4）根据产品标准和图样技术要求确定产品的检验，包括检验方法和比例、合格要求等。

5）根据TSG 21—2016和GB/T 150—2011的要求确定是否要带焊接产品试板，焊接产品试板的制作要符合NB/T 47016—2011《承压设备产品焊接试件的力学性能检验》。

6）焊条的定额计算。焊条定额的计算应考虑药皮的质量系数，因烧损、飞溅及未利用的焊条头等损失在内。焊条消耗量的计算公式为

$$m_{条}=\frac{AL\rho}{1000K_n}(1+K_b)$$

式中　　$m_{条}$——焊条消耗量（kg）；

A——焊缝熔敷金属横截面积（mm²）；

L——焊缝长度（m）；

ρ——熔敷金属密度（g/cm³）；

K_n——金属由焊条到焊缝的转熔系数，包括因烧损、飞溅及未利用的焊条头损失在内，对于常用的E5015焊条，可取K_n=0.78；

K_b——药皮的质量系数，对于常用的E4315焊条，可取K_b=0.32。

不同的企业可根据自己的实际情况增加或减少一些内容，但必须保证焊工或焊机操作工能根据焊接工艺卡进行实际操作。

表1-46 焊接作业指导书

接头简图：

焊接工艺卡编号			
图号			
接头名称			
接头编号			
焊接工艺评定报告编号			
焊工持证项目			

检验	序号	本厂	监检单位	第三方或用户

焊接工艺程序

层道	母材 厚度/mm	焊缝金属 厚度/mm	焊接方法	填充材料 牌号	填充材料 直径/mm	焊接电流 极性	焊接电流 电流/A	电弧电压/V	焊接速度/(cm/min)	热输入/(kJ/cm)

焊接位置		
预热温度/℃		
道间温度/℃		
焊后热处理		
后热		
钨极直径		
喷嘴直径		
气体成分	气体流量 正面	
	气体流量 背面	

编制	日期	审核	日期	批准	日期

1.7.12　教学案例：空气储罐焊接工艺规程

空气储罐的焊接接头编号表和 A、B、C、D、E 类焊接接头的焊接工艺卡，见表 1-47～表 1-53。

表 1-47　空气储罐的焊接接头编号表

共 7 页　第 1 页

接头编号示意图

接头编号示意图	接头编号	焊接工艺卡编号	焊接工艺评定编号	焊工持证项目	无损检测要求
	E4	HK02-7	PQR02	SMAW-FeⅡ-5FG-12/42-Fef3J	—
	E1、E2、E3	HK02-6	PQR02	SMAW-FeⅡ-5FG-12/42-Fef3J	—
	D1~D5	HK02-5	PQR02	SMAW-FeⅡ-5FG-12/42-Fef3J	—
	C1~C5	HK02-4	PQR02	SMAW-FeⅡ-5FG-12/42-Fef3J	—
	B1	HK02-3	PQR02	SMAW-FeⅡ-2G-12-Fef3J	20%RT且不少于250mm,Ⅲ合格
	A1、B2	HK02-2	PQR02	SMAW-FeⅡ-2G-12-Fef3J	20%RT且不少于250mm,Ⅲ合格

表1-48 A1和B2焊接接头焊接作业指导书(焊接工艺卡)

焊接工艺卡编号	HK02-2
图号	C02-00
接头名称	筒体纵缝和筒体与下封头环缝
接头编号	A1、B2
焊接工艺评定报告编号	PQR02
焊工持证项目	SMAW-FeⅡ-2G-12-Fef3J

接头简图:

焊接简图(1G,60°,内/外,尺寸2/1/2/3)

焊接工艺程序

1. 清理坡口内及其边缘20mm范围内的油、水等污物
2. 按照简图装配组对,采用SMAW点固
3. 焊接层数和参数按本工艺卡要求进行
4. 焊接过程中略微摆动焊枪,每层焊接完成后必须采用砂轮机清理打磨方可进行下道焊接
5. 焊工自检合格后,按规定打上钢印代号
6. 20%RT且目不少于250mm,NB/T 47013.2—2015Ⅲ合格

	母材	Q235B	厚度/mm	6
	母材	Q235B		6
	焊缝金属	SMAW	厚度/mm	6
	填充材料	/		/

		填充材料	牌号	直径/mm	

层道	焊接方法	牌号	直径/mm	极性	电流/A	电弧电压/V	焊接速度/(cm/min)	热输入/(kJ/cm)
1	SMAW	J427	φ3.2	直流反接	90~110	22~26	11~14	15.6
2	SMAW	J427	φ3.2	直流反接	100~120	22~26	11~14	17.02
3	SMAW	J427	φ3.2	直流反接	100~120	22~26	12~15	15.6

	焊接位置	1G	本厂	外观	监检单位	特检院	第三方或用户	/
预热温度/℃	室温			RT		特检院		/
道间温度/℃	≤280			水压		特检院		/
焊后热处理	/							
后热	/							
钨极直径	/							
喷嘴直径	/							
气体成分	气体 正面 /		流量 背面 /					
编制	xxx	日期	审核	xxx	日期	批准	(焊接责任工程师)xxx	日期

表1-49　B1焊接接头焊接作业指导书（焊接工艺卡）

接头简图：

焊接工艺卡编号	HK02-3
图号	C02-00
接头名称	筒体环缝
接头编号	B1
焊接工艺评定报告编号	PQR02
焊工持证项目	SMAW-FeⅡ-2G-12-Fef3J

焊接工艺程序

1. 清理坡口内及其边缘20mm范围内的油、水等污物
2. 按照接头简图装配组对，采用SMAW点固
3. 焊接层数和参数严格按本工艺卡要求进行
4. 焊接过程中略微摆动焊枪，每层焊接完成后必须采用砂轮机清理打磨方可进行下道焊接
5. 焊工自检合格后，按规定打上钢印代号
6. 20%RT且不少于250mm，NB/T 47013.2—2015Ⅲ合格

母材	Q235B	Q235B	厚度/mm	6	6
焊缝金属	SMAW	/			

检验

序号	本厂	监检单位	第三方或用户
1	外观	特检院	/
2	RT	特检院	/
3	水压	特检院	/

层道	焊接方法	填充材料 牌号	填充材料 直径/mm	极性	焊接电流 电流/A	电弧电压/V	焊接速度/(cm/min)	热输入/(kJ/cm)
1	SMAW	J427	φ3.2	直流反接	90~110	22~26	11~14	15.6
2	SMAW	J427	φ3.2	直流反接	100~120	22~26	11~14	17.02
3	SMAW	J427	φ3.2	直流反接	100~120	22~26	12~15	15.6

焊接位置	1G	
预热温度/℃	室温	
道间温度/℃	≤280	
焊后热处理	/	
后热	/	
钨极直径	/	
喷嘴直径	/	
气体成分	正面 /	背面 /
气体流量	正面 /	背面 /

编制	xxx	日期		审核	xxx	日期		批准	xxx（焊接责任工程师）	日期

表 1-50　C1~C5焊接接头焊接作业指导书（焊接工艺卡）

焊接工艺卡编号	HK02-4
图号	C02-00
接头名称	法兰与接管
接头编号	C1~C5
焊接工艺评定报告编号	PQR02
焊工持证项目	SMAW-FeⅡ-5FG-12/42-Fef3J
监检单位	第三方或用户

接头简图：

焊接工艺程序

1. 清理坡口内及其边缘20mm范围内的油、水等污物
2. 按照接头简图装配组对，采用SMAW点固
3. 焊接层数和参数严格按本工艺卡要求进行
4. 焊接过程中略微摆动焊枪，每层焊接完成后必须采用砂轮机清理打磨方可进行下道焊接
5. 焊工自检合格后，按规定打上钢印代号

				检验	
母材	Q235B	厚度/mm	20		6
焊缝金属	SMAW	焊脚尺寸/mm	/		3.5、4

焊接方法	层道	填充材料		焊接电流		电弧电压/V	焊接速度/（cm/min）	热输入/（kJ/cm）
		牌号	直径/mm	极性	电流/A			
SMAW	1	J427	φ3.2	直流反接	90~110	22~26	11~14	15.6
SMAW	2	J427	φ3.2	直流反接	100~120	22~26	11~14	17.02

焊工持证项目

序号	本厂	监检单位
1	外观	特检院
2	水压	特检院

焊接位置	1G
预热温度/℃	室温
道间温度/℃	≤280
焊后热处理	/
后热	/
钨极直径	/
喷嘴直径	/
气体成分	正面 / 背面 /
气体流量	/ /

编制	xxx	日期	
审核	xxx	日期	
批准	（焊接责任工程师）xxx	日期	

表1-51　D1~D5焊接接头焊接作业指导书（焊接工艺卡）

接头简图：

56°±5°　9　6　2±0.5　1±0.5

焊接工艺卡编号	HK02-5
图号	C02-00
接头名称	筒体与接管
接头编号	D1~D5
焊接工艺评定报告编号	PQR02
焊工持证项目	SMAW-FeⅡ-5FG-12/42-Fef3J

焊接工艺程序：
1. 清理坡口内及其边缘20mm范围内的油、水等污物
2. 按照接头简图装配组对，采用SMAW点固
3. 焊接层数和参数必须严格按本工艺卡要求进行
4. 焊接过程中略微摆动焊枪，每层焊接完成后必须采用砂轮机清理打磨方可进行下道焊接
5. 焊工自检合格后，按规定打上钢印代号

母材	Q235B	厚度/mm	20
焊缝金属	SMAW	厚度/mm	/

焊接方法	层道	填充材料牌号	直径/mm	焊接电流极性	电流/A	电弧电压/V	焊接速度/(cm/min)	热输入/(kJ/cm)
SMAW	1	J427	φ3.2	直流反接	90~110	22~26	11~14	15.6
SMAW	2、3	J427	φ3.2	直流反接	100~120	22~26	11~14	17.02

序号	本厂	监检单位	第三方或用户
1	外观	特检院	/
2	水压	特检院	/

焊接位置	1G
预热温度/℃	室温
道间温度/℃	≤280
焊后热处理	/
钨极直径	/
喷嘴直径	/
气体成分	正面 / 背面 /
气体流量	正面 / 背面 /

编制	xxx	日期	
审核	xxx（焊接责任工程师）	日期	
批准	xxx	日期	

表1-52　E1~E3焊接接头焊接作业指导书（焊接工艺卡）

接头简图：

焊接工艺卡编号	HK02-6
图号	C02-00
接头名称	把手与法兰盖，铭牌与筒体
接头编号	E1~E3
焊接工艺评定报告编号	PQR02
焊工持证项目	SMAW-FeⅡ-5FG-12/42-Fef3J
第三方或用户	/

焊接工艺程序

1. 清理接口内及其边缘20mm范围内的油、水等污物
2. 按照接头简图装配组对，采用SMAW点固
3. 焊接层数和参数严格按本工艺卡要求进行
4. 焊接过程中略微摆动焊枪，每层焊接完成后必须采用砂轮机清理打磨方可进行下道焊接
5. 焊工自检合格后，按规定打上钢印代号

母材	Q235B	厚度/mm	6
	Q235B		6
焊缝金属	SMAW	焊脚尺寸	/
		薄板厚度	/

填充材料

焊接方法	牌号	直径/mm
SMAW	J427	φ3.2

焊接电流

极性	电流/A
直流反接	90~110

	本厂	监检单位
序号		
1	外观	特检院
2	水压	特检院

电弧电压/V	焊接速度/(cm/min)	热输入/(kJ/cm)
22~26	11~14	15.6

焊接位置	1G	层道	1
预热温度/℃	室温		SMAW
道间温度/℃	≤280		
焊后热处理	/		
钨极直径	/		
喷嘴直径	/		
气体成分 正面	/		
背面	/		
气体流量	/		

编制	xxx	日期	xxx
审核	xxx	日期	
批准	xxx	日期	
（焊接责任工程师）			

表1-53 E4焊接接头焊接作业指导书（焊接工艺卡）

接头简图：

焊接工艺卡编号	HK02-07
图号	C02-00
接头名称	支腿垫板与筒体
接头编号	E4
焊接工艺评定报告编号	PQR02
焊工持证项目	SMAW-Fe Ⅱ -5FG-12/42-Fef3J
监检单位	/
第三方或用户	/

焊接工艺程序：
1. 清理坡口内及其边缘20mm范围内的油、水等污物
2. 按照接头简图装配组对，采用SMAW点固
3. 焊接层数和参数严格按本工艺卡要求进行
4. 焊接过程中略微摆动焊枪，每层焊接完成后必须采用砂轮机清理打磨方可进行下道焊接
5. 焊工自检合格后，按规定打上钢印代号

母材	Q235B	厚度/mm	6
母材	Q235B	厚度/mm	6
焊缝金属	SMAW	焊脚尺寸/mm	/

层道	焊接方法	填充材料 牌号	直径/mm	极性	焊接电流 电流, A	电弧电压/V	焊接速度/(cm/min)	热输入/(kJ/cm)
1	SMAW	J427	φ3.2	直流反接	90~110	22~26	11~14	15.6
2	SMAW	J427	φ3.2	直流反接	100~120	22~26	11~14	17.02

检验 序号	本厂	监检单位
1	外观	特检院
2	水压	特检院

焊接位置	1G		
预热温度/℃	室温		
道间温度/℃	≤280		
焊后热处理	/		
后热	/		
钨极直径	/		
喷嘴直径	/		
气体成分	气体	/	流量	/

编制	xxx	日期	xxx
审核	（焊接责任工程师）	日期	
批准	xxx	日期	

思考与练习

一、单选题

1. 当变更任何一个（　　）时，不需要重新进行焊接工艺评定。

   A. 重要因素　　　　　　B. 补加重要因素　　　　C. 次要因素　　　　　　D. 特殊因素

2. 当变更任何一个（　　）时，都需要重新进行焊接工艺评定。

   A. 重要因素　　　　　　B. 补加重要因素　　　　C. 次要因素　　　　　　D. 特殊因素

3. 当变更任何一个（　　）时，有冲击要求的评定需要重新进行焊接工艺评定。

   A. 重要因素　　　　　　B. 补加重要因素　　　　C. 次要因素　　　　　　特殊因素

4. 当变更（　　）时，不需要重新进行焊接工艺评定。

   A. 焊接方法　　　　　　B. 焊后热处理类别　　　C. 坡口根部间隙　　　　D 金属材料的类别号

5. 根据 NB/T 47014—2011 的规定，当规定进行冲击试验时，焊接工艺评定合格后，若 $T \geq$（　　）mm 时，适用于焊件母材厚度的有效范围最小值为试件厚度 T 与（　　）mm 两者中的较小值。

   A. 6；14　　　　　　　B. 6；16　　　　　　　C. 8；14　　　　　　　D. 8；16

6. 设备焊接作业证书的有效期一般是（　　）年。

   A. 3　　　　　　　　　B. 4　　　　　　　　　C. 5　　　　　　　　　D. 6

7. 下列哪个选项不属于手工焊焊工操作技能考试的项目（　　）。

   A. 焊接方法　　　　　　B. 金属材料类别　　　　C. 焊接工艺编制　　　　D. 填充金属类别

8. 手工焊焊工考试用金属材料为（　　），其能够焊接的材料为（　　）。

   A. Fe Ⅰ；Fe Ⅱ　　　　　　　　　　　　　　　B. Fe Ⅱ；Fe Ⅱ +Fe Ⅲ

   C. Fe Ⅲ；Fe Ⅰ +Fe Ⅱ　　　　　　　　　　　D. Fe Ⅳ；Fe Ⅰ +Fe Ⅱ

9. 手工焊焊工参加板对接焊接操作考试合格，其考试用试件母材厚度为 8mm，其能焊接的焊缝金属厚度的最大值为（　　）mm。

   A. 6　　　　　　　　　B. 8　　　　　　　　　C. 14　　　　　　　　　D. 16

10. 手工焊焊工采用管材对接焊缝试件，其试件管外径为 28mm，经焊接考试合格后，其能焊接的管外径的最小值为（　　）mm。

    A. 25　　　　　　　　B. 26　　　　　　　　C. 27　　　　　　　　D. 28

11. 持证项目 SMAW-Fe Ⅱ -5FG-12/14-Fef3J，其能焊接的管径为（　　），最小壁厚为（　　）mm。

    A. 不限；25　　　　　B. 24；28　　　　　　C. 24；14　　　　　　D. 不限；14

12. 厚度为 14mm 的 Q345R 钢板对接焊缝平焊试件带衬垫，使用 J507 焊条手工焊接，试件全焊透，项目代号为（　　）。

    A. SMAW-Fe Ⅱ -1G-14-Fef3J　　　　　　　B. SMAW-Fe Ⅱ -1G（K）-14-Fef3J

    C. SAW-Fe Ⅱ -1G（K）-14-Fef3J　　　　　　D. GTAW-Fe Ⅱ -1G（K）-14-Fef3J

13. 壁厚为 10mm、外径为 86mm 的 Q345 钢制管材垂直固定试件，使用 A312 焊条沿圆周方向手工堆焊，项目代号为（　　）。

A. SMAW（N10）–Fe Ⅱ –2G–86–Fef2　　　B. SMAW（N10）–Fe Ⅱ –1G–86–Fef4

C. SMAW（N10）–Fe Ⅱ –2G–86–Fef4　　　D. SMAW–Fe Ⅱ –2G–86–Fef4

14. 壁厚为 4.5mm、外径为 89mm 的 06Cr19Ni10 管材 45°固定试件，使用 H08Cr19Ni10 焊丝钨极氩弧焊接，背面用 Ar 气保护，试件全焊透，项目代号为（　　）。

A. GTAW–Fe Ⅳ –6G–4.5/89–FefS–02/10/12　　B. GTAW–Fe Ⅳ –6G–4.5/89–FefS–02/11/12

C. GTAW–Fe Ⅱ –6G–4.5/89–FefS–02/10/12　　D. GTAW–Fe Ⅳ –1F–4.5/89–FefS–02/10/12

15. 根据 NB/T 47015—2011 规定，气体保护焊时，坡口内及两侧约（　　）mm 应将水、锈、油污、积渣和其他有害杂质清理干净。

A.10　　　　　　　　B.20　　　　　　　　C.30　　　　　　　　D.40

二、多选题

1. 压力容器产品施焊前，（　　）以及上述焊缝的返修焊缝都应当进行焊接工艺评定或者具有经过评定合格的焊接工艺规程支持。

A. 受压元件焊缝　　　　　　　　　　B. 与受压元件相焊的焊缝

C. 熔入永久焊缝内的定位焊缝　　　　D. 受压元件母材表面堆焊与补焊

2. 焊工项目编号为 SMAW–Fe Ⅱ –2G–12–Fef3J 与焊工项目编号为 SMAW–Fe Ⅱ –5FG–12/42–Fef3J 的区别在（　　）。

A. 接头形式　　　　B. 焊接位置　　　　C. 管径　　　　D. 填充金属类别

三、判断题

1. 专用焊接工艺评定因素的分类为重要因素、补加因素、次要因素。（　　）

2. Fe Ⅰ类钢材埋弧焊多层焊时，改变焊剂类型（中性熔剂、活性熔剂），需要重新进行焊接工艺评定。（　　）

3. 根据 NB/T 47014—2011 的规定，对接焊缝的工艺评定合格的焊接工艺用于焊件的角焊缝时，焊件厚度的有效范围不限。（　　）

4. 合格的焊接工艺评定是制订焊接工艺规程的基础。（　　）

5. 持证项目 SMAW–Fe Ⅱ –2G–12–Fef3J，其能焊接的板厚度不限。（　　）

6. 空气储罐焊接生产时，按照图样，筒体先与上封头焊接，焊接完成后再与下封头进行焊接。（　　）

7. 焊接热输入仅与焊接电流和电弧电压有关，而与焊接速度无关。（　　）

8. 焊接热输入的大小由焊接参数决定。（　　）

9. 焊缝金属的力学性能和焊接热输入量无关。（　　）

10. 某个储罐筒体采用双面焊时，开的坡口朝向筒体外侧。（　　）

11. 材料有冲击韧性要求时，产品焊接作业指导书的焊接热输入可以比合格的评定高。（　　）

12. 焊接作业指导书是制造焊件有关的加工和操作细则性文件。（　　）

项目二
冷凝器焊接工艺评定及规程编制

项目导入

通过分离器的学习，学生基本熟悉了对接焊缝焊接工艺评定和压力容器焊接工艺规程编制的过程和要求，在此基础上设置典型产品冷凝器作为教学项目。冷凝器的结构更复杂，选用的材料是奥氏体不锈钢，共设置冷凝器焊接接头编号表、换热管与管板焊接工艺附件评定任务书、预焊接工艺规程、工艺评定试验、编制工艺评定报告和冷凝器换热管与管板焊接工艺卡6个教学任务，通过不同工艺评定的学习，加深对焊接工艺评定的理解，加强焊接工艺规程编制的能力，培养学生的职业素养、守法意识和质量意识，特别是学生自主学习、与人合作和与人交流的能力。

学习目标

1. 能够分析冷凝器的加强装配图焊接工艺的合理性。

2. 能够分析冷凝器结构尺寸和市场钢材规格，确定焊接接头数量，绘制焊接接头编号图并能依据 GB/T 151—2014 和 GB 150—2011 对焊接接头编号。

3. 能够依据 NB/T 47014—2011 附录 D 编制换热管与管板焊接工艺附加评定任务书和预焊接工艺规程（pWPSGB）。

4. 理解换热管与管板焊接工艺附加评定试验的全过程。

5. 能够根据试验数据编制焊接工艺评定报告，分析判断评定是否合格。

6. 能够依据合格的焊接工艺评定报告（PQR），编制焊接工艺规程（WPS）。

7. 能选择合适的持证焊工，编制换热管与管板焊接接头的焊接作业指导书。

8. 锻炼查阅资料、自主学习和勤于思考的能力。

9. 树立自觉遵守法规和标准的意识。

10. 具有良好的职业道德和敬业精神。

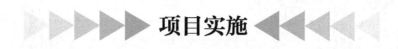

项目实施

2.1 冷凝器的焊接接头编号

任务解析

依据法规和标准要求，查阅冷凝器的装配图，依据冷凝器的生产用钢材规格等确定焊缝数量，画出冷凝器的焊接接头编号示意图；能够依据标准 GB/T 151—2014 和 GB 150—2011 对焊接接头编号；根据冷凝器的技术要求，选择合适的焊接方法，明确焊接接头合适的焊接工艺评定和合格的持证焊工项目。

必备知识

2.1.1 冷凝器的基本结构

冷凝器通过热交换，一般是对流或辐射，将待加热或待冷却的介质与换热器工作介质进行热交换，从而达到介质温度参数满足使用要求的目的。

与分离器相比，冷凝器的主要构造除了有筒体、封头、法兰、密封元件、开孔与接管及支座六大部分外，还增加了膨胀节、换热管和管板等部件。

（1）膨胀节 膨胀节习惯上也称为伸缩节或波纹管补偿器，是利用波纹管补偿器的弹性元件的有效伸缩变形来吸收容器由热胀冷缩等原因而产生的尺寸变化的一种补偿装置，属于一种补偿元件。膨胀节可对冷凝器工作过程中产生的轴向、横向和角向位移进行吸收，用于对管道、设备及系统在加热时产生的位移、机械位移进行吸收及降低噪声等。

（2）换热管 换热管的作用是当流体流过换热管固体壁面而发生热量传递，再通过换热管与壳程里的流体发生热量传递，从而进行对流换热。

（3）管板 管板是容器与管道连接中的重要部件。换热管和管板的连接方式一般有焊接、胀接、先胀后焊或先焊后胀。管板的主要作用还有通过螺栓和垫片的连接与密封，保证系统不致发生泄漏。

2.1.2 GB/T 151—2014《热交换器》焊接接头编号规则

分析冷凝器的焊接结构，画出冷凝器焊接接头编号示意图。依据 GB/T 151—2014《热交换器》第 4.6.1 条规定，管壳式热交换器受压元件之间的焊接接头分为 A、B、C、D 四类，非受压元件与受压元件的焊接接头为 E 类焊接接头，如图 2-1 所示，具体的分类办法参照 GB 150—2011 对焊接接头进行编号的规则。

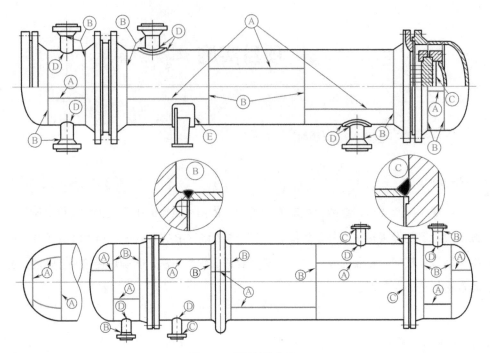

图 2-1　焊接接头分类

任务实施

2.1.3　冷凝器焊接接头编号示意图

认真阅读冷凝器的产品图样，见附录 C，分析其焊接技术要求和要执行的标准规范；明确冷凝器的主要部件名称、数量、材料牌号及规格，检查产品尺寸是否吻合、接管法兰是否配对，焊接接头形式、坡口形式是否符合标准要求等。目前生产冷凝器的主体材料为 12mm 厚的不锈钢板 S30408，宽为 2000mm，长度一般为 6000~10000mm。分析确定冷凝器的主要封头和筒体是否需要拼焊，画出冷凝器的焊接接头编号示意图，并按照 GB 150—2011 对焊接接头编号。图 2-2 所示为冷凝器的焊接接头编号示意图。

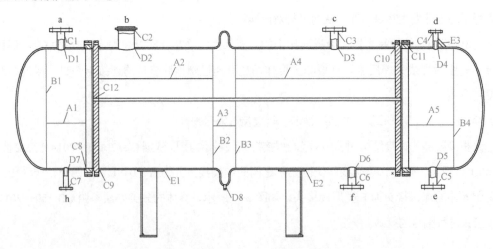

图 2-2　冷凝器的焊接接头编号示意图

2.1.4 冷凝器焊接接头焊接工艺评定选择

1. 焊接方法的选择

根据企业的生产条件，在能保证焊接质量的前提下，选择最高效、经济的焊接方法。冷凝器的筒体直径是 1200mm，长度为 700~1300mm，厚度为 12mm，选择筒体的纵焊缝 A1、A2 和 A4、A5，筒体选择埋弧焊最经济，筒体与封头焊接的环焊缝 B1 和 B4 两个背对组合后，在滚轮架上可以进行埋弧焊。膨胀节纵焊缝 A3 的焊缝长 190mm，它与筒体环焊缝 B2 和 B3 尺寸不对称，都偏小，只能采用焊条电弧焊。接管 d 和 h 的尺寸分别是 ϕ18mm×3mm 和 ϕ25mm×3mm，管径小，焊接难度高，所以接管与法兰的焊接接头 C4 和 C7、接管与筒体的焊接接头 D4 和 D7，常选择钨极氩弧焊。其他的接管与法兰或筒体焊接都可以选择方便灵活的焊条电弧焊。筒体与设备法兰的焊接接头 C8 和 C11、管板与筒体的焊接接头 C9 和 C10，尺寸虽较大，但接头形式不适合埋弧焊，所以选择焊条电弧焊；换热管与管板焊接接头 C12 因换热管尺寸小，为 ϕ25mm×2.5mm，接头选择钨极氩弧焊；接管支承与 d 接管和筒体焊接接头 E3，因为接管 d 的壁厚为 3mm 比较薄，所以选择钨极氩弧焊；支座垫板和筒体焊接接头 E1 和 E2 因其尺寸较大，板厚为 12mm，可以选择焊条电弧焊。依据 NB/T 47014—2011 第 6.1.1 条焊接方法的评定规则，与焊接接头相同焊接方法的合格焊接工艺评定都可以选择。

2. 母材的选择

冷凝器的主体材料是 S30408，按照 NB/T 47014—2011 第 5.1.2 条规定，属于 F-8-1 组别，依据 NB/T 47014—2011 第 6.1.2 条母材的评定规则，评定母材的合格焊接工艺评定都可以选择。

3. 试件厚度的选择

冷凝器的主体材料厚度为 12mm，与筒体焊接接管的最小厚度为 3mm，依据 NB/T 47014—2011 第 6.1.5 条试件厚度与焊件厚度的评定规则，对于 F-8-1 组别，选择 10mm 的试件，其焊件的覆盖范围为 1.5~20mm。采用一种焊接方法焊接，其焊件焊缝金属厚度有效范围最小值不限，最大值为 24mm。因为基本厚度在 8mm 以上才会采用埋弧焊，所以埋弧焊工艺评定试件厚度会选择大些，这样厚度覆盖范围会宽些。企业假如有各种规格的材料，那么选择 40mm 的 F-8-1 组别材料进行埋弧焊工艺评定合格后，其试件厚度有效覆盖范围为 5~200mm。

4. 焊后热处理

冷凝器的技术要求没有要求进行热处理，依据 NB/T 47014—2011 第 6.1.4 条焊后热处理的评定规则，选择没有焊后热处理的合格焊接工艺评定。

5. 填充金属

冷凝器的主体材料是 S30408，按照等成分原则选择合适的 A102 焊条、氩弧焊和埋弧焊焊丝 ER308 等，按照 NB/T 47014—2011 第 5.1.3 条规定，分别属于 FeT-8、FeS-8 和 FeMS-8 类别，依据 NB/T 47014—2011 第 6.1.3 条填充金属的评定规则，选择符合条件的合格焊接工艺评定。

6. 合格焊接工艺评定一览表

冷凝器除 C12（换热管与管板）以外的 A、B、C、D、E 类焊接接头的焊接生产，需要的合格焊接工艺评定见表 2-1。C12 首先要保证焊接接头的力学性能，因而必须要按对接焊缝与角焊缝评定规则进行评定；而管子与管板之间的焊缝主要承受剪切力，管子与管板之间的焊缝焊脚长度则决定了抗剪切能力，对焊脚长度的评定属于焊接工艺附加评定。在保证焊接接头力学性能的基础上，获得所需要的焊缝焊脚长度，所以 C12 除对接焊缝工艺评定支撑外，还必须按照 NB/T 47014—2011 附录 D 进行换热管与管板焊接工艺附加评定试验，按照质量保证手册命名为 PQRGB01。

表 2-1　合格焊接工艺评定项目一览表

| 序号 | PQR No. | 焊接方法 | 母材 | | 焊接材料 | | 厚度范围/mm | | 预热温度层间温度（PWHT） | 焊接位置冲击要求 | 接头形式 |
			牌号	规格/mm	型号（牌号）	规格/mm	母材熔数厚度	焊缝金属厚度			
1	PQR03	SAW	S30408	40	ER308（H08Cr21Ni10Si）HJ260	ϕ4	5~200	≤200	常温<150℃无	1G无	对接
2	PQR04	SMAW	S30408	10	E308-16（A102）	ϕ3.2/ϕ4	1.5~20	≤20	常温<150℃无	1G无	对接
3	PQR05	GTAW	S30408	10	ER308（H08Cr21Ni10Si）	ϕ2.5	1.5~20	≤20	常温<150℃无	1G无	对接

7. 埋弧焊和钨极气体保护焊的专用评定规则

（1）埋弧焊焊接工艺评定的影响因素

1）埋弧焊在下列情况下要重新进行焊接工艺评定试验：

①改变混合焊剂的混合比。

②添加或取消附加的填充丝；与评定值比，其体积改变超过 10%。

③若焊缝金属合金含量主要取决于附加填充金属，焊接工艺改变引起焊缝金属中重要合金元素超出评定范围。

④预热温度比已评定合格值降低 50℃以上。

2）埋弧焊在下列情况下，属于增加或变更补加因素，需要增焊试件进行冲击韧性试验：

①改变电流种类或极性。

②未经高于上转变温度的焊后热处理或奥氏体母材未经固溶处理时。

a. 道间最高温度比经评定记录值高 50℃以上。

b. 增加热输入或单位长度焊道的熔敷金属体积超过评定合格值。

c. 由每面多道焊改为每面单道焊。

d. 机动焊、自动焊时，单丝焊改为多丝焊，或反之。

（2）钨极气体保护焊焊接工艺评定的影响因素

1）钨极气体保护焊在下列情况下要重新进行焊接工艺评定试验：

①增加或取消填充金属。

②实芯焊丝、药芯焊丝和金属粉之间变更。

③预热温度比已评定合格值降低 50℃以上。

④改变单一保护气体种类；改变混合保护气体规定配比；从单一保护气体改用混合保护气体或反之；增加或取消保护气体。

⑤当类别号为 Fe-10 Ⅰ、Ti-1、Ti-2、Ni-1~Ni-5 时，取消焊缝背面保护气体，或背面保护气体从惰性气体改变为混合气体。

⑥当焊接 Fe-10 Ⅰ、Ti-1、Ti-2 类材料时，取消尾部保护气体；尾部保护气体从惰性气体改变为混合气体；或尾部保护气体流量比评定值减少 10% 或更多。

⑦对于纯钛、钛铝合金、钛钼合金，在密封室内焊接，改为密封室外焊接。

2）钨极气体保护焊在下列情况下，属于增加或变更补加因素，需要增焊试件进行冲击韧性试验：

①改变电流种类或极性。

②未经高于上转变温度的焊后热处理或奥氏体母材未经固溶处理时。

a. 从评定合格的焊接位置改为向上立焊。

b. 道间最高温度比经评定记录值高 50℃以上。

c. 增加热输入或单位长度焊道的熔敷金属体积超过评定合格值。

d. 由每面多道焊改为每面单道焊。

e. 机动焊、自动焊时，单丝焊改为多丝焊，或反之。

2.1.5　冷凝器焊接接头持证焊工选择

根据冷凝器 A、B、C、D、E 类焊接接头在实际焊接时所选用的焊接方法、试件材料、焊接位置、试件厚度和直径、焊接材料和焊接工艺因素等，分析合适的持证焊工的施焊范围，从目前企业的持证焊工中选择。假如企业中没有符合要求的焊工，就需要马上申请考试，具体流程如图 2-3 所示，在冷凝器焊接生产前必须拿到合格的特种设备焊接作业证书。

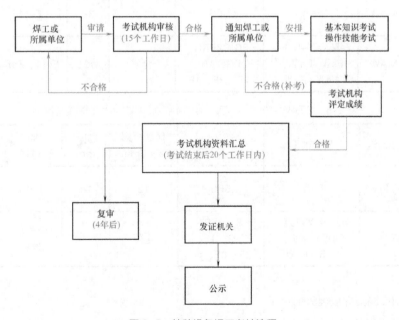

图 2-3　特种设备焊工考核流程

依据 TSG Z6002—2010 的规定，分析特种设备操作焊工项目 SAW-1G（K）-07/09/19、SMAW-Fe Ⅳ -3G-12-Fef4J、SMAW-Fe Ⅳ -5FG-12/38-Fef4J 和 GTAW-Fe Ⅳ -5FG-12/14-FefS-02/10/12 的焊接范围，分别见表 2-2~ 表 2-5。

表 2-2　SAW-1G（K）-07/09/19 焊接范围

	焊接方法	母材范围	焊接位置	焊缝金属厚度/mm	管径/mm	焊接材料	焊接工艺因素
证书内容	SAW	—	1G（K）	—	—	—	07/09/19
焊接范围	SAW	不限	1G（K）、1F	不限	≥76	不限	06、07、08、09、19

表 2-3　SMAW-Fe Ⅳ -3G-12-Fef4J 焊接范围

	焊接方法	母材范围	焊接位置	焊缝金属厚度/mm	管径/mm	焊接材料	焊接工艺因素
证书内容	SMAW	FeⅣ	3G	12	—	Fef4J	—
焊接范围	SMAW	FeⅣ、FeⅣ+Fe Ⅰ、FeⅣ+Fe Ⅱ、FeⅣ+Fe Ⅲ	3G、1G 3F、2F、1F、3G（K）、1G（K）	全部	≥76	Fef4、Fef4J	—

表 2-4　SMAW-Fe Ⅳ -5FG-12/38-Fef4J 焊接范围

	焊接方法	母材范围	焊接位置	焊缝金属厚度/mm	管径/mm	焊接材料	焊接工艺因素
证书内容	SMAW	Fe Ⅳ	5FG	12	38	Fef4J	—
焊接范围	SMAW	FeⅣ、FeⅣ+Fe Ⅰ、Fe Ⅳ+Fe Ⅱ、FeⅣ+Fe Ⅲ	5FG、2FRG、2FG、1F、2F、3F、4F	全部	≥25	Fef4、Fef4J	—

表 2-5　GTAW-Fe Ⅳ -5FG-12/14-FefS-02/10/12 焊接范围

	焊接方法	母材范围	焊接位置	焊缝金属厚度/mm	管径/mm	焊接材料	焊接工艺因素
证书内容	GTAW	Fe Ⅳ	5FG	12	14	FefS	02/10/12
焊接范围	GTAW	FeⅣ、FeⅣ+Fe Ⅰ、Fe Ⅳ+Fe Ⅱ、FeⅣ+Fe Ⅲ	5FG、2FRG、2FG、1F、2F、3F、4F	全部	≥14	全部钢焊丝	02、10、12

2.1.6　编制冷凝器焊接接头编号表

焊工技能考试的目的是要求焊工按照评定合格的焊接工艺焊出没有超标缺陷的焊接接头，而焊接接头的使用性能由评定合格的焊接工艺来保证。进行焊工评定时，则要求焊接工艺正确，以排除焊接工艺不当带来的干扰，应当在焊工技能考试范围内解决的问题不要放到焊接工艺评定中来。总之，焊接工艺评定是用于确定焊接接头力学性能的，而不是确定焊工操作技能的。对于压力容器的合格焊接接头，一是靠焊接工艺评定确保焊接接头性能符合要求，二是要求焊工焊出没有超标缺陷的焊接接头。这就很好地说明了焊接工艺评定与焊工技能考试各自的目的和两者之间的关系。

因此在焊接接头编号表中，应明确焊接接头的示意图，每个焊接接头的焊接工艺评定、持证焊工和无损检测要求。冷凝器焊接接头编号表见表2-6。

表2-6　冷凝器焊接接头编号表

	接头编号	焊接工艺卡编号	焊接工艺评定编号	焊工持证项目	无损检测要求
焊接接头编号示意图（图2-2）	E3	HK03-12	PQR05	GTAW-FeⅣ-5FG-12/14-FefS-02/10/12	—
	E1、E2	HK03-11	PQR04	SMAW-FeⅣ-5FG-12/38-Fef4J	
	C12	HK03-10	PQR05、PQRGB01	GTAW-FeⅣ-5FG-12/14-FefS-02/10/12	
	D4、D7、D8	HK03-9	PQR05	GTAW-FeⅣ-5FG-12/14-FefS-02/10/12	
	D1~D3、D5~D6	HK03-8	PQR04	SMAW-FeⅣ-5FG-12/38-Fef4J	—
	C9、C10	HK03-7	PQR04	SMAW-FeⅣ-5FG-12/38-Fef4J	—
	C8、C11	HK03-6	PQR04	SMAW-FeⅣ-5FG-12/38-Fef4J	
	C4、C7	HK03-5	PQR05	GTAW-FeⅣ-5FG-12/14-FefS-02/10/12	
	C1~C3、C5~C6	HK03-4	PQR04	SMAW-FeⅣ-5FG-12/38-Fef4J	—
	A3、B2、B3	HK03-3	PQR04	SMAW-FeⅣ-3G-12-Fef4J	A2~A4和B2~B3 100%RTⅡ级合格；A1、A5、B1和B4 20%RTⅢ级合格
	A1、A2、A4、A5 B1、B4	HK03-2	PQR03	SAW-1G（K）-07/09/19	

思考与练习

一、单选题

1. 现有宽 1.8m、长 8m 的钢板，要制作的筒体直径为 5m，筒身至少需要（ ）条纵焊缝。

    A. 1   B. 2   C. 3   D. 4

2. 现有宽 1.8m、长 8m 的钢板，要制作的筒体高为 6m，筒身至少需要（ ）条环焊缝。

    A. 1   B. 2   C. 3   D. 4

3. 现有宽 1.8m、长 8m 的钢板，要制作的标准椭圆封头直径为 5m，该封头至少需要（ ）条拼焊缝。

    A. 1   B. 2   C. 3   D. 4

4. 冷凝器支腿垫板和筒体焊接接头属于（ ）。

    A. E 类   B. B 类   C. C 类   D. D 类

5. 冷凝器换热管与管板焊接接头属于（ ）。

    A. A 类   B. B 类   C. C 类   D. D 类

6. 管板与筒体的对接焊接接头属于（ ）。

    A. A 类   B. B 类   C. C 类   D. D 类

7. 接管与法兰连接的对接焊接接头属于（ ）。

    A. A 类   B. B 类   C. C 类   D. D 类

8. 球形封头与筒体连接的对接焊接接头属于（ ）。

    A. A 类   B. B 类   C. C 类   D. D 类

9. 嵌入式接管与筒体连接的对接焊接接头属于（ ）。

    A. A 类   B. B 类   C. C 类   D. D 类

10. 10mm 的 Fe-8-1 对接接头的焊接工艺评定合格后，能焊接的焊件有效厚度是（ ）mm。

    A. 10~20   B. 5~20   C. 1.5~20   D. ≤ 20

11. 40mm 的 Fe-8-1 对接接头的焊接工艺评定合格后，能焊接的焊件有效厚度是（ ）mm。

    A. 5~200   B. 40~80   C. 40~200   D. ≤ 200

12. 40mm 的 Fe-1-2 评定合格后，能焊接的焊件有效厚度是（ ）mm。

    A. 16~200   B. 40~80   C. 40~200   D. ≤ 200

13. 焊条电弧焊焊接 40mm 的 Fe-1-2 正火处理评定合格后，能焊接的焊件有效厚度是（ ）mm。

    A. 5~200   B. 5~44   C. 40~200   D. ≤ 200

14. 钨极氩弧焊的英文缩写是（ ）。

    A. SMAW   B. GTAW   C. GMAW   D. SAW

15. 埋弧焊的英文缩写是（ ）。

    A. SMAW   B. GTAW   C. GMAW   D. SAW

二、多选题

1. 按照 GB/T 151—2014《热交换器》受压元件之间的焊接接头分成（　　）类。

A. A 类　　　　　　　B. B 类　　　　　　　C. C 类　　　　　　　D. D 类

2. 下列（　　）焊接位置是持有 SMAW-Fe Ⅳ -5FG-12/42-Fef4J 项目的焊工可以进行焊接的。

A. 5FG　　　　　　　B. 2FRG　　　　　　　C. 2FG　　　　　　　D. 4F

3. 下列管径（　　）mm 是持有 SMAW-Fe Ⅳ -5FG-12/14-Fef4J 项目的焊工可以进行焊接的。

A. 14　　　　　　　　B. 12　　　　　　　　C. 25　　　　　　　　D. 89

4. 持有 SMAW-Fe Ⅳ -3G-12-Fef4J 项目的焊工，能够焊接下列（　　）材料。

A. Fe Ⅳ　　　　　　B. Fe Ⅳ +Fe Ⅲ　　　C. Fe Ⅳ +Fe Ⅱ　　　D. Fe Ⅱ +Fe Ⅰ

三、判断题

1. 按照 TSG 21—2016 将压力容器分为：第 Ⅰ、第 Ⅱ、第Ⅲ类压力容器，其中第Ⅲ类压力容器危险性最小。（　　）

2. 特种设备焊接，施焊位置应与持证项目一致，不得无证焊接，也不得超项焊接。（　　）

3. 持有项目 SMAW-Fe Ⅳ -3G-12-Fef4J 的焊工，能采用焊条电弧焊焊接 S30408 的平对接接头。（　　）

4. 持有项目 SMAW-Fe Ⅳ -2G-12-Fef4J 的焊工，能采用焊条电弧焊焊接 ϕ 89mm×6mm 的 06Cr 19Ni10 管子垂直固定对接接头。（　　）

5. 持有项目 SMAW-Fe Ⅳ -2G-12-Fef4J 的焊工，能采用焊条电弧焊焊接 ϕ 57mm×6mm 的 06Cr 19Ni10 管子垂直固定对接接头。（　　）

四、任务题

分析附录 D 所示换热器的焊接结构和技术要求，编制换热器焊接接头编号表。

2.2　冷凝器换热管与管板焊接工艺附加评定任务书

任务解析

冷凝器 A、B、C、D、E 类焊接接头在焊接生产前都必须要有合格的焊接工艺评定支持，目前还缺少换热管与管板的焊接工艺附加评定 PQRGB01。依据 NB/T 47014—2011 附录 D 的要求，结合冷凝器换热管与管板的焊接接头特点和企业的生产条件，编制换热管与管板焊接工艺附加评定任务书。

必备知识

2.2.1　换热管与管板焊接工艺评定的目的

NB/T 47014—2011 附录 D 规定了换热管与管板的焊接工艺评定和焊接工艺附加评定的规则、评定方法、检验方法和结果评价。

适用于换热管与管板的焊接工艺评定和换热管与管板的焊接工艺附加评定也适用于换热管与

管板连接的强度焊、胀焊并用的焊缝。

换热管与管板焊接工艺评定的目的在于获得焊接接头力学性能符合标准规定的焊接工艺;换热管与管板焊接工艺附加评定的目的是在保证焊接接头力学性能的基础上,获得角焊缝厚度符合规定要求的焊接工艺。换热管与管板焊接工艺评定首先要保证焊接接头的力学性能,因必须按照对接焊缝和角焊缝评定规则进行评定;换热管与管板之间的角焊缝厚度则决定了抗剪切能力,对角焊缝厚度的评定属于焊接工艺附加评定,在保证力学性能基础上,获得所需要的焊缝尺寸。

对接焊缝焊脚只与管板上所开坡口的位置和倒角尺寸大小相关,而与焊接工艺评定和焊接工艺无关。因此,NB/T 47014—2011 将换热管与管板焊接的重要因素分为两类,一类为影响焊接接头力学性能和弯曲性能的重要因素,当发生改变时要进行焊接工艺评定;另一类为影响管子与管板角焊缝尺寸的因素,当发生改变时,要进行焊接工艺附加评定。

换热管与管板的焊接工艺附加评定,实质上就是对保证角焊缝厚度的焊接工艺进行评定。

2.2.2 NB/T 47014—2011 附录 D 换热管与管板焊接工艺附加评定规则

换热管与管板焊接接头的焊缝(限对接焊缝、角焊缝及其组合焊缝)可当作角焊缝进行焊接工艺评定,其中对接焊缝焊脚(对接焊缝与换热管熔合线长度)由设计确定。

焊接工艺评定规则按 NB/T47014—2011 正文的规定。

1. 焊接工艺附加评定规则

1)当发生下列情况时,需重新进行焊接工艺附加评定。

①通用规定

a. 焊前改变清理方法。

b. 变更焊接方法的机动化程度(手工、半机动、机动、自动)。

c. 由每面单道焊改为每面多道焊,或反之。

d. 评定合格的电流值变更 10%。

e. 手工焊时由向上立焊改变为向下立焊,或反之。

f. 焊前增加管子胀接。

g. 变更管子与管板接头焊接位置。

②焊条电弧焊:增大焊条直径。

③钨极气体保护焊、熔化极气体保护焊和等离子弧焊:

a. 增加或去除预置金属。

b. 改变预置金属衬套的形状与尺寸。

c. 改变填充丝或焊丝的公称直径。

2)试件管规格与焊件管规格。

①试件管壁厚与焊件管壁厚。试件中换热管公称壁厚 $b \leqslant 2.5$mm 时,评定合格的焊接工艺适

用于焊件中换热管公称壁厚不得超过（1 ± 0.15）b；当试件中换热管公称壁厚 $b>2.5\text{mm}$ 时，评定合格的焊接工艺适用于焊件公称壁厚大于 2.5mm 的所有换热管的焊接。

②试件管外径与焊件管外径：

a. 试件中换热管公称外径 $d \leqslant 50\text{mm}$、公称壁厚 $b \leqslant 2.5\text{mm}$ 时，评定合格的焊接工艺适用于焊件中换热管公称外径大于或等于 $0.85d$。

b. 试件中换热管公称外径 $d>50\text{mm}$ 时，评定合格的焊接工艺适用于焊件中换热管公称外径最小值为 50mm。

c. 试件中换热管为公称壁厚 $b>2.5\text{mm}$ 的任一外径时，评定合格的焊接工艺适用于焊件中换热管公称外径不限。

3）当试件孔桥宽度 B 小于 10mm 或 3 倍管壁厚中较大值时，评定合格的焊接工艺适用于焊件孔桥宽度大于或等于 $0.9B$。

2. 换热管与管板焊接工艺评定和焊接工艺附加评定说明

换热管与管板焊接工艺评定和焊接工艺附加评定依据 NB/T47014—2011 附录 D，它主要是参照 ASME BPVC. IX 中"管子与管板焊接工艺评定"的内容编制的。

1）管子与管板首先要保证焊接接头的力学性能，因而必须要按对接焊缝与角焊缝评定规则进行评定；而管子与管板之间焊缝主要受剪切力，管子与管板之间焊缝焊脚则决定了抗剪切能力，对焊脚长度的评定属于焊接工艺附加评定。在保证焊接接头力学性能的基础上，获得所需要的焊缝焊脚长度。

2）焊接工艺附加评定的判断准则是焊脚长度，NB/T47014—2011 附录 D 中所列焊接工艺因素都与焊脚长度有关。

3）依据 NB/T 47014—2011 第 D.7.4 条，角焊缝的厚度应大于或等于 $2b/3$。角焊缝的厚度等于 $2b/3$ 时，则焊脚与管壁厚相等，如果角焊缝焊脚不能够承受剪切力，则还要在管板上开坡口，增加对接焊缝的焊脚长度与角焊缝焊脚长度共同承受剪切力。

4）由 NB/T 47014—2011 第 D.6 条规定可见，附录 D 适用于管子插入管板的焊接结构形式。

在 ASME BPVC. IX、JIS B8285—2010 以及 ISO 15614-8：2002《金属材料焊接工艺规程及评定—焊接工艺评定试验　第 8 部分　管子及管板接头的焊接》中对管子与管板接头的焊接工艺评定试件都是模拟列管式换热器的接头形式。对于管子与管板的焊接工艺评定试件的焊脚应不小于设计规定，而不应事先统一规定某尺寸。

2.2.3　NB/T47014—2011 附录 D 换热管与管板焊接工艺附加评定方法

1. 分别评定

1）依据 NB/T 47014—2011 的规定进行焊接工艺评定。依据对接焊缝试件评定合格的焊接工艺，编制换热管与管板的焊接工艺卡；或依据角焊缝试件评定合格的焊接工艺，编制换热管与管板的焊接工艺卡。

2）按 NB/T 47014—2011 附录 D 规定，对换热管与管板的焊接工艺卡进行焊接工艺附加评定。

在保证焊接接头力学性能的基础上，获得角焊缝厚度符合规定的焊接工艺。

2. 合并评定

1）在同一试件上将换热管与管板的焊接工艺评定与焊接工艺附加评定合并进行。

2）焊接工艺评定规则应按 NB/T 47014—2011 正文的规定；焊接工艺附加评定规则依据 NB/T 47014—2011 附录 D 的规定。

2.2.4 换热管与管板焊接工艺附加评定试件的形式和尺寸

1）试件接头的结构与形式在焊接前后与焊件基本相同，如图 2-4 和图 2-5 所示。

①管板厚度应不小于 20mm，当使用复合金属材料时，覆层材料可计入管板厚度。

②管板加工出 10 个孔，排列如图 2-4 所示。试板孔直径和允许偏差、管板孔中心距 K 以及试板孔的坡口尺寸按 GB/T 151—2014 中相关规定。

③试件用换热管长度不小于 80mm。

④换热管插入管板，换热管最小伸出长度按 GB/T 151—2014 中相关规定。

2）试件适用于焊接工艺附加评定和合并评定。

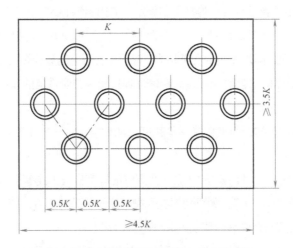

图 2-4　试件接头焊前的结构与形式示例图

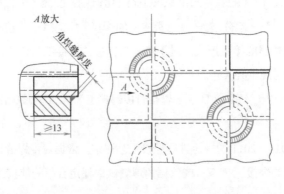

图 2-5　试件接头焊后的结构与形式示例图

2.2.5　换热管与管板焊接工艺附加评定检验要求与结果评价

1. 检验项目

渗透检验、金相检验（宏观）和角焊缝厚度测定。

2. 结果评价

（1）渗透检验　对 10 个焊接接头全都按照 NB/T 47013.5—2015《承压设备无损检测　第 5 部分：渗透检测》规定进行渗透检测，无裂纹为合格。

（2）金相检验（宏观）　按图 2-5 所示，任取呈对角线位置的两个管接头切开，两切口互相垂直。切口一侧面应通过换热管中心线，该侧面即为金相检验面，共有 8 个，其中应有一个取自接弧处。焊缝根部应焊透，不允许有裂纹、未熔合。

（3）角焊缝厚度测定　在 8 个金相检验面上测定。每个角焊缝的厚度都应大于或等于 $2b/3$（b 为换热管公称壁厚）。

（4）合并评定

1）角焊缝试样的焊缝根部应焊透，焊缝金属和热影响区不允许有裂纹、未熔合。

2）角焊缝两焊脚之差不大于 3mm。

任务实施

2.2.6　编制冷凝器换热管与管板焊接工艺附加评定任务书

1. 冷凝器换热管与管板焊接工艺评定分析

冷凝器换热管和管板的材料是 S30804、换热管尺寸为 $\phi 25mm \times 2.5mm$，焊接工艺评定可以选择同规格、同组别 Fe-8-1 的换热管进行焊接工艺评定，管板的最小尺寸为 20mm。从经济的角度，可以选择 20mm 的 Fe-8-1 进行焊接工艺评定。

因为换热管的尺寸较小，排列紧密，焊接时为保证焊接质量，需选择热源集中的钨极氩弧焊；为保证焊缝和母材有一样的耐蚀性，按照同化学成分的原则，选择焊接材料。

根据换热管与管板的焊接结构和特点，一般企业会选择水平固定焊接。

2. 编制焊接工艺附加评定任务书

按照 NB/T 47014—2011 附录 D 换热管与管板焊接工艺附加评定的规则，编制了冷凝器换热管与管板焊接工艺附加评定任务书，见表 2-7。

表 2-7　换热管与管板焊接工艺附加评定任务书

单位名称	XXXXXX设备有限公司		工作令号		PQRGB01
			预焊接工艺规程编号		pWPSGB01
评定标准	NB/T 47014—2011附录D		评定类型		角焊缝
母材牌号	母材规格	焊接方法	焊接材料		熔敷厚度
06Cr19Ni10 S30408	$\phi 25mm \times 2.5mm$ 20mm	GTAW	ER308		≥1.67mm
焊接位置	水平固定焊（5FG）				

（续）

试件检验:试验项目、试样数量、试验方法和评定指标

外观检验		不得有裂纹			
无损检测		100% PT，按NB/T 47013.5—2015标准，不得有裂纹			
试验项目		试样数量	试验方法	合格指标	备注
力学性能	拉伸试验 常温	—	—	—	
	拉伸试验 高温	—	—	—	
	弯曲试验 □横向 □纵向 面弯	—	—	—	
	弯曲试验 □横向 □纵向 背弯	—	—	—	
	弯曲试验 □横向 □纵向 侧弯	—			
	冲击试验 焊缝区	—	—	—	
	冲击试验 热影响区	—			
宏观金相检验		8（至少一个取自接弧处）	NB/T 47014—2011 附录D	焊缝根部要焊透不允许有裂纹、未熔合	
化学成分分析		—			
硬度试验		—			
腐蚀试验		—			
铁素体测定		—			
其他		角焊缝厚度测定应≥1.67mm			
编制	XXX	日期	XXX	审核	XXX	日期	XXX

思考与练习

一、单选题

1. 焊接 S30408 材料时，焊接材料的选择一般遵循（　　）原则。

　A. 等韧性　　　　　B. 等塑性　　　　　C. 等强度　　　　　D. 等成分

2. NB/T 47014—2011 附录 D 换热管与管板的焊接工艺附加评定渗透检测（　　）个焊接接头。

　A. 8　　　　　　　B. 9　　　　　　　　C. 10　　　　　　　D. 11

3. NB/T 47014—2011 附录 D 换热管与管板的焊接工艺附加评定金相检测（　　）个面。

　A. 8　　　　　　　B. 9　　　　　　　　C. 10　　　　　　　D. 11

4. 根据 NB/T 47014—2011 附录 D 的要求，管板的厚度不小于（　　）mm。

　A. 50　　　　　　　B. 20　　　　　　　C. 30　　　　　　　D. 40

5. 根据 NB/T 47014—2011 附录 D 的要求，$\phi 25mm \times 2mm$ 的换热管管附加评定，角焊缝厚度应该大于或等于（　　）mm。

　　A. 1　　　　　　　B. 1.34　　　　　　C. 2　　　　　　　D. 1.67

6. 根据 NB/T 47014—2011 附录 D 的要求，换热管的长度不小于（　　）mm。

　　A. 60　　　　　　　B. 70　　　　　　　C. 80　　　　　　　D. 90

7. 按 NB/T 47014—2011 附录 D，换热管与管板的焊接工艺附加评定的渗透检测的合格标准是（　　）。

　　A. Ⅰ级　　　　　　B. Ⅱ级　　　　　　C. Ⅲ级　　　　　　D. 无裂纹

二、多选题

1. NB/T 47014–2011《承压设备焊接工艺评定》包括（　　）。

　　A. 对接焊缝和角焊缝焊接工艺评定

　　B. 耐蚀堆焊焊接工艺评定

　　C. 换热管和管板焊接工艺评定和焊接工艺附加评定

　　D. 复合金属材料焊接工艺评定

2. NB/T 47014—2011 附录 D 规定了换热管与管板的焊接工艺评定和焊接工艺附加评定的（　　）。

　　A. 规则　　　　　　B. 评定方法　　　　C. 检验方法　　　　D. 结果评价

3. NB/T 47014—2011 附录 D 适用于换热管与管板的（　　）。

　　A. 强度焊　　　　　B. 先胀后焊　　　　C. 先焊后胀　　　　D. 胀接

4. 根据 NB/T 47014—2011 附录 D，焊接完成的试件需要进行（　　）项目检测。

　　A. 外观检测　　　　B. 渗透检测　　　　C. 金相检验　　　　D. 角厚度测定

5. 按 NB/T47014—2011 附录 D，换热管与管板的焊接工艺附加评定的金相检验的合格标准是（　　）。

　　A. 无裂纹　　　　　B. 熔合良好　　　　C. 根部焊透　　　　D. 无气孔

三、判断题

1. 换热管与管板焊接接头的焊缝（限对接焊缝、角焊缝以及组合焊缝）可当作对接焊缝进行工艺评定。（　　）

2. 现没有 S30408 的换热管，可以用同规格的 06Cr19Ni10 来替代。（　　）

3. 按 NB/T47014—2011 附录 D，换热管与管板的焊接工艺附加评定的金相检验焊接接头一定要有一个取自接弧处。（　　）

4. 水平固定管板焊接的代号为 5FG。（　　）

5. 钨极氩弧焊的英文缩写是 GMAW。（　　）

四、任务题

分析附录 D 换热器中换热管与管板的焊接工艺要求，编制换热管与管板焊接工艺附加评定任务书。

2.3 换热管与管板焊接工艺附加评定预焊接工艺规程

分析冷凝器换热管与管板所用金属材料的焊接性，能够选择焊接方法、焊接接头、焊接材料、焊接参数，明确焊接工艺要点，合理安排焊接工艺程序，编制换热管与管板焊接工艺附件评定预焊接工艺规程。

必备知识

2.3.1 换热管与管板焊接工艺附加评定焊接接头分析

1. 换热管与管板焊接工艺附加评定试板

1）换热管尺寸为 $\phi 25mm \times 2.5mm \times 80mm$，10 根。

2）管板厚度为 20mm，管板加工出 10 个孔，排列如图 2-4 所示。换热管中心距不宜小于 1.25 倍的换热管外径，按照 GB/T 151—2014 第 6.3.1.2 条规定，换热管中心距 S（K）见表 2-8；按照 GB/T 151—2014 第 6.5.1 条规定，试板管孔直径和允许偏差见表 2-9。

表 2-8 换热管中心距

换热管外径d/mm	10	12	14	16	19	20	22	25	30	32	35
换热管中心距S/mm	13~14	16	19	22	25	26	28	32	38	40	44

表 2-9 Ⅰ级管束管板管孔直径及允许偏差

换热管外径/mm	14	16	19	25	30	32	35
管孔直径/mm	14.25	16.25	19.25	25.25	30.35	32.40	35.40
允许偏差/mm	+0.05 −0.10		+0.10 −0.10		+0.10 −0.15		

2. 换热管与管板焊接工艺附加评定焊接结构

为保证角焊缝厚度，换热管伸出长度可以超过产品设计图，选择如图 2-6 所示的焊接接头，装配定位焊后，要先进行胀接。

2.3.2 换热管与管板焊接工艺附加评定焊接工艺分析

1. 焊接材料

换热管和管板焊接采用的是钨极氩弧焊，所用到的焊接材料有焊丝、氩气、钨极等。

焊接材料必须要有产品质量证明书，并符合国家标准、行业标准的规定。常用的标准有：GB/T 14958—1994《气

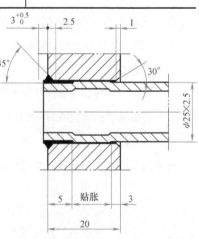

图 2-6 换热管与管板焊接工艺附加评定焊接接头图

体保护焊用钢丝》、YB/T 5091—2016《惰性气体保护焊用不锈钢丝》、YB/T 5092—2016《焊接用不锈钢丝》、SJ/T 10743—1996《惰性气体保护电弧焊和等离子焊接、切割用钨铈电极》、GB/T 4842—2006《氩》等。

选择焊丝、氩气，确定焊接用量、焊接电流的极性和电流值、电弧电压、焊接速度等。

对于不锈钢等高合金钢的焊缝金属，在保证力学性能的前提下还应分别保证化学成分或耐蚀性，"保证"的实际意义对铬钼钢来讲是化学成分，对高合金钢来讲则是耐蚀性"应高于或等于相应母材标准规定值下限或满足图样规定的技术要求"。对于高合金钢的焊缝金属，只提"耐蚀性"，而不提"化学成分"，是因为高合金钢的化学成分是保证耐蚀性的，Cr、Ni 含量提高时只会对耐蚀性有利。

2. 预热和层间温度

由于奥氏体不锈钢有较好的塑性，冷裂倾向较小，因此一般不预热。为了防止晶间腐蚀，应严格控制层间温度，待上一层焊道冷却到 150℃以下再焊下一层焊道。

3. 焊后热处理

奥氏体高合金钢的组织和经受的焊后热处理对其耐晶间腐蚀、耐应力腐蚀、抗裂纹敏感性及力学性能有很大关系。经焊后热处理的奥氏体高合金钢可以减少残余应力，降低应力腐蚀及开裂敏感性；但焊后热处理不当时，又会加剧晶间腐蚀或 σ 相脆化；焊后热处理与否对奥氏体高合金钢的安全使用性能影响尚不清楚。1995 年版 ASME《锅炉压力容器规范》第Ⅷ卷第一分卷对于奥氏体高合金钢的焊后热处理采取既不规定也不禁止的态度，各国标准大都规定原则上不进行焊后热处理。

一般情况下，奥氏体不锈钢不进行焊后热处理。如果工件工作温度高于 450℃，且介质腐蚀性强，即对工件耐蚀性要求较高时，可进行焊后固溶处理或稳定化退火。如果整体无法退火时，可对焊缝进行局部退火。

4. 焊接工艺要点

奥氏体不锈钢换热管管板焊接前，用丝绸布蘸丙酮清洗换热管与管板接头 20mm 范围内的油污等，以免产生气孔等焊接缺陷。焊接时要采用小电流、快速焊和不摆动的工艺措施，保证焊接接头的耐蚀性。

任务实施

2.3.3 编制换热管和管板焊接工艺附加评定预焊接工艺规程

根据标准和冷凝器的换热管与管板特点，分析换热管与管板的焊接性，编制换热管和管板焊接工艺附加评定预焊接工艺规程，见表 2-10。

表2-10 换热管和管板焊接工艺附加评定预加评定预焊接工艺规程

接头简图：

焊接作业指导书编号	WPSGB01
图号	/
接头名称和接头编号	换热管管板
焊接工艺评定报告编号	PQR05
焊接工艺附加评定报告编号	PQRGB01
焊工持证项目	GTAW-FeIV-5FG-12/38-FefS-02/10/12
监督单位	第三方或用户

焊接工艺程序

1. 清理：焊接前用丝绸布蘸丙酮清洗管板和换热管
2. 组装：按接头简图进行组对和装配，采用GTAW定位焊
3. 胀接：用胀管机对换热管接头进行胀接
4. 清洗：焊接前用丝绸布蘸丙酮清洗换热管与管板接头20mm范围内的油污等
5. 焊接：按本焊接工艺进行焊接
6. 焊后对10个接头进行外观检查和渗透检测

母材代号	管：06Cr19Ni10 板：S30408	厚度/mm	管：φ25×2.5 板：20
焊接方法或焊接工艺	GTAW /	焊缝金属厚度/mm	≥1.67 /

焊道/焊层	焊接方法	填充金属 牌号	填充金属 直径/mm
1	GTAW	ER308	φ2.0
2	GTAW	ER308	φ2.0

检验	检验项目	序号	本厂
	外观检查	1	
	渗透检测	2	
	宏观金相	3	
	角焊缝测定	4	

焊接电流	极性	电流/A	电弧电压/V	焊接速度/(cm/min)	热输入/(kJ/cm)
	直流正接	90~110	11~13	8~10	/
	直流正接	100~120	11~13	5~8	/

焊接位置	水平固定（5FG）
施焊技术	先胀后焊
预热温度/℃	室温
道间温度/℃	≤150℃
焊后热处理	/
钨极直径/mm	φ2.4
喷嘴直径/mm	φ16
气体成分	99.99%Ar
气体流量/(L/min)	正面：10~15 背面：3~5

编制	XXX	日期	XXX	审核	XXX	日期	XXX	批准（焊接责任工程师）	XXX	日期	XXX

---------------- **思考与练习** ----------------

一、单选题

1. 不锈钢焊接时的层间温度应该（　　）℃。

　　A. ≤ 100　　　　　　B. ≤ 150　　　　　　C. ≤ 200　　　　　　D. ≤ 300

2. 钨极氩弧焊焊接不锈钢采用的焊接电源是（　　）。

　　A. 交流　　　　　　B. 直流正接　　　　　　C. 直流反接　　　　　　D. 都可以

3. 换热管与管板的焊接试件接头焊接前，换热管的管外径为32mm，则换热管的中心距为（　　）mm。

　　A. 38　　　　　　　B. 40　　　　　　　C. 44　　　　　　　D. 48

4. 根据 NB/T 47014—2011 附录 D，$\phi 32mm \times \phi 3mm$ 的换热管的管板长度不小于（　　）mm，宽度不小于（　　）mm。

　　A. 180，140　　　　B. 144，112　　　　C. 180，112　　　　D. 140，112

二、判断题

1. 换热管与管板采用钨极氩弧焊，为防止背面焊缝金属氧化，背面需要用氩气保护。（　　）

2. 换热管管板焊接前需要用丙酮清洗，清除坡口及两侧 20mm 范围内的油污等杂质。（　　）

3. 换热管与管板胀接后，焊接前不需要清洗。（　　）

三、任务题

分析附录 D 所示换热器中换热管与管板的焊接性，编制换热管与管板焊接工艺附加评定预焊接工艺规程。

2.4　换热管与管板焊接工艺附加评定试验

任务解析

依据 NB/T 47014—2011 的焊接工艺评定要求，按照换热管与管板的焊接工艺附加评定预焊接工艺规程，对试板进行焊接和无损检测，截取并加工金相试样，进行宏观金相检验和焊缝金属厚度测定，能分析试验结果。

任务实施

2.4.1　换热管与管板焊接工艺附加评定试板焊接

1. 焊前准备

依据预焊接工艺规程和 NB/T 47014—2011 第 4.3 条，焊接工艺评定所用的钨极氩弧焊设备和电流、电压等仪表应处于正常工作状态，金属材料、焊接材料应符合相应国家和行业标准，由本单位操作技能熟练的焊接人员使用本单位焊接设备按要求焊接试件。

2. 换热管与管板的试板准备、装配、定位焊和胀接

1）换热管材料牌号为 06Cr19Ni10，规格为 $\phi 25mm \times 2.5mm$，长 80mm，10 根。

2）管板材料牌号为 S30408，规格为 $20mm \times 144mm \times 112mm$，1 块；按图 2-6 加工坡口和倒角，焊接前检查坡口尺寸。

2.4.1 换热管与管板焊接工艺附加评定试板焊接

3）焊接前用丝绸布蘸丙酮清洗换热管与管板焊接区域 20mm 范围内的油污等杂质。换热管与管板实物如图 2-7 所示。

图 2-7　换热管与管板实物图

4）按图 2-6 装配，采用钨极氩弧焊进行定位焊，定位焊后装配实物如图 2-8 所示。

图 2-8　换热管与管板定位焊后装配实物图

5）用胀管机对换热管接头进行胀接，图 2-9 所示为换热管与管板接头胀接实物图。

图 2-9　换热管与管板接头胀接实物图

3. 换热管与管板试板焊接和外观检查

胀接完成后，在焊接前必须再次清洗换热管与管板焊接区域 20mm 范围内的油污等杂物。准备好焊接用工具、红外线测温仪和时间记录表、外观质量检验尺等。焊接时做好焊接记录，焊接完成后进行外观检查，所有的数据都记录入焊接记录表，见表 2-11。

表 2-11　PQRGB01 试板焊接记录表

工艺评定号		PQRGB01	母材材质	06Cr19Ni10 S30408	规格	ϕ25mm×2.5mm T=20 mm
焊接记录	层次	第1层（道）	第2层（道）			
	焊接方法	GTAW	GTAW			
	焊接位置	5FG	5FG			
	焊材牌号或型号	ER308	ER308			
	焊材规格/mm	ϕ2.0	ϕ2.0			
	电源极性	直流正接	直流正接			
	电流/A	100	110			
	电压/V	12	12			
	焊速/（cm/min）	9~11	7~9			
	钨棒直径/mm	ϕ2.4	ϕ2.4			
	气体流量/（L/min）	10	12			
	层间温度/℃	19.3	107			
	热输入（kJ/cm）	8.8	11.3			

（续）

焊前坡口检查					
坡口角度	钝边/mm	间隙/mm	宽度/mm	错边/mm	
45°	/	/	2.3	/	
温度： 19.3℃			湿度： 68%		

焊 后 检 查				
正面	焊缝宽度/mm	焊脚高度/mm	焊缝余高/mm	
	/	2.4~2.5	/	
反面	焊缝宽度/mm	焊缝余高/mm	结论	
	/	/		
裂纹	无	气孔	无	
咬边	深度/mm	正面：无 反面：/	焊工姓名、日期： ×××、×××	
	长度/mm	正面： / 反面：/	检验员姓名、日期： ×××、×××	

2.4.2 换热管与管板焊接工艺附加评定试板的渗透检测

焊接完成并且外观检查合格的试板，按照 NB/T 47014—2011 附录 D 的要求，对 10 个焊接接头全都按 NB/T 47013.5—2015 规定进行渗透检测，无裂纹为合格。大部分企业需要填写无损检测委托单，渗透检测完成后，必须出具检测报告，见表 2-12。

2.4.2 换热管与管板焊接工艺附加评定渗透检测

表 2-12 PQRGB01 试板渗透检测报告

委托部门（单位）		XXXXXX设备有限公司	委托日期	×××.××.××
报告编号		PQRGB01	报告日期	×××.××.××
工件	工件名称	焊接工艺评定试件	材料牌号	06Cr19Ni10+S30408
	工件编号	PQRGB01	检测部位	管板焊接接头
器材及参数	检测方法	溶剂去除型着色法	显像剂型号	DPT-5
	渗透剂型号	DPT-5	渗透时间	10min
	清洗剂型号	DPT-5	显像时间	15min
	渗透剂施加方法	喷涂	去除方法	擦拭
	干燥时间	≤5min	显像剂施加方法	喷涂
	干燥方式	自然干燥	光照度	≥1000 lx
	工件温度	30℃	试块	三点式B型试块

（续）

技术要求	检测比例	100%		验收规范	NB/T 47014—2011附录D
	检测标准	NB/T 47013.5—2015		合格级别	Ⅰ级
检测部位缺陷情况	序号	焊接接头	缺陷记录		评级
	1	1	—		Ⅰ
	2	2	—		Ⅰ
	3	3	—		Ⅰ
	4	4	—		Ⅰ
	5	5	—		Ⅰ
	6	6	—		Ⅰ
	7	7	—		Ⅰ
	8	8	—		Ⅰ
	9	9	—		Ⅰ
	10	10	—		Ⅰ

检测结论：

编号为___PQRGB01___符合___NB/T 47013.5—2015___标准的___无裂纹___要求，评定___合格___

检测人	XXX	审核人	XXX
日　期	XXX	日　期	XXX

2.4.3　换热管与管板焊接工艺附加评定宏观金相试样截取

依据 NB/T 47014—2011 附录 D 的要求，对无损检测合格的试件，必须依据图 2-5 的要求，任取呈对角线位置的两个管接头切开，两切口互相垂直。切口一侧面应通过换热管中心线，该侧面即为金相检验面，共有 8 个，它们应为同一方向，如图 2-5 所示，A 为检查面，其中应有一个取自接弧处。

2.4.3　换热管与管板焊接工艺附加评定宏观金相试样截取

换热管与管板焊接工艺附加评定宏观金相试样截取时，切口宽度小于 2mm；切断前将管板加工到大于或等于 13mm 也可，可参见图 2-12。

PQRGB01 换热管与管板焊接工艺附加评定宏观金相试样采用线切割，切割完成后的试样实物如图 2-10 所示，三个宏观金相试样如图 2-11 所示。

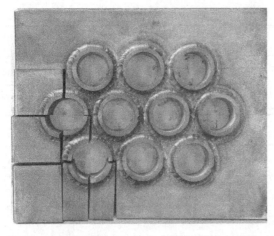

图 2-10　宏观金相试样截取图

图 2-11　宏观金相试样

2.4.4　换热管与管板焊接工艺附加评定宏观金相检验和角焊缝厚度测定

1. 换热管与管板焊接工艺附加评定宏观金相和角焊缝厚度的标准要求

1）将宏观金相试样的检查面磨光，使焊缝区与热影响区界限清晰，采用目视或者 5 倍放大镜进行检验。焊缝根部应焊透，不允许有裂纹、未熔合。角焊缝厚度测定示例图和实物图分别如图 2-12 和图 2-13 所示。

2.4.4　换热管与管板焊接接头金相试验

2）在 8 个金相检验面上测定角焊缝厚度，每个检查面的角焊缝厚度都应大于或等于 2/3 倍的管子壁厚。$\phi 25\text{mm} \times 2.5\text{mm}$ 的换热管的角焊缝厚度必须 ≥ 1.67mm。

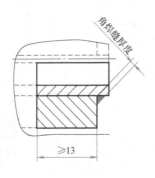

图 2-12　角焊缝厚度测定示例图

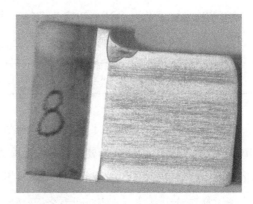

图 2-13　宏观金相试样的检查面实物图

2. 金相试样制作步骤

金相试样制作是分析焊缝区、热影响区以及母材区晶粒差异以及测量焊缝深度的基本步骤。金相试样制作的一般过程为：镶样（可无）→研磨→抛光→腐蚀→冲洗。

（1）镶样　当金相试样切割完毕后，部分试样的大小适中、形状规则，对于该部分试样可以直接进行研磨；而另一部分试样由于大小和形状的限制难以直接进行研磨，要进行镶样处理。镶样方式分为冷镶样和热镶样，其中冷镶样的常见材料包括环氧树脂及牙托粉。冷镶样的步骤为：首先准备好环氧树脂、牙托粉、上下通透的圆筒模具（PVC、金属管、硬纸管塑料瓶盖，手工自卷纸质圆筒均可）以及玻璃板；将玻璃板置于光滑平整表面上，将圆筒模具放在玻璃板上，之后取试样，需要观察的焊缝区朝下（朝向玻璃板）放置于圆筒模具内，加入大约10mL的环氧树脂及适量的牙托粉（牙托粉加入量至少需覆盖试样），静置固化20~30min，冷镶样结束。热镶样需采用镶样机及电木粉，具体步骤是：将试样置于镶样机中，加入定量的电木粉（不同型号镶样机所加电木粉量不同），起动镶样机便可自动进行镶样了。

（2）研磨　试样的研磨一般采用砂纸，操作方式如下：

1）选择适合的砂纸型号，砂纸研磨的顺序为由粗及细。

2）将砂纸置于平整的玻璃板上，一手按压住砂纸，一手拿试样单向推磨；在推磨时，需保证试样受力均匀，防止磨歪、磨斜。

3）当试样表面划痕朝向为所磨方向时，便可更换砂纸，更换更细砂纸后，试样旋转90°再进行推磨，以此类推，直至最细的砂纸推磨完成，此时试样表面较为光滑，无较粗划痕，试样清洗完成后研磨结束。

（3）抛光　抛光分为机械抛光、电解抛光和化学抛光，金相试样制作常用的方式为机械抛光。机械抛光所用设备为抛光机；抛光用的织物包括粗抛用帆布、尼龙（植绒）、无毛呢绒和短毛呢绒等；所使用的抛光剂包括抛光悬浮液、抛光喷雾剂和抛光膏。抛光时首先要将洗净的抛光布固定在抛光机中，切记要保证固定时不得有褶皱。然后起动抛光机，加入抛光剂，将试样按压在抛光布上进行抛光，抛光时可以充分考虑抛光机转速。当试样表面划痕较多、较深时，将其置于抛光布的边缘；当试样表面划痕较浅、较少时，可以将其置于抛光布的中心位置。试样表面接近光滑时可以采用水作为抛光剂将其表面的杂物抛净。肉眼观察试样表面没有划痕后，用酒精将试样擦净，置于光学显微镜下，确保其无划痕以及杂质，抛光结束。

（4）腐蚀　对于不同材质的焊缝，首先要配制合适的腐蚀液，对于部分腐蚀性较强的腐蚀液，除了要掌握腐蚀液的配比，在腐蚀前还需做好自身的保护工作，戴好防护手套和口罩等。然后将腐蚀液均匀地滴在试样表面，待腐蚀液与试样充分反应后腐蚀结束。

（5）冲洗　腐蚀完成后的试样立即用水冲洗，冲洗时间大约为20min。在冲洗时可以充分利用水的冲力，冲洗结束后吹干试样，金相试样制作结束。

换热管与管板焊接工艺附加评定试样宏观金相检验和角焊缝厚度测定完成后，出具试验报告，见表2-13。

表2-13　宏观金相检验报告

委托部门（单位）	XXXXXX 设备有限公司		委托日期	XXXX.XX.XX
报告编号	PQRGB01		报告日期	XXXX.XX.XX
试件名称	□ 原材料试样　　　□焊接材料　　　☑焊接工艺评定试板			
	□焊接试板　　　□纵缝　　　□环缝　　　□其他材料			
牌号、规格	06Cr19Ni10+S30408； ϕ 2.5mm×2.5mm；20mm		试件编号	PQRGB01

（续）

状 态		□退火	□热轧	□正火	□回火	□调质

	试样号	检查情况	角焊缝厚度/mm	结论
宏观金相	1	根部焊透、焊缝熔合、无裂纹	1.89	合格
	2	根部焊透、焊缝熔合、无裂纹	1.88	合格
	3	根部焊透、焊缝熔合、无裂纹	1.9	合格
	4	根部焊透、焊缝熔合、无裂纹	1.91	合格
	5	根部焊透、焊缝熔合、无裂纹	1.88	合格
	6	根部焊透、焊缝熔合、无裂纹	1.89	合格
	7	根部焊透、焊缝熔合、无裂纹	1.88	合格
	8	根部焊透、焊缝熔合、无裂纹	1.87	合格

评定标准　　NB/T 47014—2011附录D　　结论　　　合格　　　

试验员	×××	审核人	×××
日 期	×××	日 期	×××

思考与练习

一、单选题

1. 金相试样制作的一般过程为（　　）。

A. 研磨→抛光→腐蚀→冲洗　　　　　　　B. 抛光→研磨→腐蚀→冲洗

C. 研磨→抛光→冲洗→腐蚀　　　　　　　D. 研磨→腐蚀→抛光→冲洗

2. 采用抛光机进行抛光属于（　　）。

A. 研磨抛光　　　　　B. 机械抛光　　　　　C. 电解抛光　　　　　D. 化学抛光

3. 每张砂纸研磨完成后，试样旋转（　　），更换更细的砂纸继续研磨。

A.45°　　　　　　　　B.90°　　　　　　　　C.135°　　　　　　　　D.180°

二、多选题

1. 换热管与管板焊接工艺附加评定试样金相检验的取样要求（　　）。

A. 任取呈对角线位置的两个管接头切开

B. 两切口互相垂直

C. 切口一侧面应通过换热管中心线，该侧面即为金相检验面，共8个，且应为同一方向

D. 其中应有一个取自接弧处

2. 进行换热管与管板宏观金相检验的主要目的是（　　）。

A. 测量其角焊缝厚度　　　　　　　　　　B. 检查焊缝根部是否焊透

　　C. 检查焊缝根部有无裂纹　　　　　　　D. 检查焊缝根部有无未熔合

3. 下列情况可以进行腐蚀处理的有（　　）。

　　A. 试样表面无划痕　　　　　　　　　　B. 要观察的区域无划痕

　　C. 要观察区域无较深划痕　　　　　　　D. 试样已经研磨完成

三、判断题

1. 砂纸的研磨顺序是先细后粗。（　　）

2. 针对不同材质的焊缝，所采用的金相腐蚀液各不相同。（　　）

3. 换热管与管板焊接前需要用丙酮清洗，清除坡口及两侧 20mm 范围内的油污等杂质。（　　）

4. 换热管与管板胀接后，焊接前不需要清洗。（　　）

四、任务题

分析附录 D 换热器的技术要求，及换热管与管板焊接工艺附加评定预焊接工艺规程（PQRGB02）的要求，根据换热管与管板的焊接性，模拟编写你认为合格的焊接工艺附加评定数据，包括焊接记录、渗透检测报告、宏观金相试样截取加工图和宏观金相检验报告。

2.5　换热管与管板焊接工艺附加评定报告

任务解析

　　根据 NB/T 47014—2011 附录 D 的要求，依据换热管与管板焊接工艺附加评定的试验数据（焊接记录、渗透检测报告和宏观金相检验报告），如实填写换热管与管板焊接工艺附加评定报告，并判断其是否合格。

任务实施

2.5.1　换热管与管板焊接工艺附加评定的孔桥宽度

1. 孔桥宽度的计算

　　按照 GB/T 151—2014 第 8.4.5 条规定，换热管管板孔桥宽度 B 和最小孔桥宽度 $B_{\min}$ 的计算公式为

$$B=(S-d_{\mathrm{h}})-\Delta_1$$

$$B_{\min}=0.6(S-d_{\mathrm{h}})$$

式中　B——允许孔桥宽度（mm）；

　　　S——换热管中心距（mm）；

　　　d_{h}——管孔直径（mm）；

　　　Δ_1——孔桥偏差（mm），当 $d \geqslant 16$mm 时，$\Delta_1 \approx 2\Delta_2+0.76$；

　　　Δ_2——钻头偏移量（mm），$\Delta_2=0.041 \times \delta/d$；

　　　d——换热管外径（mm）；

　　　δ——管板厚度（mm）。

换热管外径为 14~35mm 的钢制 II 级管束孔桥宽度见表 2-14。

表 2-14　钢制 II 级管束孔桥宽度　　　　　　　　（单位：mm）

| 换热管外径d | 换热管中心距S | 管孔直径dh | 名义孔桥宽度S-dh | 允许孔桥宽度B | | 最小孔桥宽度Bmin |
| | | | | 管板厚度δ | | |
				20	40	
14	19	14.30	4.70	4.07	3.96	2.82
16	22	16.30	5.70	4.84	4.74	3.42
19	25	19.30	5.70	4.85	4.77	3.42
25	32	25.30	6.70	5.87	5.81	4.02
30	38	30.40	7.60	6.79	6.73	4.56
32	40	32.45	7.55	6.74	6.69	4.53
35	44	35.45	8.55	7.74	7.70	5.13

2. 孔桥宽度的测量

PQRGB01 换热管与管板的孔桥宽度，在管板钻孔完成后，用游标卡尺测量。孔桥宽度的最小值为 6.48mm，实物如图 2-14 所示。

图 2-14　PQRGB01 焊接工艺附加评定试板孔桥宽度测量

2.5.2　编制冷凝器换热管与管板焊接工艺附加评定报告

选用 NB/T 47014—2011 中焊接工艺附加评定报告的格式，按照换热管与管板的焊接记录、渗透检测报告和宏观金相检验报告如实填写焊接工艺附加评定报告中的各项内容；换热管与管板接头简图中要标注母材类别、换热管外径、管壁厚、管孔周边管板结构、预置金属衬套形状与尺寸、孔桥宽度，同时判断报告是否合格。PQRGB01 换热管与管板焊接工艺附加评定报告见表 2-15。

表 2-15　PQRGB01 换热管与管板焊接工艺附加评定报告

单位名称＿＿＿＿＿＿＿＿＿＿＿＿＿＿×××××设备有限公司＿＿＿＿＿＿＿＿＿＿＿＿＿＿＿

焊接工艺附加评定报告编号＿＿＿＿PQRGB01＿＿＿＿＿焊接工艺卡编号＿＿＿＿pWPSGB01＿＿＿＿

接头简图

换热管与管板接头：Fe-8-1；孔桥宽度6.48mm

评定因素：

焊接方法及机动化程度＿＿＿＿＿GTAW、手工＿＿＿＿

焊接位置＿＿＿＿＿＿水平固定（5FG）＿＿＿＿＿

焊丝直径＿＿＿＿＿＿＿ϕ2.0 mm＿＿＿＿＿＿

填充金属公称直径（＿＿＿＿＿＿／＿＿＿＿＿＿＿

手工焊时立焊方向（向上、向下）＿＿＿向上＿＿＿

角焊缝厚度＿＿＿＿1.87～1.91 mm＿＿＿＿＿

每面单道焊/多道焊＿＿＿＿＿多道＿＿＿＿＿＿

焊接电流值＿＿100A、110 A＿＿＿＿＿

预置金属衬套＿＿＿＿＿＿／＿＿＿＿＿＿＿＿＿

预置金属衬套的形状与尺寸＿＿＿＿＿／＿＿＿＿

换热管与管板的连接方式＿＿＿先胀+后焊＿＿＿＿

换热管与管板接头的清理方法＿＿＿丙酮清洗＿＿＿

外观检验：　　　　　　　　　　　　　报告编号＿＿＿＿＿／＿＿＿＿＿

结果＿＿＿＿＿＿＿无裂纹＿＿＿＿＿＿＿＿＿

渗透检验：　　　　　　　　　　　　　报告编号＿＿＿PQRGB01＿＿＿

接头编号	1	2	3	4	5	6	7	8	9	10
有、无裂纹	无	无	无	无	无	无	无	无	无	无

金相检验：　　　　　　　　　　　　　报告编号＿＿＿PQRGB01＿＿＿

检验面编号	1	2	3	4	5	6	7	8	是否合格
有无裂纹、未熔合	无	无	无	无	无	无	无	无	合格
角焊缝厚度/mm	1.89	1.88	1.9	1.91	1.88	1.89	1.88	1.87	合格
是否焊透	是	是	是	是	是	是	是	是	合格

结论：本附加评定按NB/T 47014 2011—2011附录D规定焊接试件、检验试样，确认试验记录正确

评定结果：（合格、不合格）　　　　　　　　　合格

（续）

焊工姓名	×　×　×		焊工代号	xx		施焊日期		xxx.xx.xx	
编制	xxx	日期	xxx	审核	（焊接责任工程师）	日期	xxx	批准	（技术总负责人）	日期	xxx

思考与练习

一、单选题

1. 按 NB/T 47014—2011 附录 D 规定，$\phi 25mm \times 2.5mm$ 的换热管与管板名义孔桥宽度是（　　）mm。

　　A.6.70　　　　　　　　B.6.48　　　　　　　　C.7.55　　　　　　　　D.5.87

2. 如 $\phi 32mm \times 3mm$ 的换热管与管板评定合格后，其最小孔桥宽度是 6.84mm，其能够适用于焊件的孔桥宽度为（　　）。

　　A. 不限　　　　　　　B.6.84mm　　　　　　C. $\geqslant$ 6.156mm　　　D. < 6.84mm

二、多选题

1. 换热管与管板宏观金相检验的合格标准是（　　）。

　　A. 测量其角焊缝厚度　　　　　　　　　　B. 检查焊缝根部是否焊透

　　C. 检查焊缝根部有无裂纹　　　　　　　　D. 检查焊缝根部有无未熔合

2. 换热管与管板接头简图中要标注（　　）。

　　A. 母材类别　　　　　　　　　　　　　　B. 换热管外径和管壁厚

　　C. 管孔周边管板结构、预置金属衬套形状与尺寸　　D. 孔桥宽度

三、判断题

1. 外观检查和渗透检测的合格标准都是无裂纹。（　　）

2. 金相检验的合格标准是根部已焊透。（　　）

四、任务题

按照标准 NB/T 47014—2011 的推荐格式，根据完善的 PQRGB02 焊接记录、渗透检测报告和宏观金相检验报告，编制 PQRGB02 换热管与管板焊接工艺附加评定报告。

2.6　冷凝器换热管与管板焊接工艺卡

任务解析

　　分析冷凝器的技术要求和合格的焊接工艺评定报告，根据企业生产条件，确定合适的焊接参数和焊接工艺措施，编制换热管与管板焊接接头的焊接工艺卡，指导产品焊接生产。

任务实施

2.6.1　换热管与管板焊接工艺评定选择

编制换热管与管板焊接工艺规程，首先要选择能够支撑换热管与管板焊接接头的合格工艺评定，根据 NB/T 47014—2011 附录 D，换热管与管板焊接接头的焊缝（限对接焊缝、角焊缝及其组合焊缝）可当作角焊缝进行焊接工艺评定，所以换热管与管板焊接时，编制焊接工艺规程必须以已经评定合格的对接焊缝工艺评定和附加工艺评定为依据。

选择焊接工艺评定时，先按照通用评定规则选择，一般按照唯一性先选择，即按焊接方法→焊后热处理→母材→厚度范围→焊接材料的顺序选择工艺评定。冷凝器换热管与管板 C12 焊接接头根据已有的合格焊接工艺评定，选择 PQR05 和 PQRGB01 两个工艺评定，它们的焊件覆盖范围见表 2-16。

表 2-16　冷凝器用合格焊接工艺评定项目

评定编号	焊接工艺评定试件				焊件		
	焊接方法	焊后热处理	母材	母材厚度/mm	焊缝代号	母材厚度范围/mm	焊缝金属厚度范围/mm
PQR05	GTAW	无	S30408	10	C12（角焊缝）	不限	不限
PQRGB01	GTAW	无	06Cr19Ni10 + S30408	管壁厚 2.5		管壁厚 2.125~2.875	/

2.6.2　换热管与管板焊接工艺卡编制要点

1. 分析换热管与管板对接焊缝和附加评定专用重要因素

换热管与管板焊接工艺卡编制的依据有两个合格的焊接工艺评定，要同时符合 NB/T 47014—2011 正文和附录 D 的要求，分析奥氏体不锈钢采用手工钨极氩弧焊时的对接焊缝焊接工艺评定和换热管与管板附加评定规则中的专用重要因素，见表 2-17。从表 2-17 中分析可知，编制换热管与管板焊接工艺卡时，两个评定的重要因素都不能改变。

表 2-17　换热管与管板对接焊缝和附加评定专用重要因素对照表

焊接工艺	PQR05	PQRGB01
焊接材料	增加或取消填充金属	改变填充丝或焊丝的公称直径
	实芯、药芯焊丝和金属粉之间变更	
	改变单一保护气体种类；改变混合保护气体规定配比；从单一保护气体改用混合保护气体或反之；增加或取消保护气体	

（续）

焊接工艺	PQR05	PQRGB01
焊接接头	/	增加或去除预置金属；改变预置金属衬套的形状与尺寸
	/	焊前增加管子胀接
预热	预热温度比评定合格值降低50℃以上	/
焊前清理	/	改变焊前清理方法
焊接位置和方向	/	变更管子与管板接头焊接位置
	/	改变手工焊的立焊方向
焊接层数	/	每面单道焊改为每面多道焊，或反之
焊接电流	/	评定合格的电流值变更10%

2. 预热和层间温度

由于奥氏体不锈钢有较好的塑性，冷裂倾向较小，因此一般不预热。按照 NB/T 47015—2011 第 4.4.3 条规定，奥氏体不锈钢的最高道间温度不宜大于 150℃。

3. 焊后热处理

奥氏体高合金钢的组织和焊后热处理对其耐晶间腐蚀、耐应力腐蚀、抗裂纹敏感性及力学性能有很大关系。经焊后热处理的奥氏体高合金钢可以减少残余应力，降低应力腐蚀及开裂敏感性，但焊后热处理不当时，又会加剧晶间腐蚀或 σ 相脆化，焊后热处理与否对奥氏体高合金钢的安全使用性能影响尚不清楚。

一般情况下，奥氏体不锈钢不进行焊后热处理。如果工件工作温度高于 450℃，且介质腐蚀性强，即对工件耐蚀性要求较高时，可进行焊后固溶处理或稳定化退火。如果整体无法退火时，可对焊缝进行局部退火。

4. 施焊条件

焊接高合金钢压力容器的场地应与其他类别的材料分开，地面应铺设防划伤垫。在组对定位过程中要注意保护不锈钢表面，以防止发生机械损伤而影响耐蚀性。

2.6.3 编制换热管与管板焊接工艺卡

依据合格的焊接工艺评定报告和企业的实际条件，编制换热管与管板焊接工艺卡，见表 2-18。

表 2-18 换热管与管板焊接工艺卡

接头简图：

焊接工艺卡编号	HK03-10
图号	E02
接头名称	换热管与管板
接头编号	C12
焊接工艺评定报告编号	PQRGB01、PQR05
焊工持证项目	GTAW-FeIV-5FG-12/14-FefS-02/10/12

焊接工艺程序

1. 用丙酮清洗，清理坡口内及20mm范围内的油污等
2. 按照接头简图装配组对，采用GTAW点固
3. 进行胀接，并清洗
4. 焊接层数和参数严格按本工艺卡要求进行
5. 焊接过程中略微摆动焊枪，每层焊接完成后必须采用砂轮机清理打磨，方可进行下道焊接
6. 焊工自检合格后，按规定定记号笔写上钢印代号

	牌号	厚度/mm	焊脚尺寸/mm
母材	S30408	2.5	
	S30408	40	
焊缝金属	GTAW		1.5

层道	焊接方法	填充材料 牌号	直径/mm	焊接电流 极性	电流/A
1	GTAW	ER308	φ2.0	直流正接	90~120
2	GTAW	ER308	φ2.0	直流正接	90~120

检验 序号	本厂	监检单位	第三方或用户
1	外观	特检院	/
2	水压	特检院	/

	电弧电压/V	焊接速度/(cm/min)	热输入/(kJ/cm)
	14~18	8~12	/
	14~18	8~12	/

焊接位置	5FG
预热温度/°C	室温
道间温度/°C	≤150
焊后热处理	/
后热	/
钨极直径mm	φ2.4，2%钍
喷嘴直径/mm	10
气体成分	Ar 99.99%
气体流量/(L/min)	正面：8~12 背面：5~8

编制	XXX	日期 XX	审核	XXX	日期 XX	批准	XXX	日期

（焊接责任工程师）

思考与练习

一、单选题

1. 换热管与管板焊接工艺卡中的焊接电流需参照（　　）填写更合适。

　　A. 对接焊缝合格评定　　B. 焊接工艺附加评定　　C. 二者都是　　　　　　D. 二者都不是

2. 换热管与管板焊接工艺卡中的焊前清理需参照（　　）填写更合适。

　　A. 对接焊缝合格评定　　B. 焊接工艺附加评定　　C. 二者都是　　　　　　D. 二者都不是

3. 换热管与管板的钨极氩弧焊工艺卡中的焊接保护气体需参照（　　）填写更合适。

　　A. 对接焊缝合格评定　　B. 焊接工艺附加评定　　C. 二者都是　　　　　　D. 二者都不是

4. 换热管与管板的钨极氩弧焊工艺卡中的焊接位置需参照（　　）填写更合适。

　　A. 对接焊缝合格评定　　B. 焊接工艺附加评定　　C. 二者都是　　　　　　D. 二者都不是

5. 换热管 $\phi25mm \times 2.5mm$ 与管板焊接工艺评定合格后能覆盖的焊件厚度范围为（　　）mm。

　　A. 1.67~2.5　　　　　B. > 2.5　　　　　　C. 2.125~2.875　　　　D. ≤ 2.5

6. 换热管 $\phi32mm \times 3mm$ 与管板焊接工艺评定合格后能覆盖的焊件厚度范围为（　　）mm。

　　A. 2~3　　　　　　　B. > 2.5　　　　　　C. 2.55~3.45　　　　　D. ≤ 2.5

二、判断题

1. 按 NB/T 47014—2011 附录 D 规定，评定合格后改变焊前清理方法不需要重新评定。（　　）

2. 按 NB/T 47014—2011 附录 D 规定，评定合格后由每面单道焊改为每面多道焊不需要重新评定。

　　（　　）

3. 按 NB/T 47014—2011 附录 D 规定，评定合格后由每面多道焊改为每面单道焊需要重新评定。（　　）

4. 按 NB/T 47014—2011 附录 D 规定，评定合格后评定合格的电流值变更 10% 需要重新评定。（　　）

5. 按 NB/T 47014—2011 附录 D 规定，评定合格后变更管子与管板接头焊接位置需要重新评定。（　　）

6. 按 NB/T 47014—2011 附录 D 规定，钨极气体保护焊评定合格后改变填充丝需要重新评定。（　　）

7. 按 NB/T 47014—2011 附录 D 规定，钨极气体保护焊评定合格后改变填充丝公称直径不需要重新评定。（　　）

8. 按 NB/T 47014—2011 附录 D 规定，手工焊评定合格后改变焊接方向不需要重新评定。（　　）

三、任务题

分析换热器的技术要求，按照 NB/T 47014—2011 的推荐格式，选择合适的焊接工艺评定，编制换热器换热管与管板焊接接头的焊接工艺卡。

项目三
ASME 压力罐焊接工艺评定及规程编制

项目导入

随着国外工程项目的增加，承接的出口产品越来越多，本项目选用按照国际最通用的美国机械工程师学会ASME标准设计的压力罐为项目载体，设计了压力罐壳体 A 类焊缝焊接工艺评定报告和焊接工艺规程以及焊接技能评定两个教学任务。通过"教、学、做"一体化的教学，使学生熟悉 ASME 标准的结构，理解 ASME 标准中焊条电弧焊焊接工艺规程和焊接技能评定的变素，能按照 ASME 标准和合格的焊接工艺评定报告，编制压力罐壳体 A 类焊接接头的焊接工艺规程；理解压力罐壳体 A 类焊接接头的焊接技能评定要求，并能按照 ASME 标准确定其焊接技能评定范围，培养学生的国际交流能力、专业英语水平和产品质量意识，以及可持续发展的能力。

学习目标

1. 理解 ASME BPVC. IX卷焊接工艺评定和焊接工艺规程的基本要求。

2. 理解 ASME BPVC. IX卷焊接技能评定的基本要求。

3. 能够按照 ASME BPVC. IX卷和合格的焊接工艺评定，编制焊接工艺规程。

4. 能够按照 ASME BPVC. IX卷进行焊接技能评定。

5. 锻炼学生查阅资料、自主学习和勤于思考的能力。

6. 具有尊重和自觉遵守法规、标准的意识。

7. 培养国际化人才，加强终生学习和可持续发展的能力。

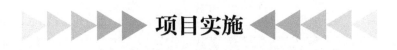

3.1 压力罐壳体 A 类焊缝焊接工艺评定报告和焊接工艺规程（ASME）

任务解析

按照 ASME BPVC.Ⅷ－1 卷识读压力罐图样的焊接工艺性和焊接接头示意图，理解压力罐壳体 A 类焊接接头的焊接工艺评定报告，按照合格的焊接工艺评定报告和 ASME 标准中焊条电弧焊的工艺变素要求，编制压力罐壳体 A 类焊接接头的焊接工艺规程。

必备知识

3.1.1 分析 ASME 压力罐焊接结构

识读压力罐产品图样，ASME BPVC.Ⅷ－1 卷 UW 部分规定了焊制压力容器的要求，依据 UW-3 对焊接接头分类。

这里所采用的分类是指接头在容器上的位置，而不是接头的形式。这里规定的"分类"通用于本项目，用于指定对某些承压焊接接头的形式和检查程度的特殊要求。由于这些特殊要求依据用途、材料及厚度来确定，并不适用于每种焊接接头，因此仅是那些适用特殊要求的接头才包括在分类之内。这些特殊要求只有专门说明时才用于所指类别的接头。焊接接头分为 A、B、C、D 类。A、B、C 和 D 类焊接接头的典型位置如图 3-1 所示。

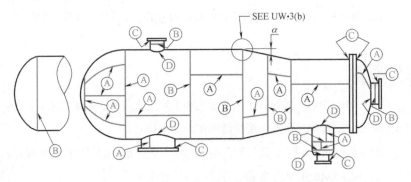

图 3-1 A、B、C 和 D 类焊接接头的典型位置

（1）A 类 主壳、连通受压室、变径段或接管上的纵向焊接接头；球壳、成形封头或平封头及平板容器的边板上的任何焊接接头；连接球形封头与主壳体、变径段、接管或连通受压室的环向焊接接头。

（2）B 类 主壳、连通受压室、接管或变径段上的环向焊接接头（包括变径段与圆柱形壳体大、小端之间的环向焊接接头）；连接成形封头（不包括球形封头）与主壳、变径段、接管或连通受压室的环向焊接接头。

（3）C类　连接法兰、翻边搭环(Van Stone Laps)、管板或平封头与主壳体、成形封头、变径段、接管或连通受压室的焊接接头；连接平板容器的边板的任何焊接接头。

（4）D类　连接连通受压室或接管与主壳体、球壳、变径段、封头或平板容器的焊接接头；以及连接接管与连通受压室的焊接接头（接管在变径段小端，见 B 类）。

3.1.2　ASME 压力罐壳体 A 类焊缝焊接工艺评定报告

依据 ASME 规范第Ⅸ卷的要求，压力罐壳体 A 类焊接接头的焊接生产前，已经完成了焊接工艺评定试件制备、焊接和检验、弯曲试验等，完成的焊接工艺评定报告记录（PQR）见表 3-1。

表 3-1　ASME 焊接工艺评定报告 PQR06

Procedure Qualification Records （PQR）
焊 接 工 艺 评 定 记 录

Organization name组织名称：＿×××××设备有限公司＿

PQR No.工艺评定记录编号 PQR06＿　Date日期＿×××＿

WPS No.焊接工艺规程编号 WPS06＿

Welding Process（es）焊接方法＿SMAW＿　Type（s）自动化程度＿Manual手工＿

JOINTS（QW-402）接头

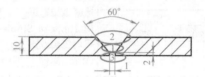

Groove Design of Test Coupon 试件坡口图

BASE METALS （QW-403）母材	POSTWELD HEAT TREATMENT （QW-407）焊后热处理
Material Spec.材质＿SA516＿ Type/Grade, or UNS No.型号/等级或UNS号 ＿SA516Gr.70＿ P-No_1_ Group No. _2_ to P-No_1_ Group No. _2_ Thickness of Test Coupon厚度＿10mm＿ Diameter of Test Coupon 直径＿NA不适用＿ Maximum Pass Thickness 每层焊道最大厚度 ＿4mm＿ Other 其他＿None没有＿	Temperature温度＿None没有＿℃ Time保温时间＿None没有＿ Other其他＿None没有＿

（续）

FILLER METALS（QW-404）填充金属	GAS（QW-408）保护气体

FILLER METALS（QW-404）填充金属

SFA Specification标准号_____SFA5.1_____
AWS Classification分类号_____E7015_____
Filler Metal F-No.焊材类别号_____4_____
Weld Metal Analysis A-No. 熔敷金属类别号____1____
Size of Filler Metal焊材规格___ϕ3.2mm、ϕ4mm___
Filler Metal Product Form填充金属形式_NA不适用_
Supplemental Filler Metal 附加填充金属_None没有_
Electrode Flux Classification焊丝-焊剂_NA不适用_
Flux Type 焊剂类型_____NA不适用_____
Flux Trade Name焊剂牌号____NA不适用____
Weld Metal Thickness焊缝金属厚度___10mm___
Other其他_____None没有_____

GAS（QW-408）保护气体

Percent Composition气体组成

	Gas气体 Mixture混合比	Flow Rate流量
Shielding保护气	NA NA	NA
Trailing尾部保护气	NA NA	NA
Backing背部保护气	NA NA	NA
Other其他	None没有	

ELECTRICAL CHARACTERISTICS（QW-409）电特性

	1	2	3
Current电流种类	DC直流	DC直流	DC直流
Polarity极性	EP反接	EP反接	EP反接
Amps电流/A	20/ϕ3.2	180/ϕ4	180/ϕ4
Volts电压/V	24/ϕ3.2	28/ϕ4	28/ϕ4

Tungsten Electrode Size钨极尺寸_NA不适用_
Mode of Metal Transfer for GMAW（FCAW）金属过渡模式_____NA不适用_____
Heat Input热输入_____NA不适用_____
Other其他_____None没有_____

POSITION（QW-405）焊接位置

Position of Groove坡口位置_____1G_____
Weld Progression（Uphill, Downhill）
焊接方向（向上，向下）___NA不适用___
Other 其他_____None没有_____

PREHEAT 预热（QW-406）

Preheat Temp.预热温度_____5_____℃
Interpass Temp.层间温度_____300_____℃
Other其他_____None没有_____

TECHNIQUE（QW-410）技术措施

Travel Speed焊接速度____14~16cm/min____
String or Weave Bead
摆动与不摆动焊：____both两者都有____
Oscillation摆动参数___NA不适用___
Multiple or Single Pass（per side）
多道或单道焊____Multiple Pass多道焊____
Multiple or Single Electrodes
多丝或单丝焊_____NA不适用_____
Other 其他：__Use of thermal process__

Tensile Test（QW-150）拉伸试验 PQR No.__PQR06__

Specimen No. 试样号	Width 宽度/ mm	Thickness 厚度/ mm	Area 面积/ mm²	Ultimate Total Load 极限总载荷/kN	Ultimate Unit Stress 抗拉强度/ MPa	Type of Failure & Location 断裂性质与位置
L-01	19	9.5	180.5	108	598	韧性、热影响区 Ductile,HAZ
L-02	19	9.7	184.3	107	580	韧性、热影响区 Ductile,HAZ

Guided-Bend Tests（QW-160） 导向弯曲试验

Type and Figure No.类型和图号	Result结果
Side Bend侧弯 QW-462.2	Acceptable合格
Side Bend侧弯 QW-462.2	Acceptable合格
Side Bend侧弯 QW-462.2	Acceptable合格
Side Bend侧弯 QW-462.2	Acceptable合格

（续）

<table>
<tr><th colspan="8">Toughness Tests（QW-170）韧性试验</th></tr>
<tr><td rowspan="2">Specimen No.
_____
试样号</td><td rowspan="2">Notch Location
缺口位置</td><td rowspan="2">Specimen Size
试样尺寸</td><td rowspan="2">Test Temp.
试验温度/
℃</td><td colspan="3">Impact Values
冲击吸收
能量</td><td rowspan="2">Drop Weight Break
（Y/N）
落锤试验（断裂/否）</td></tr>
<tr><td>J</td><td>%Shear</td><td>mm</td></tr>
<tr><td>/</td><td></td><td></td><td></td><td></td><td></td><td></td><td></td></tr>
<tr><td></td><td></td><td></td><td></td><td></td><td></td><td></td><td></td></tr>
</table>

Comments结论_____

Fillet-Weld Test（QW-180）角焊缝试验 NA

Result-Satisfactory结果满意度: Yes是 / No 否 / Penetration into Parent Metal母材熔透: Yes是 / No 否/

Macro-Results 宏观检测结果_____/_____

Other Tests其他试验　NA

Type of Test试验类型_____/_____

Deposit Analysis 熔敷金属成分_____/_____

Other 其他_____/_____

Welder's Name焊工姓名_XXX_ Clock No.上班考勤卡编号_XXX_ Stamp No.钢印号_XXX_

Tests Conducted by试验者___XXX___ Laboratory Test No. 试验室编号___XXXX___

We certify that the statements in this record are correct and that the test welds were prepared, welded, and tested in accordance with the requirements of Section IX of ASME Boiler and Pressure Vessel Code.

兹证明本报告所述均属正确，并且试验是根据ASME规范第Ⅸ卷的要求进行试件的准备、焊接和试验的。

Organization:_____XXXXXXX设备有限公司_____

Date:___XXX___　　Certified by:___XXXXXX___（WEC）

3.1.3　ASME 焊条电弧焊焊接工艺规程变素及解释

1. ASME 焊条电弧焊焊接工艺规程变素

依据合格的焊接工艺评定报告 PQR06，编制 WPS06，按照 ASME QW-253 条规定，焊条电弧焊焊接工艺规程变素，见表 3-2。

表 3-2　ASME 焊条电弧焊焊接工艺规程变素（Table QW-253）

Paragraph节号		Brief of Variables变素简述	Essential 重要变素	Supplementary Essential 附加重要变素	Nonessential 非重要变素
QW-402 Joints 接头	.1	φ Groove design坡口设计			×
	.4	– Backing衬垫			×
	.10	φ Root spacing根部间距			×
	.11	± Retainers成形块			×

（续）

Paragraph节号		Brief of Variables变素简述	Essential 重要变素	Supplementary Essential 附加重要变素	Nonessential 非重要变素
QW-403 Base Metals 母材	.5	ϕ Group Number组号		×	
	.6	T Limits impact母材厚度 T 的范围		×	
	.8	ϕ T Qualified评定的母材厚度T	×		
	.9	t Pass > 1/2 in.（13 mm）焊道 厚度t > 1/2 in.（13 mm）	×		
	.11	ϕ P–No. qualified 评定的类别号	×		
QW-404 Filler Metals 填充金属	.4	ϕ F–Number	×		
	.5	ϕ A–Number	×		
	.6	ϕ Diameter直径			×
	.7	ϕ Diameter > 1/4 in.（6mm） 直径>6 mm		×	
	.12	ϕ Classification焊条类别号		×	
	.30	ϕ t焊缝金属厚度	×		
	.33	ϕ Classification焊条类别号			×
QW-405 Positions 焊接位置	.1	+ Position焊接位置			×
	.2	ϕ Position焊接位置		×	
	.3	ϕ ↑↓ Vertical welding立焊			×
QW-406 Preheat预热	.1	Decrease>100° F（55℃） 预热温度降低> 55℃	×		
	.2	ϕ Preheat maint. 预热保持时间			×
	.3	Increase>100°F（55℃）（IP） 层间温度提高>55℃（IP）		×	
QW-407 PWHT焊后热 处理	.1	ϕ PWHT 焊后热处理	×		
	.2	ϕ PWHT（T & T range） 焊后热处理（T及T的范围）		×	
	.4	T Limits T 的范围	×		
QW-409 Electrical Characteristics 电特性	.1	> Heat input 热输入		×	
	.4	ϕ Current or polarity 电流或极性		×	×
	.8	ϕ I & E range 电流、电压范围			×

（续）

Paragraph节号		Brief of Variables变素简述	Essential 重要变素	Supplementary Essential 附加重要变素	Nonessential 非重要变素
QW-410 Technique 技术措施	.1	ϕ String/weave直进/横摆			×
	.5	ϕ Method of cleaning清理方法			×
	.6	ϕ Method of back gouge 背面清根方法			×
	.9	ϕ Multiple to single pass/side 每面多道焊到每面单道焊		×	×
	.25	ϕ Manual or automatic 手工焊/自动焊			×
	.26	± Peening锤击			×
	.64	Use of thermal processes 热过程的使用	×		

Legend说明：

　+Addition增加；>Increase/greater than增大/大于；↑Uphill上坡焊；← Forehand左焊法；ϕChange改变；

　–Deletion取消；<Decrease/less than减少/小于；↓Downhill下坡焊；→ Backhand右焊法。

2. ASME 焊条电弧焊焊接工艺规程变素解释

QW-402　Joints 接头

QW-402.1　ϕ Groove design　改变坡口设计（6）[⊖]

A change in the type of groove （Vee-groove, U-groove, single-bevel, double-bevel, etc.）.

坡口形式（V 形、U 形、单斜边、K 形等）的改变。

QW-402.4 –Backing　取消衬垫（8）

The deletion of the backing in single-welded groove welds. Double-welded groove welds are considered welding with backing.

单面焊坡口焊缝取消衬垫。双面焊坡口焊缝按有衬垫考虑。

QW-402.10　ϕ Root spacing 改变根部间距（7）

A change in the specified root spacing.

规定的坡口根部间距的改变。

QW-402.11　± Retainers　增加或取消成形块

The addition or deletion of nonmetallic retainers or nonfusing metal retainers.

增加或取消非金属的或非熔化的金属成形块。

QW-403　Base Metals 母材

QW-403.5　ϕ Group Number 改变组号（11）

⊖　此处编号与表 3-7 中编号对应。

Welding procedure specifications shall be qualified using one of the following:

焊接工艺评定应使用：

1）the same base metal（including type or grade）to be used in production welding.

使用与产品焊接相同的母材（包括型号或等级）。

2）for ferrous materials, a base metal listed in the same P−Number Group Number in Table QW/QB−422 as the base metal to be used in production welding.

对于铁基材料，使用与产品焊接有相同 P−No. 和组号的母材（见表 QW/QB−422）。

3）for nonferrous materials, a base metal listed with the same P−Number UNS Number in Table QW/QB−422 as the base metal to be used in production welding.

对于非铁基材料，使用与产品焊接有相同 P−No. 和 UNS No. 的母材（见表 QW/QB−422）。

For ferrous materials in Table QW/QB−422, a procedure qualification shall be made for each P−Number Group Number combination of base metals, even though procedure qualification tests have been made for each of the two base metals welded to itself. If, however, two or more qualification records have the same essential and supplementary essential variables, except that the base metals are assigned to different Group Numbers within the same P−Number, then the combination of base metals is also qualified. In addition, when base metals of two different P−Number Group Number combinations are qualified using a single test coupon, that coupon qualifies the welding of those two P−Number Group Numbers to themselves as well as to each other using the variables qualified. This variable does not apply when impact testing of the heat−affected zone is not required by other Sections.

对于在表 QW/QB−422 中所列的铁基材料，应对每种不同 P−No. 和组别号的组合进行工艺评定，即使这两种母材各自已分别进行过工艺评定，仍应按每个 P−No. 和组别号的组合进行工艺评定。但是，倘若有两个或更多评定记录表明除了母材是在同一 P−No. 下有不同的组别号，且有相同的重要变素和附加重要变素，则该母材组合与可看作已通过评定。此外，如两种不同 P−No. 和组别号的母材是采用同一试件进行评定的，则这个试件不但对这两个 P−No. 和组别号的母材两者相互焊接做了评定，同时也对它们两者采用评定的变素自身相焊做了评定。当其他卷不要求做热影响区的冲击试验时，本条款不适用。

QW−403.6 *T* Limits impact 母材厚度 *T* 的范围

The minimum base metal thickness qualified is the thickness of the test coupon *T* or 5/8 in. （16 mm）, whichever is less. However, where *T* is less than 1/4 in. （6 mm）, the minimum thickness qualified is 1/2*T*. This variable does not apply when a WPS is qualified with a PWHT above the upper transformation temperature or when an austenitic or P−No.10H material is solution annealed after welding.

评定的母材最小厚度为试件厚度 *T* 或 5/8in.（16mm），取两者中较小值。但如试件厚度小于 1/4in.（6mm），则评定的最小厚度为 *T*/2。但当被评定的 WPS 需经高于上转变温度的焊后热处理或当奥氏体或 P−No. 10H 材料焊后经固溶处理时，不受本条款约束。

QW-403.8　*ϕ T* Qualified　改变评定的母材厚度 *T*（13）

A change in base metal thickness beyond the range qualified in QW-451, except as otherwise permitted by QW-202.4（b）.

除 QW-202.4（b）允许外，母材厚度的变化超过 QW-451 规定的评定范围。

焊接工艺评定厚度范围和试样见表 3-3；以坡口焊缝试验评定角焊缝时，工艺评定厚度范围及试样见表 3-4。

表 3-3　焊接工艺评定厚度范围和试样（QW-451）

Thickness *T* of Test Coupon, Welded 焊接试件厚度 *T*/in.（mm）	Range of Thickness *T* of Base Metal, Qualified, 母材评定度厚*T*的范围in./mm [Notes（1）and（2）]		Maximum Thickness *t* of Deposited Weld Metal, Qualified, 熔敷焊缝金属评定的最大厚度*t*/ in.（mm）[Notes（1）and（2）]	Type and Number of Tests Required 试验项目和数量（Tension and Guided-Bend Tests）拉伸试验和导向弯曲试验 [Note（2）]			
	min	Max.		Tension, 拉伸 QW-150	Side Bend, 侧弯 QW-160	Face Bend, 面弯 QW-160	Root Bend, 背弯 QW-160
Less than $^1/_{16}$（1.5）	*T*	2*T*	2*t*	2	—	2	2
$^1/_{16}$ to $^3/_8$（1.5 to 10），incl.	$^1/_{16}$（1.5）	2*T*	2*t*	2	Note（5）	2	2
Over $^3/_8$（10），but less than $^3/_4$（19）	$^3/_{16}$（5）	2*T*	2*t*	2	Note（5）	2	2
$^3/_4$（19）to less than $1^1/_2$（38）	$^3/_{16}$（5）	2*T*	2*t*,when *t* <$^3/_4$（19）	2 [Note（4）]	4	—	—
$^3/_4$（19）to less than $1^1/_2$（38）	$^3/_{16}$（5）	2*T*	2*t*, when *t* <$^3/_4$（19）	2 [Note（4）]	4	—	—
$1^1/_2$（38）to 6（150），incl.	$^3/_{16}$（5）	8（200）[Note（3）]	2*t*, when *t* < $^3/_4$（19）	2 [Note（4）]	4	—	—
$1^1/_2$（38）to 6（150），incl.	$^3/_{16}$（5）	8（200）[Note（3）]	8（200）[Note（3）] when *t*≥ $^3/_4$（19）	2 [Note（4）]	4	—	—
Over 6（150）[Note（6）]	$^3/_{16}$（5）	1.33*T*	2*t*, when *t* < $^3/_4$（19）	2 [Note（4）]	4	—	—
Over 6（150）[Note（6）]	$^3/_{16}$（5）	1.33*T*	1.33*T* when *t*≥ $^3/_4$（19）[Note（3）]	2 [Note（4）]	4	—	—

NOTES注:

(1) The following variables further restrict the limits shown in this table when they are referenced in QW-250 for the process under consideration: QW-403.9, QW-403.10, QW-404.32, and QW-407.4. Also, QW-202.2, QW-202.3, and QW-202.4 provide exemptions that supersede the limits of this table.

当QW-250中特定焊接方法参照下列变素: QW-403.9、QW-403.10、QW-404.32 和QW-407.4 时，对表中所列的评定厚度范围有进一步的限制。另外，QW-202.2,、QW-202.3 和QW-202.4 规定了本表评定范围的例外情况。（原注1中的QW-403.2、3、6似乎不应取消，因为这些变素都是对某些焊接方法评定厚度范围有进一步限制的规定。——译者注）

(2) For combination of welding procedures, see QW-200.4.

对于组合焊接工艺，见QW-200.4。

(3) For the SMAW, SAW, GMAW, PAW, and GTAW welding processes only;otherwise per Note（1）or 2T, or 2t , whichever is applicable.

仅仅适用于SMAW、SAW、GMAW、PAW或GTAW，其他按注（1）、2T或2t, 视其厚度范围而定。

(4) See QW-151.1, QW-151.2, and QW-151.3 for details on multiple specimens when coupon thicknesses are over 1 in.（25 mm）.

当试件厚度大于1 in.（25 mm）时，需采用多个试样，详见QW-151.1、QW-151.2 和QW-151.3。

(5) Four side-bend tests may be substituted for the required face- and root-bend tests, when thickness T is 3/8 in.（10 mm）and over.

当试件厚度大于或等于3/8 in.（10 mm）时，对所需的面弯和根弯试验可用4个侧弯试验代替。

(6) For test coupons over 6 in.（150 mm）thick, the full thickness of the test coupon shall be welded.

对于厚度超过6 in.（150 mm）的试件，应焊接全厚度试件。

表3-4　焊接工艺评定厚度范围和试样（Table QW-451.4）（14）

Thickness T of Test Coupon（Plate or Pipe）as Welded 焊态试件（板或管）的厚度T	Range Qualified 被评定的范围	Type and Number of Tests Required 试验项目和数量
All groove tests 所有坡口焊缝试验	All fillet sizes on all base metal thicknesses and all diameters 所有母材厚度和所有直径母材上的所有角焊缝尺寸	Fillet welds are qualified when the groove weld is qualified in accordance with either QW-451.1 or QW-451.2（see QW-202.2）如坡口焊缝是按照QW-451.1或451.2（见QW-202.2）进行评定的，则角焊缝也得到评定

QW-403.9　ϕ t Pass > 1/2 in.（13 mm）　焊道厚度t大于1/2 in.（13 mm）（15）

For single-pass or multipass welding in which any pass is greater than 1/2 in.（13 mm）thick, an increase in base metal thickness beyond 1.1 times that of the qualification test coupon.

对于单道焊或多道焊，其中任一焊道的厚度大于1/2in.（13mm），母材的厚度为试件评定厚度的1.1 倍。

QW-403.11　ϕ P-No. qualified 改变评定的 P-No.（11）

Base metals specified in the WPS shall be qualified by a procedure qualification test that was made using base metals in accordance with QW-424.

对于 WPS 中规定的母材，工艺评定试验应采用符合 QW-424 要求的母材进行评定。

QW-404 填充金属

QW-404.4　ϕ F-Number 改变评定的 F-No.（18）

A change from one F-Number in Table QW-432 to any other F-Number or to any other filler metal not listed in Table QW-432.

从表 QW-432 中某一 F-No. 改变为任何其他的 F-No.，或改变为表 QW-432 中未列出的任何其他填充金属。部分 F-No. 内容见表 3-5。

表 3-5　部分 F-No. 内容

F-No.	ASME标准号	AWS类别（钢及钢合金）	UNS No.
1	SFA-5.1	E××20、E××22、E××24、E××27、E××28	—
2	SFA-5.1	E××12、E××13、E××14、E××19	—
3	SFA-5.1	E××10、E××11	—
4	SFA-5.1	E××15、E××16、E××18、E××18M、E××48	—

QW-404.5　ϕ A-Number 改变评定的 A-No.（19）

（Applicable only to ferrous metals.）A change in the chemical composition of the weld deposit from one A-Number to any other A-Number in Table QW-442. Qualification with A-No.1 shall qualify for A-No.2 and vice versa.

对于铁基金属，熔敷焊缝金属的化学成分从表 QW-442 中某一 A-No. 改变为另一 A-No.。但对 A-No. 1 的评定也适用于 A-No. 2，反之亦然。焊接工艺评定用铁基焊缝金属化学成分分类 A-No. 见表 3-6。

表 3-6　焊接工艺评定用铁基焊缝金属化学成分分类 A-No.（QW-442）

A-No.	Types of Weld Deposit 熔敷焊缝金属类型	Analysis, % 化学成分（质量分数，%）[Note（1）] and [Note（2）]					
		C	Cr	Mo	Ni	Mn	Si
1	Mild Steel软钢	0.20	0.20	0.30	0.50	1.60	1.0
2	Carbon-Molybdenum碳钼钢	0.15	0.50	0.40~0.65	0.50	1.60	1.0
3	Chrome（0.4%to2%）-Molybdenum 铬（0.4%~2%）钼钢	0.15	0.40~2.00	0.40~0.65	0.50	1.60	1.0
4	Chrome（2% to 4%）-Molybdenum 铬（2%~4%）钼钢	0.15	2.00~4.00	0.40~1.50	0.50	1.60	2.0
5	Chrome（4%to10.5%）-Molybdenum 铬（4%~10.5%）钼钢	0.15	4.00~10.50	0.40~1.50	0.80	1.20	2.0

（续）

A-No.	Types of Weld Deposit 熔敷焊缝金属类型	Analysis, % 化学成分（质量分数，%）[Note（1）] and [Note（2）]					
		C	Cr	Mo	Ni	Mn	Si
6	Chrome-Martensitic 铬-马氏体钢	0.15	11.0~15.0	0.70	0.80	2.00	1.0
7	Chrome-Ferritic 铬-铁素体钢	0.15	11.0~30.0	1.00	0.80	1.00	3.0
8	Chromium-Nickel 铬-镍钢	0.15	14.5~30.0	4.00	7.50~15.0	2.50	1.0
9	Chromium-Nickel 铬-镍钢	0.30	19.0~30.0	6.00	15.0~37.0	2.50	1.0
10	Nickel to 4% 镍（≤4%）钢	0.15	0.50	0.55	0.80~4.00	1.70	1.0
11	Manganese-Molybdenum 锰-钼钢	0.17	0.50	0.25~0.75	0.85	1.25~2.25	1.0
12	Nickel-Chrome—Molybdenum 镍-铬-钼钢	0.15	1.50	0.25~0.80	1.25~2.80	0.75~2.25	1.0

NOTES注：

（1）Single values shown above are maximum.

表中的单一值指最大值。

（2）Only listed elements are used to determine A-numbers.

仅只有表列元素用于确定A -No。

QW-404.6　φ Diameter 改变直径（20）

A change in the nominal size of the electrode or electrodes specified in the WPS.

WPS 中所指定的一种或几种焊条（焊丝）公称尺寸的改变。

QW-404.7　φ Diameter > 1/4 in.（6 mm） 改变直径 >1/4 in.（6 mm）

A change in the nominal diameter of the electrode to over 1/4 in.（6 mm）. This variable does not apply when a WPS is qualified with a PWHT above the upper transformation temperature or when an austenitic material is solution annealed after welding.

焊条公称直径变化大于 1/4in.（6mm）。但当被评定的 WPS 需经高于上转变温度的焊后热处理或当奥氏体材料焊后经固溶处理时，不受本条款约束。

QW-404.12　φ Classification 改变焊条类别号（17）

A change in the filler metal classification within an SFA specification, or for a filler metal not covered by an SFA specification or a filler metal with a "G" suffix within an SFA specification, a change in the trade designation of the filler metal.

在同一 SFA 标准中，填充金属类别号的改变或变成 SFA 标准不包括的填充金属，或变成 SFA 标准中带有后缀 "G" 的填充金属，或填充金属商品名称的改变。

When a filler metal conforms to a filler metal classification, within an SFA specification, except for the "G" suffix classification, requalification is not required if a change is made in any of the following:

当填充金属符合某一 SFA 标准（但有后缀 "G" 的除外），则在下述范围内的改变不要求重新评定：

1）from a filler metal that is designated as moisture-resistant to one that is not designated as moisture-resistant and vice versa（i.e., from E7018R to E7018）.

从一个标明为防潮的填充金属变为另一个未标明防潮的填充金属，反之亦然（如从 E7018R 变为 E7018）。

2）from one diffusible hydrogen level to another（i.e., from E7018-H8 to E7018-H16）.

从一个扩散氢等级变为另一个扩散氢等级（如从 E7018-H8 变为 E7018-H16）。

3）for carbon, low alloy, and stainless steel filler metals having the same minimum tensile strength and the same nominal chemical composition, a change from one low hydrogen coating type to another low hydrogen coating type（i.e., a change among E××15, 16, or 18 or E×××15, 16, or 17 classifications）.

对于有相同的最小抗拉强度和相同的公称化学成分的碳钢、低合金钢或不锈钢填充金属，从一种低氢型药皮改变为另一种低氢型药皮（如在 E××15、E××16、E××18 或 E×××15、E×××16、E×××17 之间变化）。

4）from one position-usability designation to another for flux-cored electrodes（i.e., a change from E70T-1 to E71T-1 or vice versa）.

对于药芯焊丝，从一种指定的适用位置变为另一种适用位置（E70T-1 变为 E71T-1 或反之）。

5）from a classification that requires impact testing to the same classification which has a suffix which indicates that impact testing was performed at a lower temperature or exhibited greater toughness at the required temperature or both, as compared to the classification which was used during procedure qualification（i.e., a change from E7018 to E7018-1）.

与从前在工艺评定期间使用过的焊条相比，从一种要求冲击试验的类别号改变为另一种相同类别号，其后缀表明冲击试验在更低的温度下进行或在要求的温度有更高的韧性或两者兼而有之（如从 E7018 变为 E7018-1）。

6）from the classification qualified to another filler metal within the same SFA specification when the weld metal is exempt from Impact Testing by other Sections.

当其他卷免除焊缝金属的冲击试验时，在同一 SFA 标准中，评定的填充金属类别号改变为另一种类别号时。

This exemption does not apply to hard-facing and corrosion-resistant overlays.

本项免除不适用于表面加硬层和耐蚀层堆焊。

QW-404.30　ϕt 改变焊缝金属厚度 t（22）

A change in deposited weld metal thickness beyond that qualified in accordance with QW-451 for procedure qualification or QW-452 for performance qualification, except as otherwise permitted in QW-303.1 and QW-303.2. When a welder is qualified using volumetric examination, the maximum thickness stated in Table QW-452.1（b）applies.

熔敷焊缝金属厚度的变化超过 QW-451 中工艺评定或 QW-452 中技能评定的范围，则需重新评定，但 QW-303.1 和 QW-303.2 允许的情况除外。当某焊工采用可测定体积的无损检测评定合格时，则评定的焊缝金属最大厚度按表 QW-452.1（b）。

QW-404.33　　ϕ　Classification　改变焊条类别号

A change in the filler metal classification within an SFA specification, or, if not conforming to a filler metal classification within an SFA specification, a change in the manufacturer（s）trade name for the filler metal. When optional supplemental designators, such as those which indicate moisture resistance（i.e., ×××R），diffusible hydrogen （i.e., ×××H16, H8, etc.），and supplemental impact testing（i.e., ×××-1 or E×××M），are specified on the WPS, only filler metals which conform to the classification with the optional supplemental designator（s）specified on the WPS shall be used.

在同一 SFA 标准中填充金属类型号的改变；或对于 SFA 标准不包括的填充金属，填充金属制造厂商品名称的改变。当（焊条的）非强制性的补充代号，如标明防潮（如 ×××R）、扩散氢（如 ×××H16、×××H8 等）和补加冲击试验（如 ×××-1 或 E×××M），在 WPS 中有明确规定时，则只能使用符合 WPS 中规定的非强制性补充代号的焊条。

QW-405　Positions　焊接位置（26）

QW-405.1　+ Position　增加焊接位置

The addition of other welding positions than those already qualified，see QW-120, QW-130, QW-203, and QW-303.

对已经评定的焊接位置增加其他的焊接位置，见 QW-120、QW-130、QW-203 或 QW-303。

QW-405.2　　ϕ　Position　改变焊接位置

　　A change from any position to the vertical position uphill progression. Vertical-uphill progression （e.g., 3G, 5G, or 6G position）qualifies for all positions. In uphill progression, a change from stringer bead to weave bead. This variable does not apply when a WPS is qualified with a PWHT above the upper transformation temperature or when an austenitic material is solution annealed after welding.

从任一焊接位置改变为上坡焊的位置（要重新评定）。通过上坡焊位置（如在 3G、5G 或 6G 位置）评定者，也通过了全部焊接位置的评定。在上坡焊时，从无摆动的直道焊改变为摆动焊（要重新评定）。但当被评定的 WPS 需经高于上转变温度的焊后热处理或当奥氏体材料焊后经固溶处理时，不受本条款约束。

QW-405.3　　ϕ　↑ ↓　Vertical welding　改变向上或向下立焊

A change from upward to downward, or from downward to upward, in the progression specified for any pass of a vertical weld, except that the cover or wash pass may be up or down. The root pass may also be run either up or down when the root pass is removed to sound weld metal in the preparation for welding the second side.

对任何一道立焊缝的焊接方向，从向上立焊改为向下立焊，或反之，则需重新评定，但盖面焊道或饰面焊道（wash pass）向下或向上均可。如第二面焊接前根部焊道清除到露出优良的焊缝金属，则根部焊道的方向为向下或向上均可。

QW-406　Preheat 预热

QW-406.1　Decrease > 100°F（55℃）预热温度降低超过 55℃（27）

A decrease of more than 100 °F（55 ℃）in the preheat temperature qualified. The minimum temperature for welding shall be specified in the WPS.

评定过的预热温度降低超过 100°F（55℃）。在 WPS 中应规定开始焊接的最低温度。

QW-406.2　φ Preheat maint.　改变预热保持时间

A change in the maintenance or reduction of preheat upon completion of welding prior to any required postweld heat treatment.

当焊接完成，尚未进行所需的焊后热处理时，改变预热保持时间或降低预热温度。

QW-406.3　Increase > 100°F（55℃）（IP）层间温度升高超过 55℃（IP）（28）

An increase of more than 100°F（55℃）in the maximum interpass temperature recorded on the PQR. This variable does not apply when a WPS is qualified with a PWHT above the upper transformation temperature or when an austenitic or P-No.10H material is solution annealed after welding.

最大层间温度比 PQR 记录值高 100°F（55℃）以上。当被评定的 WPS 需经高于上转变温度的焊后热处理或当奥氏体或 P-No. 10H 材料焊后经固溶处理时，不受本条款约束。

QW-407　PWHT 焊后热处理

QW-407.1　φ PWHT 改变焊后热处理

A separate procedure qualification is required for each of the following: 下列每一种情况都需有单独的工艺评定：

1）For P-Numbers 1 through 6 and 9 through 15F materials, the following postweld heat treatment conditions apply:

对于 P-No.1 ~ P-No.6 和 P-No.9 ~ P-No.15F 材料，以下焊后热处理（PWHT）条件的改变：

① no PWHT

不做 PWHT

② PWHT below the lower transformation temperature

低于下转变温度的 PWHT

③ PWHT above the upper transformation temperature（e.g., normalizing）

高于上转变温度的 PWHT（如正火）

④ PWHT above the upper transformation temperature followed by heat treatment below the lower transformation temperature（e.g., normalizing or quenching followed by tempering）

PWHT 先在高于上转变温度进行，然后在低于下转变温度进行（即正火或淬火后再回火）

⑤ PWHT between the upper and lower transformation temperatures

PWHT 在上转变温度和下转变温度之间进行

2）For all other materials, the following postweld heat treatment conditions apply:

对其他所有材料，以下的 PWHT 条件的改变：

① no PWHT

不做 PWHT

② PWHT within a specified temperature range

PWHT 在指定的温度范围内进行

QW-407.2 ϕ PWHT（T & T range） 改变焊后热处理（T 及 T 的范围）（29~30）

A change in the postweld heat treatment（see QW-407.1）temperature and time range.

焊后热处理（见 QW-407.1）温度和时间区间的变化。

The procedure qualification test shall be subjected to PWHT essentially equivalent to that encountered in the fabrication of production welds, including at least 80% of the aggregate times at temperature（s）. The PWHT total time（s）at temperature（s）may be applied in one heating cycle.

工艺评定试件的 PWHT 应当和焊接产品在制造过程中受到的热处理基本相当，在热处理温度下的累计时间不得少于产品所用时间的 80%，但可在一次热循环中完成。

QW-407.4 T Limits T 的范围

For ferrous base metals other than P-No.7, P-No.8, and P-No.45, when a procedure qualification test coupon receives a postweld heat treatment exceeding the upper transformation temperature or a solution heat treatment for P-No.10H materials, the maximum qualified base metal thickness, T, shall not exceed 1.1 times the thickness of the test coupon.

除了 P-No. 7、P-No. 8 和 P-No. 45 以外的铁基母材，当工艺评定试件的 PWHT 温度高于上转变温度或 P-No. 10H 材料经固溶处理时，评定的最大母材厚度 T 为试件厚度的 1.1 倍。

QW-409 Electrical Characteristics 电特性

QW-409.1 > Heat input 增加热输入（33~34）

An increase in heat input, or an increase in volume of weld metal deposited per unit length of weld, for each process recorded on the PQR. The increase shall be determined by（a），（b），or（c）for nonwaveform controlled welding, or by（b）or（c）for waveform controlled welding. See Nonmandatory Appendix H.

热输入的增加，或单位焊缝长度内熔敷焊缝金属体积的增量超过 PQR 的记录值。非波形控制焊接的增量按下述（a）、（b）或（c）确定；波形控制焊接的增量按下述（b）或（c）确定。见非强制性附录 H。

（a）Heat input [J/in.（J/mm）] = Voltage × Amperage ×

60 / Travel Speed［in/ min（mm/min）］

热输入 [J/in.（J/mm）]= 电压（V）× 电流（A）×60/ 焊接速度［in/min（mm/min）］

（b）Volume of weld metal measured by

焊缝金属体积的测量：

① an increase in bead size （width × thickness）.

焊道尺寸（宽度 × 厚度）的增加。

② a decrease in length of weld bead per unit length of electrode.

单位长度焊条施焊焊道长度的减少。

（c）Heat input determined using instantaneous energy or power by

使用瞬间的能量或功率来确定热输入如下：

① for instantaneous energy measurements in joules （J）, Heat input [J/in. （J/mm）]= Energy （J）/ Weld Bead Length〔in/（mm）〕.

瞬间能量以焦耳（J）计量的热输入 [J/in.（J/mm）]= 能量（J）/ 焊道长度 [in./ mm]。

② for instantaneous power measurements in joules per second （J/s） or Watts （W）, Heat input [J/in.（J/mm）] = Power （J/s or W）× arc time （s） / Weld Bead Length〔in.（mm）〕.

瞬间功率以焦耳 / 秒（J/s）或瓦特（W）计量的热输入 [J/in.（J/mm）]= 功率（J/s 或 W）× 电弧时间（s）/ 焊道长度〔in./mm〕。

The requirement for measuring the heat input or volume of deposited weld metal does not apply when the WPS is qualified with a PWHT above the upper transformation temperature or when an austenitic or P−No.10H material is solution annealed after welding.

如被评定的 WPS 需经高于上转变温度的焊后热处理或当奥氏体或 P−No. 10H 材料焊后经固溶化退火处理时，则热输入或熔敷焊缝金属体积的测量就不需要了。

QW−409.4 φ Current or polarity 改变电流或极性（31）

A change from AC to DC, or vice versa; and in DC welding, a change from electrode negative （straight polarity） to electrode positive （reverse polarity）, or vice versa.

交流改为直流，或反之；在采用直流焊接时，从电极接负极（正极性）改为电极接正极（反极性），或反之。

QW−409.8 φ I & E range 改变电流、电压范围（32）

A change in the range of amperage, or except for SMAW, GTAW, or waveform controlled welding, a change in the range of voltage. A change in the range of electrode wire feed speed may be used as an alternative to amperage. See Nonmandatory Appendix H.

电流范围的改变，或除 SMAW、GTAW 或波形控制的焊接外，电压范围的改变。可用送丝速度范围的改变代替电流范围的改变。参见非强制性附录 H。

QW−410 Technique 技术措施

QW−410.1 φ String/weave 改变直进 / 横摆（35）

For manual or semiautomatic welding, a change from the stringer bead technique to the weave bead technique, or vice versa.

对于手工焊或半自动焊，从直进焊法改为摆动焊法，或反之。

QW-410.5　φ Method cleaning　改变清理方法（36）

A change in the method of initial and interpass cleaning（brushing, grinding, etc.）.

焊前清理和层间清理方法（刷或磨等）的改变。

QW-410.6　φ Method back gouge　改变背面清根方法（37）

A change in the method of back gouging.

背面清根方法的改变。

QW-410.9　φ Multiple to single pass/side　每面多道焊改为每面单道焊（39）

A change from multipass per side to single pass per side. This variable does not apply when a WPS is qualified with a PWHT above the upper transformation temperature or when an austenitic or P-No.10H material is solution annealed after welding.

每面多道焊改为每面单道焊。但当被评定的 WPS 需经高于上转变温度的焊后热处理或当奥氏体或 P-No. 10H 材料焊后经固溶处理时，不受本条款约束。

QW-410.25　φ Manual or automatic　改变手工焊／自动焊

A change from manual or semiautomatic to machine or automatic welding and vice versa.

从手工焊或半自动焊改为机动焊或自动焊，或反之。

QW-410.26　± Peening　增加或取消锤击（42）

The addition or deletion of peening.

对焊缝有无锤击。

QW-410.64　Use of thermal processes　热过程的使用（43）

For vessels or parts of vessels constructed with P-No.11A and P-No.11B base metals, weld grooves for thickness less than 5/8 in（16 mm）shall be prepared by thermal processes when such processes are to be employed during fabrication. This groove preparation shall also include back gouging, back grooving, or removal of unsound weld metal by thermal processes when these processes are to be employed during fabrication.

对于采用 P-No. 11A 和 P-No. 11B 母材制造的容器或容器的零部件，其厚度小于 5/8in（16mm）者，如坡口的制备在制造过程中采用热过程法，则试件的坡口制备也应采用此法。坡口制备应包括采用热过程法进行背面清根、背面开槽或清除不良焊缝金属。

3.1.4　编制 ASME 压力罐壳体 A 类焊缝焊接工艺规程

依据合格的焊接工艺评定报告 PQR06 和 ASME BPVC. Ⅸ QW-253 焊条电弧焊焊接工艺规程变素，编制焊接工艺规程 WPS06，选择 ASME BPVC. Ⅸ 的推荐格式，见表 3-7。

3.1　ASME 焊条电弧焊焊接工艺规程编制填写要点

表 3-7 ASME 焊接工艺规程样表

Welding Procedure Specifications（WPS）焊接工艺规程

Organization name组织名称：_____

By 由_____（WEC）

WPS No.焊接工艺规程编号_____（1）_____ Date日期_____（2）_____

Supporting PQR No.（s）所依据的工艺评定编号_____（3）_____

Revision No.修改号_____ Date日期_____

Welding Process（es）焊接方法_____（4）_____ Type（s）自动化程度_____（5）

JOINTS（QW-402）接头	Details坡口详图
Joint Design接头形式：_____（6）_____ Root Spacing根部间隙：_____（7）_____ Backing 衬垫: Yes有_____（8）_____No无_____ Backing Material（Type）衬垫材料（形式） _____（9）_____ □Metal 金属 □Nonfusing Metal不熔金属 □Nonmetallic非金属 □Other 其他 Retainer成形块: □Yes有 □No无	（10）

BASE METALS（QW-403）母材

P-No.分类号_____（11）_____Group No.组号_____to与P-No.分类号_____Group No. 组号_____OR或

Specification and type/grade or UNS Number钢号和等级或UNS号_____（12）_____to与

Specification and type/grade or UNS Number钢号和等级或UNS号_____OR或

Chem. Analysis and Mech. Prop.化学成分及力学性能_____to与

Chem. Analysis and Mech. Prop.化学成分及力学性能_____

Thickness Range厚度范围：

  Base Metal母材：Groove坡口焊_____（13）_____Fillet角焊_____（14）_____

  Maximum Pass Thickness 每层焊道最大厚度≤13mm　　Yes是_____（15）_____No否_____

Other其他_____（16）_____

FILLER METALS（QW-404）填充金属	1	2
Spec. No.（SFA）标准号	（17）	
AWS No.（Class）分类号		
F-No.	（18）	
A-No.:	（19）	
Size of Filler Metals填充金属（截面）尺寸	（20）	
Filler Metal Product Form 填充金属形式		
Supplemental Filler Metal 附加填充金属	（21）	
Weld Metal Deposited Thickness： 评定的焊缝金属厚度范围	1	2

（续）

Groove坡口焊缝	（22）	
Fillet角焊缝		
Electrode-Flux（Class）焊丝-焊剂（分类号）	（23）	
Flux Type焊剂类型	（24）	
Flux Trade Name 焊剂商品名称	（25）	
Consumable Insert可熔化嵌条		
Other其他		

WPS NO.＿＿＿＿＿＿＿＿ Rev.＿＿＿＿＿＿＿

POSITIONS （QW-405）焊接位置

Position（s）of Groove坡口位置＿＿＿＿
（26）＿＿＿
Welding Progression焊接方向:
　　　　Up向上＿＿＿＿Down向下＿＿＿
Position（s）of Fillet角焊缝位置＿＿＿＿＿＿
Other其他＿＿＿＿＿＿＿＿＿＿＿＿＿＿＿＿

PREHEAT预热（QW-406）

Preheat Temp.预热温度 Min.　（27）　℃
Interpass Temp.层间温度Max.　（28）　℃
Preheat Maintenance保温方式＿＿＿＿＿＿
其他＿＿＿＿＿＿＿＿＿＿＿＿＿＿＿＿＿＿

POSTWELD HEAT TREATMENT （QW-407）焊后热处理

Temperature Range温度范围＿＿＿＿＿＿（29）＿
Time Range保温时间范围＿＿＿＿＿（30）＿＿
Other其他＿＿＿＿＿＿＿＿＿＿＿＿＿＿＿＿＿

GAS保护气体（QW-408）

Percent Composition气体组成
　　　　　Gas气体　　Mixture混合比 Flow Rate流量
Shielding保护气＿＿＿＿　＿＿＿＿　＿＿＿＿＿
Trailing尾部保护气＿＿＿＿　＿＿＿＿　＿＿＿＿
Backing背部保护气＿＿＿＿　＿＿＿＿　＿＿＿＿＿
Other其他＿＿＿＿＿＿＿＿＿＿＿＿＿＿＿＿＿＿

ELECTRICAL CHARACTERISTICS（QW-409）电特性

Weld Pass（es）焊层	Process焊接方法	Filler Metal 填充金属		Current Type and Polarity 电流、极性	Amps Range 电流范围/A	Wire Feed Speed Range 送丝速度/（m/h）	Energy or Power Range 能量或功率/（kJ/cm）	Volts Range 电压范围/V	Travel Speed（Range）焊接速度范围/（cm/min）	Other 其他
		Classi-fication型号	Diameter直径/mm							
				（31）	（32）		（33）	（32）		

Pulsing Current脉冲电流:＿＿＿＿＿＿＿＿＿＿＿＿Heat Input（max.）热输入（最大）:　（34）　
Tungsten Electrode Size and Type钨极尺寸和类型:＿＿＿＿＿＿＿＿＿＿＿＿＿＿＿＿＿＿
Mode of Metal Transfer for GMAW（FCAW）熔化极气体保护焊熔滴过渡方式:＿＿＿＿＿＿＿
Other其他:＿＿＿＿＿＿＿＿＿＿＿＿＿＿＿＿＿＿＿＿＿＿＿＿＿＿＿＿＿＿＿＿＿＿＿

（续）

TECHNIQUE（QW-410）技术措施

String or Weave Bead摆动焊或不摆动焊:_____（35）_____

Orifice, Nozzle, or Gas Cup Size喷孔或喷嘴尺寸:_____

Initial and Interpass Cleaning（Brushing, Grinding, etc.）

层间清理方法（刷、打磨等）:_____（36）_____

Method of Back Gouging背面清根方法:_____（37）_____

Oscillation摆动参数_____

Contact Tube to Work Distance导电嘴与工件距离_____（38）_____

Multiple or Single Pass（per side）多道或单道焊（每侧）_____（39）_____

Multiple or Single Electrodes多丝或单丝焊_____（40）_____

Electrode Spacing电极间距_____（41）_____

Peening锤击_____（42）_____

Other其他_____（43）_____

3.1.5　教学案例：ASME 埋弧焊焊接工艺评定和焊接工艺规程

1. 焊接工艺评定报告

按照 ASME 标准进行的埋弧焊焊接工艺评定报告 PQR07，见表 3-8。

表 3-8　ASME 埋弧焊焊接工艺评定报告 PQR07

Procedure Qualification Records（PQR） 焊接工艺评定记录

Organization name组织名称:_____XXXXXXX设备有限公司_____

PQR No.（）工艺评定记录编号_____PQR07_____　Date日期_____XXXXX_____

WPS No.焊接工艺规程编号_____WPS07_____

Welding Process（es）焊接方法_____SAW_____　Type（s）自动化程度_____Machine机械焊_____

JOINTS（QW-402）接头

单位:mm

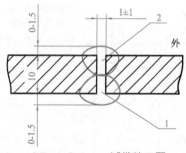

Groove Design of Test Coupon 试件坡口图

BASE METALS（QW-403）母材	POSTWELD HEAT TREATMENT（QW-407） 焊后热处理
Material Spec.材质_____SA516_____ Type/Grade, or UNS No.型号/等级或UNS号__SA516Gr.70__ P-No _1_ Group No. _2_ to P-No _1_ Group No. _2_ Thickness of Test Coupon厚度_____10mm_____ Diameter of Test Coupon 直径_____NA不适用_____ Maximum Pass Thickness 每层焊道最大厚度__6mm__ Other 其他_____None没有_____	Temperature温度____None没有____℃ Time保温时间_____None没有_____ Other其他_____None没有_____

（续）

FILLER METALS（QW-404）填充金属	GAS（QW-408）保护气体

GAS（QW-408）保护气体

Percent Composition气体组成

	Gas气体	Mixture 混合比	Flow Rate 流量
Shielding保护气	NA	NA	NA
Trailing尾部保护气	NA	NA	NA
Backing背部保护气	NA	NA	NA
Other其他	None没有		

SFA Specification标准号 ___SFA5.17___

AWS Classification分类号 EM13K上海大西洋焊接材料有限公司

Filler Metal F-No. 焊材类别号 ___6___

Weld Metal Analysis A-No.熔敷金属类别号 EM13K-F7A0

Size of Filler Metal焊材规格 φ4.0mm

Filler Metal Product Form填充金属形式：__NA不适用__

Supplemental Filler Metal 附加填充金属 __None没有__

Electrode Flux Classification焊丝-焊剂 EM13K-F7A0

Flux Type 焊剂类型 Neutral中性

Flux Trade Name焊剂牌号 F7A0 四川大西洋焊接材料有限公司

Weld Metal Thickness焊缝金属厚度 ___10mm___

Other其他 Recrushed slag not permitted to use不允许使用重碎渣 QW404.10 and QW404.27:NA不适用

ELECTRICAL CHARACTERISTICS（QW-409）电特性

	1	2
Current电流种类	DC直流	DC直流
Polarity极性	EP反接	EP反接
Amps电流值 /A	600	580
Volts电压/V	35	35

Tungsten Electrode Size钨极尺寸 __NA不适用__

Mode of Metal Transfer for GMAW（FCAW）金属过渡模式 __NA不适用__

Heat Input热输入 ___/___

Other其他 None没有

POSITION（QW-405）焊接位置

Position of Groove坡口位置 ___1G___

Weld Progression（Uphill, Downhill）焊接方向（向上，向下） __NA不适用__

Other 其他 None没有

TECHNIQUE（QW-410）技术措施

Travel Speed焊接速度 ___/___

String or Weave Bead 摆动与不摆动焊： String不摆动

Oscillation摆动参数 NA不适用

Multiple or Single Pass（per side）多道或单道焊 Multiple Pass多道焊

Multiple or Single Electrodes 多丝或单丝焊 Single Electrodes单丝焊

Other 其他: Use of thermal process热过程的应用:NA

PREHEAT（QW-406）预热

Preheat Temp.预热温度 ___25___ ℃

Interpass Temp.层间温度 ___300___ ℃

Other其他 None没有

Tensile Test（QW-150）拉伸试验　　　PQR No. PQR07

Specimen No. 试样号	Width 宽度/ mm	Thickness 厚度/ mm	Area 面积/ mm²	Ultimate Total Load 极限总载荷/kN	Ultimate Unit Stress 抗拉强度/ MPa	Type of Failure & Location 断裂性质与位置
2016-02-01	19.2	13.3	255.36	148	579	韧性、热影响区 Ductile,HAZ
2016-02-02	19	14	266	154	578	韧性、热影响区 Ductile,HAZ

（续）

Guided-Bend Tests（QW-160）导向弯曲试验	
Type and Figure No.类型和图号	Result结果
Side Bend侧弯 QW-462.2	Acceptable合格
Side Bend侧弯 QW-462.2	Acceptable合格
Side Bend侧弯 QW-462.2	Acceptable合格
Side Bend侧弯 QW-462.2	Acceptable合格

Toughness Tests（QW-170）韧性试验

Specimen No. 试样号	Notch Location 缺口位置	Specimen Size 试样尺寸	Test Temp. 试验温度/℃	Impact Values 冲击吸收能量	Lateral Expansion 侧向膨胀		Drop Weight Break （Y/N） 落锤试验（断裂/否）
				J	%Shear	mm	

Comments结论_____

Fillet-Weld Test（QW-180）角焊缝试验

Result-Satisfactory结果满意度: Yes是 / No 否 / Penetration into Parent Metal母材熔透: Yes是 / No 否 /
Macro-Results 宏观检测结果_____/_____

Other Tests其他试验

Type of Test试验类型_____/_____
Deposit Analysis 熔敷金属成分_____/_____
Other 其他_____/_____
Welder's Name焊工姓名 XXX   Clock No.上班考勤卡编号 XXX   Stamp No.钢印号 XXX
Tests Conducted by试验者 XXX   Laboratory Test No.试验室编号 XXXX
We certify that the statements in this record are correct and that the test welds were prepared, welded, and tested in accordance with the requirements of Section IX of ASME Boiler and Pressure Vessel Code.
兹证明本报告所述均属正确，并且试验是根据ASME规范第IX卷的要求进行试件的准备、焊接和试验的。
Organization组织名称:_____XXXXXXX设备有限公司
Date日期:_____XXX_____   Certified by责任人:___XXX___（WEC）

2. ASME 埋弧焊焊接工艺规程变素

ASME 埋弧焊焊接工艺规程变素见表3-9。

表 3-9　ASME 埋弧焊焊接工艺规程变素（Table QW-254）

Paragraph节号		Brief of Variables 变素简述	Essential 重要变素	Supplementary Essential 附加重要变素	Nonessential 非重要变素
QW-402 Joints 接头	.1	φ Groove design坡口设计			×
	.4	– Backing衬垫			×
	.10	φ Root spacing根部间距			×
	.11	± Retainers成形块			×

（续）

Paragraph节号		Brief of Variables 变素简述	Essential 重要变素	Supplementary Essential 附加重要变素	Nonessential 非重要变素
QW-403 Base Metals 母材	.5	ϕ Group Number组号		×	
	.6	T Limits T 范围		×	
	.8	ϕ T Qualified评定的T	×		
	.9	t Pass > 1/2 in.（13 mm）焊道厚度$t>$1/2 in.（13 mm）	×		
	.11	ϕ P-No. qualified 评定的P-No.	×		
QW-404 Filler Metals 填充金属	.4	ϕ F-Number	×		
	.5	ϕ A-Number	×		
	.6	ϕ Diameter直径			×
	.9	ϕ Flux/wire class. 焊剂/焊丝型号	×		
	.10	ϕ Alloy flux 合金焊剂成分	×		
	.24	± or ϕ Supplemental 附加填充金属	×		
	.27	ϕ Alloy elements 合金元素成分	×		
	.29	ϕ Flux designation 焊剂牌号			×
	.30	ϕ t焊缝金属厚度t	×		
	.33	ϕ Classification 焊丝类别号			×
	.34	ϕ Flux type焊剂类型	×		
	.35	ϕ Flux/wire class. 焊剂/焊丝型号		×	×
	.36	Recrushed slag 回用重碎渣	×		
QW-405 Positions焊接位置	.1	+ Position 焊接位置			×
QW-406 Prehea 预热	.1	Decrease>100° F（55℃）预热温度降低> 55℃	×		
	.2	ϕ Preheat maint. 预热保持时间			×
	.3	Increase>100° F（55℃）（IP）层间温度提高> 55℃		×	

（续）

Paragraph节号		Brief of Variables 变素简述	Essential 重要变素	Supplementary Essential 附加重要变素	Nonessential 非重要变素
QW-407 PWHT 焊后热处理	.1	ϕ PWHT 焊后热处理	×		
	.2	ϕ PWHT（T & T range） 焊后热处理（T及T的范围）		×	
	.4	T Limits T范围	×		
QW-409 Electrical Characteristics 电特性	.1	> Heat input 热输入		×	
	.4	ϕ Current or polarity 电流或极性		×	×
	.8	ϕ I & E range 电流和电压范围			×
QW-410 Technique 技术措施	.1	ϕ String/weave 直进/横摆			×
	.5	ϕ Method of cleaning 清理方法			×
	.6	ϕ Method of back gouge 背面清根方法			×
	.7	ϕ Oscillation摆动参数			×
	.8	ϕ Tube-work distance 导电嘴至工件距离			×
	.9	ϕ Multiple to single pass/ side每面多道焊到每面单道		×	×
	.10	ϕ Single to multi electrodes 单丝到多丝		×	×
	.15	ϕ Electrode spacing 电极间距			×
	.25	ϕ Manual or automatic 手工焊/自动焊			×
	.26	± Peening锤击			×
	.64	Use of thermal processes 热过程的使用	×		

Legend说明：

　＋Addition 增加；＞Increase/greater than增大/大于；↑Uphill上坡焊；← Forehand左焊法；ϕ Change改变；

　－Deletion 取消；＜Decrease/less than减少/小于；↓Downhill下坡焊；→ Backhand右焊法。

3. ASME 埋弧焊焊接工艺规程 WPS07

ASME 埋弧焊焊接工艺规程 WPS07 见表 3-10。

表 3-10 ASME 埋弧焊焊接工艺规程 WPS07

WELDING PROCEDURE SPECIFICATION（WPS）焊接工艺规程

Organization name组织名称＿＿＿＿＿＿＿＿＿XXXXXXX设备有限公司＿＿＿＿＿

By:＿＿＿＿＿＿（WEC）＿＿＿＿

WPS No.焊接工艺规程编号＿＿＿WPS 07＿＿＿＿ Date日期＿＿＿＿＿＿＿＿＿

Supporting PQR No.（s）所依据的工艺评定编号＿＿＿＿＿＿＿＿PQR07＿＿＿＿＿＿

Revision No.＿＿＿＿＿＿＿0＿＿＿＿＿＿ Date日期＿＿＿＿＿XXX＿＿＿＿＿

Welding Process（es）焊接方法＿＿SAW＿＿＿ Type（s）自动化程度＿＿＿＿Machine机械焊＿＿

JOINTS（QW-402）接头	Details坡口详图
Joint Design接头形式: See Drawing 见图样 Root Spacing根部间隙: See Drawing 见图样 Backing 垫板: ■Yes有 or 或 ■ No无 Backing Material（Type）垫板材料（形式） Weld metal or base metal焊缝金属或母材 ■Metal 金属 □Nonfusing Metal不熔金属 □Nonmetallic非金属 □Other 其他 Retainer成形块: □Yes有 □ No无	See Drawing 见图样

BASE METALS （QW-403）母材

P-No.分类号＿＿1＿＿Group No.组号＿1or2＿to 与 P-No.分类号＿1＿Group No. 组号＿1or2＿OR或

Specification and type/grade or UNS Number钢号和等级或UNS号＿＿＿＿NA＿＿＿＿to与

Specification and type/grade or UNS Number钢号和等级或UNS号＿＿＿＿NA＿＿＿OR或

Chem. Analysis and Mech. Prop.化学成分及力学性能＿＿＿＿＿NA＿＿＿＿to与

Chem. Analysis and Mech. Prop.化学成分及力学性能＿＿＿＿＿NA＿＿＿＿＿

Thickness Range厚度范围:

 Base Metals母材: Groove坡口焊＿＿5~28mm＿＿ Fillet角焊＿＿No Limited不限＿

 Maximum Pass Thickness ≤13mm   ■ Yes是   □ No否

Other其他＿＿＿＿＿＿＿＿＿＿＿＿＿＿None没有＿＿＿＿＿＿＿＿＿

FILLER METALS（QW-404）填充金属	1	2
Spec. No.（SFA）标准号	SFA-5.17	
AWS-No.（Class）分类号	EM13K上海大西洋焊接材料有限公司	
F-No.	6	
A-No.	EM13K-F7A0	
Size of Filler Metals 填充金属尺寸	ϕ 4mm	
Filler Metal Product Form 填充金属形式	NA不适用	
Supplemental Filler Metals 附加填充金属	None没有	

（续）

Weld Metal Thickness Range: 熔敷焊缝金属厚度范围	1	2
Groove坡口焊缝	≤28mm	
Fillet角焊缝	No Limited不限	
Electrode-Flux（Class.）焊丝–焊剂（分类号）	Wire:EM13K；Flux: F7A0	
Flux Trade Name焊剂商标名称	F7A0 四川大西洋焊接材料股份有限公司	
Flux Type焊剂类型	Neutral中性	
Consumable Insert可熔化嵌条	NA不适用	
Other其他	Recrushed slag not permitted to use 不允许使用重碎渣　QW404.10 and 和 QW404.27:NA不适用	

POSITIONS（QW-405）焊接位置	POSTWELD HEAT TREATMENT（QW407） 焊后热处理
Position（s）of Groove坡口位置_____F_____ Welding Progression焊接方向:_____NA不适用_____ 　　　　Up向上___/___　Down向下___/___ Position（s）of Fillet角焊缝位置____NA不适用____ Other其他_____None没有_____	Temperature Range温度范围_____None没有_____ Time Range保温时间_____None没有_____ Other其他_____None没有_____
PREHEAT预热（QW-406）	GAS（QW-408）保护气体

PREHEAT预热（QW-406）	GAS（QW-408）保护气体		
Preheat Temp.预热温度 Min._____10_____℃ Interpass Temp.层间温度Max_____300_____℃ Preheat Maintenance保温方式____None没有____ Other其他_____None没有_____	Percent Composition气体组成		
	Gas　　Mixture　　Flow Rate Shielding保护气__NA____　__NA____　__NA____ Trailing尾部保护气__NA____　__NA____　__NA____ Backing背部保护气__NA____　__NA____　__NA____ Other其他_____None没有_____		

ELECTRICAL CHARACTERISTICS（QW-409）电特性

Weld Pass（es）焊层	Process 焊接方法	Filler Metal 填充金属		Current Type and Polarity 电流、极性	Amps Range 电流范围/A	Wire Feed Speed Range 送丝速度/（m/h）	Energy or Power Range 能量或功率/（kJ/cm）	Volt Range 电压范围/V	Travel Speed Range 焊接速度范围/（cm/min）
		Classification型号	Diameter直径/mm						
Tackweld 定位焊	SMAW	E7015	φ4	DCEP 直流反极	90~120	/	/	/	/ Removed
1	SAW	EM13K/F7A0	φ4	DCEP 直流反极	550~600	/	/	32~36	/
Others 其他	SAW	EM13K/F7A0	φ4	DCEP 直流反极	550~600	/	/	32~36	/

（续）

Pulsing Current脉冲电流：_____NA不适用_____Heat Input（max.）热输入（最大）：_____UnLimited不限制_____
Tungsten Electrode Size and Type钨极尺寸和类型：_____NA不适用_____
Mode of Metal Transfer for GMAW（FCAW）熔化极气体保护焊熔滴过渡方式：_____NA不适用_____
Other其他：_____None没有_____

TECHNIQUE（QW-410）技术措施

String or Weave Bead摆动焊或不摆动焊_____String不摆动_____
Orifice, Nozzle, or Gas Cup Size喷孔或喷嘴尺寸_____NA不适用_____
Initial and Interpass Cleaning（Brushing, Grinding, etc）层间清理方法（刷、打磨等）
　　　　　　　　　Brushing or Grinding 刷或打磨
Method of Back Gouging背面清根方法_____Carbon Arc Gouging or Grinding炭弧气刨或打磨_____
Oscillation摆动参数_____NA不适用_____
Contact Tube to Work Distance导电嘴与工件距离_____20~35mm_____
Multiple or Single Pass（per side）多道或单道焊（每侧）_____Both两者都可_____
Multiple or Single Electrodes多丝或单丝焊_____Single Electrode单丝焊_____
Electrode Spacing电极间距_____NA不适用_____
Peening锤击_____None没有_____
Other其他_____Use of thermal process热过程的应用:NA不适用_____

思考与练习

一、单选题

1. 在使用一个工艺规程前，如果（　　）已经修改或超过其评定范围，该工艺规程必须重新评定。

　　A. 重要变素　　　　　　　　　　　　B. 非重要变素

　　C. 附加重要变素（不要求做缺口韧性试验时）　D. 所有变素

2. 在 PQR 中，若韧性试验的表格为空白表格，进行 WPS 编制时，下述说法中正确的是（　　）。

　　A. 应将附加重要变素变成为增加的重要变素　　B. 不应用附加重要变素和非重要变素

　　C. 应将非重要变素变成为增加的重要变素　　　D. 应只考虑重要变素

3. 在 PQR 中，要求进行韧性试验，进行 WPS 编制时，下述说法中正确的是（　　）。

　　A. 不应用附加重要变素和非重要变素　　　　B. 应将非重要变素变成为增加的重要变素

　　C. 应只考虑重要变素　　　　　　　　　　　D. 应将附加重要变素变成为增加的重要变素

4. 变素简介中，"ϕPWHT 焊后热处理"表示的含义是（　　）。

　　A. 取消焊后热处理　　　　　　　　　　　B. 增加焊后热处理

　　C. 增大焊后热处理温度　　　　　　　　　D. 改变焊后热处理

5. 以下缩写中，表示的是焊条电弧焊的选项是（　　）。

　　A. TIG　　　　　　B. GTAW　　　　　　C. SMAW　　　　　　D. SAW

6. 以下缩写中，表示的是埋弧焊的选项是（　　）。

    A. TIG　　　　　　　B. GTAW　　　　　　C. SMAW　　　　　　D. SAW

7. 焊接坡口位置评定为 1G，该要素为非重要变素，此时焊接工艺规程中，坡口位置不可填入的内容为（　　）。

    A. F　　　　　　　　B. 1G　　　　　　　　C. 1G 或 1F　　　　　D. NA

二、判断题

1. 重要变素是指规定变素能影响接头力学性能（缺口韧性除外）的条件的某一变化。（　　）

2. 重要变素是指影响接头、热影响区或母材缺口韧性的条件的某一变化。（　　）

3. 附加重要变素是指影响接头、热影响区或母材缺口韧性的条件的某一变化。（　　）

4. 附加重要变素是指规定变素能影响接头力学性能（缺口韧性除外）的条件的某一变化。（　　）

5. 焊接工艺规程编制过程中，电特性的内容必须按照 PQR 中所采用的焊接参数如实填写。（　　）

6. 焊接工艺规程编制过程中，电特性的内容需根据企业实践经验选择能够焊接出高质量焊缝的参数范围，且该范围需覆盖 PQR 所采用的焊接参数。（　　）

7. 焊接工艺评定的英文缩写为 WPS。（　　）

8. 焊接工艺评定的英文缩写为 PQR。（　　）

9. 焊接工艺规程的英文缩写为 WPS。（　　）

10. 焊接工艺规程的英文缩写为 PQR。（　　）

11. 焊接工艺规程只包含焊接变素的内容，实验结果不需要填写在焊接工艺评定表格中。（　　）

12. 焊接工艺评定表格既需要包含焊接变素的内容，还需要包含评定试验结果的内容。（　　）

13. 参照 ASME 标准，PQR 和 WPS 一般采用标准原文中的样表格式。（　　）

3.2　ASME 压力罐壳体 A 类焊缝的焊接技能评定

任务解析

    理解 ASME BPVC. Ⅸ 中焊条电弧焊和埋弧焊焊接技能评定的要求和变素，按照 ASME BPVC. Ⅸ 确定评定合格的焊接项目、能焊接产品的范围，熟悉焊接技能评定的基本要求。

必备知识

3.2.1　ASME 焊条电弧焊焊接技能评定重要变素

    压力罐在生产前必须依据 ASME 标准进行焊接技能评定，评定合格后持证上岗。焊接技能评定采用焊条电弧焊时，必须要包括的焊接变素见表 3–11。

表 3-11　焊条电弧焊焊接技能评定重要变素（Table QW-353）

Paragraph节号		Brief of Essential Variables重要变素简述
QW-402 Joints接头	.4	– Backing　取消衬垫
QW-403 Base Metals母材	.16	ϕ Pipe diameter 改变管子直径
	.18	ϕ P-Number　改变P-No.
QW-404 Filler Metals 填充金属	.15	ϕ F-Number　改变F-No.
	.30	ϕ t Weld deposit 改变熔敷焊缝厚度t
QW-405 Positions焊接位置	.1	+ Position　增加焊接位置
	.3	ϕ $\uparrow\downarrow$ Vertical welding 改变立焊方向

QW-402 Joints 接头

QW-402.4 –Backing 取消衬垫

The deletion of the backing in single-welded groove welds.Double-welded groove welds are considered welding with backing.

取消单面焊坡口焊缝衬垫。双面焊坡口焊缝按有衬垫考虑。

QW-403 Base Metals 母材

QW-403.16 ϕ Pipe diameter 改变管子直径

A change in the pipe diameter beyond the range qualified in QW-452, except as otherwise permitted in QW-303.1, QW-303.2, QW-381.1（c）, or QW-382（c）.

管子直径的改变超过 QW-452 所评定的范围，但 QW-303.1、QW-303.2、QW-381.1（c）或 QW-382（c）允许者除外。

坡口焊缝焊接技能评定的管径覆盖范围见表 3-12。

表 3-12　坡口焊缝焊接技能评定的管径覆盖范围（QW-452.3）

Outside Diameter of Test Coupon试件的外径/in.（mm）	Outside Diameter Qualified评定的外径/in.（mm）	
	最 小	最 大
Less than 1（25）<25	Size welded 所焊试件尺寸	Unlimited不限
1（25）to $2^7/8$（73）　25~73	1（25）	Unlimited不限
Over $2^7/8$（73）　>73	$2^7/8$（73）	Unlimited不限

GENERAL NOTES注:
（a）Type and number of tests required shall be in accordance with QW-452.1.
　　所需的试验项目和数量应符合QW-452.1的规定。
（b）$2^7/8$ in.（73 mm）O.D. is the equivalent of NPS $2^1/2$（DN 65）.
　　外径$2^7/8$ in.（73mm）相当于NPS（公称管径）$2^1/2$（DN 65）。

QW-303.1 Groove Welds — General. 坡口焊缝——总则

Welders and welding operators who pass the required tests for groove welds in the test positions of Table QW-461.9 shall be qualified for the positions of groove welds and fillet welds shown in Table QW-461.9. In addition, welders and welding operators who pass the required tests for groove welds shall also be qualified to make fillet welds in all thicknesses and pipe diameters of any size within the limits of the welding variables of QW-350 or QW-360, as applicable.

凡通过 QW-461.9 中坡口焊缝试验位置所需试验的焊工和焊机操作工，应取得表 QW-461.9 所示坡口焊缝和角焊缝位置的资格。此外，凡通过坡口焊缝所需试验的焊工和焊机操作工，对所有厚度和各种尺寸管径的角焊缝在 QW-350 或 QW-360 的有关焊接变素范围内也取得资格。

QW-303.2 Fillet Welds— General. 角焊缝——总则

Welders and welding operators who pass the required tests for fillet welds in the test positions of Table QW-461.9 shall be qualified for the positions of fillet welds shown in Table QW-461.9. Welders and welding operators who pass the tests for fillet welds shall be qualified to make fillet welds only in the thicknesses of material, sizes of fillet welds, and diameters of pipe and tube $2^7/8$ in.（73 mm）O.D. and over, as shown in Table QW-452.5, within the applicable essential variables. Welders and welding operators who make fillet welds on pipe or tube less than $2^7/8$ in.（73 mm）O.D. must pass the pipe fillet weld test per Table QW-452.4 or the required mechanical tests in QW-304 and QW-305 as applicable.

凡通过表 QW-461.9 所示角焊缝试验位置所需试验的焊工和焊机操作工，应取得表 QW-461.9 所示角焊缝位置的资格。通过角焊缝试验的焊工和焊机操作工，只能在所采用的重要变素范围内，对各种材料厚度、角焊缝尺寸和外径大于 $2^7/8$ in.（73mm）管子的角焊缝取得资格，见表 QW-452.5。焊接外径小于 $2^7/8$ in.（73mm）管子的角焊缝的焊工和焊机操作工，必须通过表 QW-452.4 所列管子角焊缝试验，或分别通过 QW-304 和 QW-305 所要求的力学性能试验。

QW-403.18　ϕ　P-Number 改变 P-No.

A change from one P-Number to any other P-Number or to abase metal not listed in Table QW/QB-422, except as permitted in QW-423, and in QW-420.

母材从某一 P-No. 改变为另一 P-No.，或改变为表 QW/QB-422 中未列入的母材，但 QW-423 和 QW-420 允许者除外。

QW-423 ALTERNATE BASE MATERIALS FOR WELDER QUALIFICATION 焊工评定用代用母材

QW-423.1 Base metal used for welder qualification may be substituted for the metal specified in the WPS in accordance with the following table. When a base metal shown in the left column is used for welder qualification, the welder is qualified to weld all combinations of base metals shown in the right column, including unassigned metals of similar chemical composition to these metals.

用于焊工评定的母材可根据 WPS 中所规定的母材按下表（表 3-13）所列进行替代，当表中左栏所列母材用于焊工评定时，则该焊工取得焊接右边相应栏所列母材组合的资格，包括未指定 P－No. 但与这些金属有相似化学成分的材料。

焊工评定用母材和焊接产品母材评定范围，见表3－13。

表 3－13　焊工评定用代用母材（QW－423.1）

Base Metals for Welder Qualification 焊工评定用母材	Qualified Production Base Metals 产品母材评定范围
P–No. 1 through P–No. 15F, P–No. 34, or P–No. 41 through P–No. 49 P–No. 1~P–No.15F、P–No. 34或P–No. 41~P–No.49	P–No. 1 through P–No. 15F, P–No. 34, and P–No. 41 through P–No. 49 P–No. 1~P–No.15F、P–No. 34和 P–No. 41~P–No.49
P–No. 21 through P–No. 26 P–No. 21~P–No. 26	P–No. 21 through P–No. 26 P–No. 21~P–No. 26
P–No. 51 through P–No. 53 or P–No. 61 or P–No. 62 P–No. 51~P–No. 53 或 P–No. 61 或 P–No. 62	P–No. 51 through P–No. 53 and P–No. 61 and P–No. 62 P–No. 51~P–No. 53 和 P–No. 61 和P–No. 62
Any unassigned metal to the same unassigned metal 任何未指定的金属至相同的未指定的金属	The unassigned metal to itself 该未指定的金属至其本身
Any unassigned metal to any P-Number metal 任何未指定的金属至任何P–No.金属	The unassigned metal to any metal assigned to the same P-Number as the qualified metal 任何未指定的金属至任何与评定相同的P–No.金属
Any unassigned metal to any other unassigned metal 任何未指定的金属至其他的未指定的金属	The first unassigned metal to the second unassigned metal 第一个未指定的金属至第二个未指定的金属

QW－423.2 Metals used for welder qualification conforming to national or international standards or specifications may be considered as having the same P–Number as an assigned metal provided it meets the mechanical and chemical requirements of the assigned metal. The base metal specification and corresponding P–Number shall be recorded on the qualification record.

符合国家或国际标准的金属材料，如能满足指定金属的力学性能和化学成分要求，在用于焊工评定时，可认为其具有相同的 P－No.，该母材标准和相应的 P－No. 应记入评定记录中。

QW－404.15　ϕ F–Number 改变 F–Number

A change from one F–Number in Table QW–432 to any other F–Number or to any other filler metal, except as permitted in QW–433.

除 QW－433 允许外，填充金属从表 QW－432 中的一个 F–No. 变为另一个 F–No.，或变为其他填充金属。

QW－433　ALTERNATE F–NUMBERS FOR WELDER PERFORMANCE QUALIFICATION 焊工评定用 F–No. 的使用范围

The following tables identify the filler metal or electrode that the welder used during qualification testing as "Qualified With" ,and the electrodes or filler metals that the welder is qualified to use in production welding as "Qualified For". See Table QW-432 for the F-Number assignments.

下表（表 3-14）在"评定使用"栏列出了焊工进行技能评定试验时所用填充金属或焊条的 F-No.，在"评定范围"栏内列出了焊工取得资格后在产品焊接时可使用的 F-No.。F-No. 的编排见表 QW-432。

焊工评定合格后，能够焊接产品的 F-No. 见表 3-14。

表 3-14 焊工评定用 F-No. 的适用范围

Qualified With 评定使用 / Qualified For 评定范围	F-No.1 With Backing 有衬垫	F-No.1 Without Backing 无衬垫	F-No.2 With Backing 有衬垫	F-No.2 Without Backing 无衬垫	F-No.3 With Backing 有衬垫	F-No.3 Without Backing 无衬垫	F-No.4 With Backing 有衬垫	F-No.4 Without Backing 无衬垫	F-No.5 With Backing 有衬垫	F-No.5 Without Backing 无衬垫
F-No.1 With Backing 有衬垫	X	X	X	X	X	X	X	X	X	X
F-No.1 Without Backing 无衬垫		X								
F-No.2 With Backing 有衬垫			X	X	X	X	X	X		
F-No.2 Without Backing 无衬垫				X						
F-No.3 With Backing 有衬垫					X	X	X	X		
F-No.3 Without Backing 无衬垫						X				
F-No.4 With Backing 有衬垫							X	X		
F-No.4 Without Backing 无衬垫								X		
F-No.5 With Backing 有衬垫									X	X
F-No.5 Without Backing 无衬垫										X

Qualified With 评定使用	Qualified For 评定范围
Any F-No. 6 任—F-No. 6	All F-No. 6 [Note（1）] 全部F-No. 6
Any F-No. 21 through F-No. 26 任—F-No.21~F-No.26	All F-No. 21 through F-No. 26 全部F-No.21~F-No.26

（续）

Qualified With 评定使用	Qualified For评定范围
Any F-No. 31, F-No. 32, F-No. 33, F-No. 35, F-No. 36, or F-No. 37 任一F-No.31,F-No.32,F-No.33,F-No.35,F-No.36 或F-No.37	Only the same F-Number as was used during the qualification test 仅限使用与评定时相同的F-No.
F-No. 34 or any F-No. 41 through F-No. 46 F-No. 34 或任一 F-No. 41~F-No. 46	F-No. 34 and all F-No. 41 through F-No. 46 F-No.34和全部F-No.41~F-No.46
Any F-No. 51 through F-No. 55 任一F-No.51~F-No.55	All F-No. 51 through F-No. 55 全部No.51~F-No.55
Any F-No. 61 任一F-No.61	All F-No. 61 全部No.61
Any F-No. 71 through F-No. 72 任一F-No.71~F-No.72	Only the same F-Number as was used during the qualification test 仅限使用与评定时相同的F-No.

NOTE（1）Deposited weld metal made using a bare rod not covered by an SFA Specification but which conforms to an analysis listed in Table QW-442 shall be considered to be classified as F-No. 6.

使用SFA标准所不包括的、但其熔敷焊缝金属化学成分符合表QW-442所列的裸焊条（焊丝），应认为其分类号为F-No.6。

QW-404.30 ϕ t Weld deposit 改变熔敷焊缝厚度 t

A change in deposited weld metal thickness beyond that qualified in accordance with QW-451 for procedure qualification or QW-452 for performance qualification, except as otherwise permitted in QW-303.1 and QW-303.2. When a welder is qualified using volumetric examination, the maximum thickness stated in Table QW-452.1（b）applies.

熔敷焊缝金属厚度的变化超过 QW-451 工艺评定或 QW-452 技能评定的范围，则需重新评定，但 QW-303.1 和 QW-303.2 允许的情况除外。当某焊工采用可测定体积的无损检测评定合格时，评定的最大厚度按表 QW-452.1（b）规定。

评定的焊缝金属厚度见表 3-15。

表 3-15　评定的焊缝金属厚度（Table QW-452.1（b））

Thickness, t, of Weld Metal in the Coupon, 在试件上焊缝金属的厚度/ in.（mm）[Note（1）] and [Note（2）]	Thickness of Weld Metal Qualified [Note（3）] 评定的焊缝金属厚度
All｜全部	$2t$
1/2（13）and over with a minimum of three layers ≥1/2（13），且至少为三层	Maximum to be welded 焊接的最大厚度不限

NOTES注：

（1）When more than one welder and/or more than one process and more than one filler metal F-Number is used to deposit weld metal in a coupon, the thickness, t, of the weld metal in the coupon deposited by each welder with each process and each filler metal F-Number in accordance with the applicable variables under QW-404 shall be determined and used individually in the "Thickness, t, of Weld Metal in the Coupon" column to determine the "Thickness of Weld Metal Qualified."

当在一个试件上由一名以上焊工使用一种以上的焊接方法和一种以上的填充金属F-No.熔敷焊缝金属时，每名焊工在该试件上使用每种焊接方法和每种填充金属F-No. 熔敷的焊缝金属厚度*t*应按其在QW-404中应用的相应变素分别确定其"在试件上焊缝金属厚度*t*"，并据此确定其"评定的焊缝金属厚度"。

（2）Two or more pipe test coupons with different weld metal thickness may be used to determine the weld metal thickness qualified and that thickness may be applied to production welds to the smallest diameter for which the welder is qualified in accordance with QW-452.3.

当焊工是依据QW-452.3 评定时，可使用有不同焊缝金属厚度的两个或更多的管试件来确定其评定的焊缝金属厚度，且该厚度可应用于最小直径的产品焊缝。

（3）Thickness of test coupon of 3/4 in.（19 mm）or over shall be used for qualifying a combination of three or more welders each of whom may use the same or a different welding process.

对于三名或多名焊工在一个试件上进行联合评定时，应使用厚度等于或大于3/4 in.（19 mm）的试件，每个焊工可以使用相同或不同的焊接方法。

QW-405.1 + Position 增加焊接位置

The addition of other welding positions than those already qualified. See QW-120, QW-130, QW-203, and QW-303.

对已经评定的焊接位置增加其他的位置，见 QW-120、QW-130、QW-203 或 QW-303。

QW-303.1 Groove Welds- General. 坡口焊缝——总则

Welders and welding operators who pass the required tests for groove welds in the test positions of Table QW-461.9 shall be qualified for the positions of groove welds and fillet welds shown in Table QW-461.9. In addition, welders and welding operators who pass the required tests for groove welds shall also be qualified to make fillet welds in all thicknesses and pipe diameters of any size within the limits of the welding variables of QW-350 or QW-360, as applicable.

凡通过表 QW-461.9 中坡口焊缝试验位置所需试验的焊工和焊机操作工，应取得表 QW-461.9 所示坡口焊缝和角焊缝位置的资格。此外，凡通过坡口焊缝所需试验的焊工和焊机操作工，对所有厚度和各种尺寸管径的角焊缝在 QW-350 或 QW-360 的有关焊接变素范围内也取得资格。

QW-303.2 Fillet Welds – General. 角焊缝——总则

Welders and welding operators who pass the required tests for fillet welds in the test positions of Table QW-461.9 shall be qualified for the positions of fillet welds shown in Table QW-461.9. Welders and welding operators who pass the tests for fillet welds shall be qualified to make fillet welds only in the thicknesses of material, sizes of fillet welds, and diameters of pipe and tube $2^7/8$ in.（73 mm）O.D. and over, as shown in Table QW-452.5, within the applicable essential variables. Welders and welding operators who make fillet welds on pipe or tube less than $2^7/8$ in.（73 mm）O.D. must pass the pipe fillet weld test per Table QW-452.4 or the required mechanical tests in QW-304 and QW-305 as applicable.

凡通过表 QW-461.9 中角焊缝试验位置所需试验的焊工和焊机操作工，应取得表 QW-461.9 所示角焊缝位置的资格。通过角焊缝试验的焊工和焊机操作工，只能在所采用的重要变素范围内，对各种材料厚度、角焊缝尺寸和外径大于 $2^7/8$ in.（73mm）管子的角焊缝取得资格，见表 QW-452.5。焊接外径小于 $2^7/8$ in.（73mm）管子角焊缝的焊工和焊机操作工，必须通过表 QW-452.4 中的管子角焊缝试验，或分别通过 QW-304 和 QW-305 所要求的力学性能试验。

焊接技能评定时焊接的位置与评定合格后能够焊接的产品直径范围见表 3-16。

表 3-16　焊接技能评定的位置和直径范围（Table QW-461.9）

Qualification Test评定试验		Position and Type Weld Qualified [Note（1）] 取得资格的位置和焊缝类型		
		Groove坡口焊缝		Fillet角焊缝
Weld焊缝	Position位置	Plate and Pipe Over 24in.（610 mm）O.D. 板和管外径＞610mm	Pipe ≤ 24 in.（610 mm）O.D. 管外径≤610mm	Plate and Pipe 板和管
Plate-Groove 板-坡口焊缝	1G	F	F [Note（2）]	F
	2G	F, H	F, H [Note（2）]	F, H
	3G	F, V	F [Note（2）]	F, H, V
	4G	F, O	F [Note（2）]	F, H, O
	3G，4G	F, V, O	F [Note（2）]	All全部
	2G，3G，4G	ALL全部	F, H[Note（2）]	All全部
	Special Positions（SP）特殊位置（SP）	SP, F	SP, F	SP, F
Plate-Fillet 板-角焊缝	1F	—	—	F [Note（2）]
	2F	—	—	F, H [Note（2）]
	3F	—	—	F, H, V [Note（2）]
	4F	—	—	F, H, O [Note（2）]
	3F，4F.	—	—	All全部 [Note（2）]
	Special Positions（SP）特殊位置（SP）	—	—	SP, F [Note（2）]
Pipe-Groove 管-坡口焊缝 [Note（3）]	1G	F	F	F
	2G	F, H	F, H	F, H
	5G	F, V, O	F, V, O	All全部
	6G	All全部	All全部	All全部
	2G，5G	All全部	All全部	All全部
	Special Positions（SP）特殊位置（SP）	SP, F	SP, F	SP, F
Pipe-Fillet 管-角焊缝 [Note（3）]	1F	—	—	F
	2F	—	—	F, H
	2FR	—	—	F, H
	4F	—	—	F, H, O
	5F	—	—	ALL全部
	Special Positions（SP）特殊位置（SP）	—	—	SP, F

NOTES注：

（1）Positions of welding as shown in QW-461.1 and QW-461.2.

　　焊接位置见QW-461.1和QW-462.2。

　　F = Flat平焊，H = Horizontal横焊，V = Vertical立焊，O = Overhead仰焊。

　　SP = Special Positions 特殊位置（see QW-303.3）

（2）Pipe 2$\frac{7}{8}$ in.（73 mm）O.D. and over.

　　管子外径大于或等于2$\frac{7}{8}$ in.（73 mm）。

（3）See diameter restrictions in QW-452.3, QW-452.4, and QW-452.6.

　　见QW-452.3、QW-452.4、QW-452.6规定的直径限制。

QW-405.3 　φ　↑↓ Vertical welding 改变立焊方向

A change from upward to downward, or from downward to upward, in the progression specified for any pass of a vertical weld, except that the cover or wash pass may be up or down. The root pass may also be run either up or down when the root pass is removed to sound weld metal in the preparation for welding the second side.

对任何一道立焊缝的焊接方向，从向上焊改为向下焊，反之亦然，则需重新评定，但盖面焊道或饰面焊道（wash pass）向下或向上均可。如第二面焊接前根部焊道清除到露出优良的焊缝金属，则根部焊道的方向为向下或向上均可。

3.2.2　ASME 压力罐壳体 A 类焊缝的焊条电弧焊焊接技能评定

压力罐在焊接生产前必须按照 ASME 进行焊接技能评定，并且焊工在合格项目范围内持证上岗。经考试合格后的焊工，应确定其能焊接产品的范围（评定范围），填写表 3-17。

3.2　ASME 焊条电弧焊技能评定范围填写要求

表 3-17　焊条电弧焊焊接技能评定表

Welder Performance Qualifications（WPQ）
焊工焊接技能评定

Welder's name焊工姓名＿＿XXX＿＿ Identification No.识别号＿＿XXXXX＿＿

Test Description试验说明

Identification of WPS Followed 遵照的WPS No. WPS06 ■Test Coupon试件□Production weld产品焊缝
Specification and type/grade or UNS Number of base metal（s）母材标准 SA516Gr.70 Thickness:厚度 14mm

Testing Conditions and Qualification Limits
试验变量和评定范围

Welding Variables（QW-350） 焊接变素	Actual Values 实际值	Range Qualified 评定范围
Welding Process（es）焊接方法	SMAW	
Type（i.e.; manual ,semi-automatic）used自动化程度	Manual手工	
Backing（with/without）衬垫（有/无）	Without无	
■Plate □Pipe（enter diameter if pipe or tube）板,管（管子,记入直径）	14mm	
Base metal P-Number to P-Number 母材P-No.	P-No.1	
Filler metal or electrode specification（s）（SFA）（info. only）填充金属或焊材标准（SFA）（仅用作资料）	SFA5.1	
Filler metal or electrode classification（s）（info. only）填充金属或焊材型号（仅用作资料）	E7015	
Filler metal F-Number（s）填充金属F-No.	F-No.4	
Consumable insert（GTAW or PAW）可熔化嵌条（GTAW or PAW）	NA不适用	

（续）

Welding Variables（QW–350） 焊接变素	Actual Values 实际值	Range Qualified 评定范围
Filler metal product form（solid /metal or flux cored/powder） （GTAW or PAW） 填充金属类型（实芯/金属或焊芯/粉末）（GTAW or PAW）	NA不适用	
Deposit thickness for each process每种方法的熔敷厚度		
Process 1: SMAW 3 layers minimum ■Yes □No	14mm	
Process 2: None 3 layers minimum □Yes □ No	NA不适用	
Position qualified（2G,6G,3F,etc.）评定的焊接位置	2G	
Vertical progression（uphill or downhill）立焊方向（上坡/下坡）	NA不适用	
Type of fuel gas（OFW）燃料气体的类型	NA不适用	
Inert gas backing（GTAW,GMAW, PAW）背面惰性保护气体	NA不适用	
Transfer mode（spray/globular or pulse to short circuit–GMAW） 过渡方式（喷射/球状或者脉冲到短路–GMAW）	NA不适用	
GTAW current type /polarity（AC,DCEP,DCEN）GTAW 电流类型/极性	NA不适用	

RESULTS结果

Visual Examination of Completed Weld（QW–302.4）外观检验:_____Acceptable_____
□Transverse face and root bends [QW–462.3（a）] 横向面弯和背弯; □Longitudinal bends [QW–462.3（b）纵向弯曲]; ■Side bends [QW–462.2] 侧弯
□Pipe bend specimen, corrosion–resistant weld metal overlay 管件弯曲，耐蚀金属堆焊[QW–462.5（c）];
□Plate bend specimen, corrosion–resistant weld metal overlay[QW–462.5（d）] 板弯曲，耐蚀金属堆焊
□Pipe specimen, macro test for fusion[QW–462.5（b）] 管试件，宏观
□Plate specimen, macro test for fusion[QW–462.5（e）] 板试件，宏观

Type试验类型	Result结果	Type试验类型	Result结果	Type试验类型	Result结果
Side bend.–1 侧弯试样1	Acceptable合格	Side bend.–3 侧弯试样3	Acceptable合格		
Side bend.–2 侧弯试样2	Acceptable合格	Side bend.–4 侧弯试样4	Acceptable合格		

（续）

Alternative volumetric examination results（QW-191）可测定体积的无损检测结果：__NA__ RT □ or 或 UT □（check one）

Fillet weld-fracture test（QW-181.2）角焊缝断裂试验：__NA__ Length and percent of defects 缺陷的长度和百分比：__NA__

　　□ Fillet welds in plate [QW-462.4（b）]　　□ Fillet welds in pipe [QW-462.4（c）]

Macro examination（QW-184）宏观检测：__NA__ Fillet size（in.）焊脚尺寸：__NA__ × __NA__

Concavity/Convexity（in.）凹度/凸度：__NA__ Other tests其他：__None__ Film or specimens evaluated by 底片或试样评定者___NA___

Company 公司名称_____XXXXXXXXXXXXXXXXX_____

Mechanical tests conducted by力学性能试验者__XXX__ Laboratory test no .实验室编号__XXXXX__

Welding supervised by焊接监督者：_____XXXXX_____（WEC）

We certify that the statements in this record are correct and that the test coupons were prepared, welded, and tested in accordance with the requirements of Section IX of the ASME BOILER AND PRESSURE VESSEL CODE.

兹证明本报告所述均属正确,并且试验是根据ASME规范第IX卷的要求进行试件的准备、焊接和试验的。

Organization 组织名称：_____XXXXXX设备有限公司_____

Date日期：___XXX___　　　　　　Certified by 责任人：_____（焊接责任工程师）　（WEC）

3.2.3　教学案例：ASME 埋弧焊焊接技能评定

1）采用埋弧焊时，焊工焊接技能评定必须要包括的焊接重要变素见表3-18。

表 3-18　埋弧焊焊接技能评定焊接重要变素（Table QW-354）

Paragraph 节号		Brief of Essential Variables 重要变素简述
QW-403 Base Metals 母材	.16	ϕ Pipe diameter 改变管径
	.18	ϕ P-Number 改变P-No.
QW-404 Filler Metals 填充金属	.15	ϕ F-Number 改变F-No.
	.30	ϕ t Weld deposit 改变熔敷焊缝t
QW-405 Positions 焊接位置	.1	+ Position 增加焊接位置

2）焊机操作工技能评定的变素解释如下。

QW-360 焊机操作工评定的焊接变素

QW-361 GENERAL 总则

A welding operator shall be requalified whenever a change is made in one of the following essential variables (QW-361.1 and QW-361.2). There may be exceptions or additional requirements for the processes of QW-362, QW-363, and the special processes of QW-380.

当出现下列之一的重要变素改变时，应要求对焊机操作工重新评定，但 QW-362、QW-363涉及的焊接方法和 QW-380 的特殊焊接方法可作为例外或另有附加要求。

QW-361.2 Essential Variables — Machine Welding 机动焊的重要变素

（a）A change in the welding process.

焊接方法的改变。

（b）A change from direct visual control to remote visual control and vice versa.

从直接可见控制变为遥控或反之。

（c）The deletion of an automatic arc voltage control system for GTAW.

钨极气体保护焊取消自动稳压系统。

（d）The deletion of automatic joint tracking.

取消自动（接头）跟踪。

（e）The addition of welding positions other than those already qualified (see QW-120, QW-130, and QW-303).

在已评定的焊接位置外增加焊接位置（见 QW-120、QW-130、QW-303）。

（f）The deletion of consumable inserts, except that qualification with consumable inserts shall also qualify for fillet welds and welds with backing.

取消可熔化嵌条，但带可熔化嵌条接头的评定也取得角焊缝和带衬垫焊缝的资格。

（g）The deletion of backing. Double-welded groove welds are considered welding with backing.

取消衬垫。双面焊坡口焊缝作为有衬垫考虑。

（h）A change from single pass per side to multiple passes per side but not the reverse.

从每面单道焊改为每面多焊道，但不反之。

（i）For hybrid plasma-GMAW welding, the essential variable for welding operator qualification shall be in accordance with Table QW-357.

对于等离子 -GMAW 混合焊接，焊机操作工评定的重要变素按照表 QW-357 的规定。

3）埋弧焊焊机操作工技能评定见表 3-19。

表 3-19　埋弧焊焊机操作工技能评定

WELDING OPERATOR PERFORMANCE QUALIFICATIONS （WOPQ）
焊机操作工技能评定

Welding operator's name 焊接操作工姓名　XXX　　Identification No. 识别号　XXX

Test Description 试验说明

Identification of WPS followed 遵照的WPS No.　WPS07　　Test coupon 试件　□Production weld 产品焊缝

Specification and type/grade or UNS Number of base metal（s）母材标准　SA516Gr.70　Thickness 厚度　14mm

Base metal P-Number　1　to P-Number　1　Position 位置（2G,6G,3F,etc.）　1G

□Plate 板　□ Pipe 管（enter diameter, if pipe or tube 管子，记入直径）:　14mm

Filler metal（SFA）specification 填充金属标准　SFA5.17　Filler metal or electrode classification 填充金属或焊材型号　EM13K

（续）

Testing Variables and Qualification Limits When Using Automatic Welding Equipment

Welding Variables （QW-361.1）焊接变素	Actual Values 实际值	Range Qualified 评定范围
Type of welding（automatic）焊接类型（自动）	NA	NA
Welding process 焊接方法	NA	NA
Filler metal used （Yes/No）（EBW or LBW）填充金属	NA	NA
Type of laser for LBW（CO_2 to YAG. etc.）激光类型	NA	NA
Continuous drive or inertia welding（FW）连续驱动或惯性焊接	NA	NA
Vacuum or out of vacuum（EBW）真空或非真空	NA	NA

Testing Variables and Qualification Limits When Using Machine Welding Equipment

Welding Variables（QW-361.2）焊接变素	Actual Values 实际值	Range Qualified 评定范围
Type of welding（machine）焊接类型（机械）	Machine	Machine
Welding process 焊接方法	SAW	SAW
Direct or remote visual control 直接/遥控目视控制	Direct visual control	Direct visual control
Automatic arc voltage control（GTAW）自动电弧电压控制（GTAW）	NA	NA
Automatic joint tracking 自动连接跟踪	Without	With or without
Position qualified（2G,6G,3F,etc.）评定位置（2G,6G,3F等）	1G	F
Consumable inserts（GTAW or PAW）可熔化嵌条	NA	NA
Backing （with / without）衬垫（有/无）	With	With
Single or multiple passes per side 每面单道或多道焊	Multiple	Single or multiple

RESULTS 结果

Visual examination of completed weld （QW-302.4）外观检验:＿＿＿＿＿Acceptable合格

□Transverse face and root bends [QW-462.3（a）] 横向面弯和背弯： □Longitudinal bends [QW-462.3（b）纵向弯曲]; ■Side bends [QW-462.2] 侧弯

□Pipe bend specimen, corrosion-resistant weld metal overlay 管件弯曲，耐蚀金属堆焊[QW-462.5（c）];

□Plate bend specimen, corrosion-resistant weld metal overlay[QW-462.5（d）] 板弯曲，耐蚀金属堆焊

□Pipe specimen, macro test for fusion[QW-462.5（b）] 管试件，宏观

□Plate specimen, macro test for fusion[QW-462.5（e）] 板试件，宏观

Type试验类型	Result结果	Type试验类型	Result结果	Type试验类型	Result结果
Side bend.-1	Acceptable	Side bend.-3	Acceptable		
Side bend.-2	Acceptable	Side bend.-4	Acceptable		

（续）

Alternative volumetric examination results（QW–191）射线检测：___NA___　RT □ or UT □（check one）

Fillet weld–fracture test（QW–181.2）角焊缝断裂试验：__NA__　Length and percent of defects 缺陷的长度和百分比：__NA__

　　　□ Fillet welds in plate [QW–462.4（b）]　　　□ Fillet welds in pipe [QW–462.4（c）]

Macro examination（QW–184）宏观检测：__NA__　Fillet size/in. 焊脚尺寸：_NA_ × _NA_　Concavity/Convexity/in. 凹度/凸度：_NA_ Other tests: _None_　Film or specimens evaluated by 底片或试样评定者：___NA___

Company公司名称_____XXX

Mechanical tests conducted by 力学性能试验者__XXX__　Laboratory test no .实验室编号：__XXXX__

Welding Supervised by 焊接监督者：_____XXXXXXX_____（WEC）

We certify that the statements in this record are correct and that the test coupons were prepared, welded, and tested in accordance with the requirements of Section IX of the ASME BOILER AND PRESSURE VESSEL CODE.

兹证明本报告所述均属正确,并且试验是根据ASME规范第IX卷的要求进行试件的准备、焊接和试验的。

Organization 组织名称：_____XXXXXXX设备有限公司

Date 日期：___XXX___　　　　　　　　Certified by:责任人_____焊接责任工程师_____（WEC）

思考与练习

一、单选题

1. 在埋弧焊焊接技能评定过程中，自动连接跟踪项目的考试实际值为"Without 无"。在标准中自动连接跟踪为一项重要变素，标准要求取消自动跟踪时需要重新评定。根据上述的条件，确定其评定范围为（　　）。

   A. Without　　　　　　B. With　　　　　　C. With or without　　　D. NA

2. 在埋弧焊焊接技能评定过程中，自动连接跟踪项目的考试实际值为"With 有"。在标准中自动连接跟踪为一项重要变素，标准要求取消自动跟踪时需要重新评定。根据上述的条件，确定其评定范围为（　　）。

   A. Without　　　　　　B. With　　　　　　C. With or without　　　D. NA

3. 以下四个选项中，表示为"平焊"的符号为（　　）。

   A. H　　　　　　　　B. F　　　　　　　　C. O　　　　　　　　D. SP

4. 在焊接位置的表示方法中，"F"表示的是（　　）。

   A. 特殊位置　　　　　B. 仰焊　　　　　　C. 立焊　　　　　　D. 平焊

5. 进行埋弧焊焊接技能评定过程中，"每面单道或多道焊"为一项重要变素，实际值为"Multiple 多道焊"，标准中机动焊的重要变素中规定"从每面单道焊改为每面多道焊，但不反之"。根据上述条件，可确定评定范围为（　　）。

   A. Single or multiple 单道或多道焊　　　　　B. Single 单道焊

   C. Multiple 多道焊　　　　　　　　　　　　D. NA

6. 进行埋弧焊焊接技能评定过程中，"每面单道或多道焊"为一项重要变素，实际值为"Single 单道焊"，标准中机动焊的重要变素中规定"从每面单道焊改为每面多道焊，但不反之"。根据上述条件，可确定评定范围为（　　）。

A. Single or multiple 单道或多道焊　　　　B. Single 单道焊

C. Multiple 多道焊　　　　　　　　　　　D. NA

7. 确定焊接技能评定范围时，若取消衬垫为重要变素，当焊工评定的实际值为无衬垫时，评定范围为（　　）

A. 有衬垫　　　　　B. 无衬垫　　　　　C. 有或无衬垫　　　　　D. NA

二、判断题

1. 焊接技能评定考试应按照经过评定的相应的焊接工艺规程（WPS）或标准焊接工艺规程（SWPS）进行焊接。（　　）

2. 焊接技能评定表格中，不仅包含了焊工的姓名信息，还包含了该焊工的唯一的识别号。（　　）

3. 焊接技能评定考试是一项独立的考试项目，需要根据考试大纲进行考试，不需要按照经过评定的焊接工艺规程（WPS）进行。（　　）

4. 埋弧焊为一种半自动焊接方法，因此进行焊接技能评定时需要参照机动焊的重要变素确定其评定范围。（　　）

5. 无论是手工焊接方法，还是半自动焊接方法，只需要参照焊接方法的重要变素表确定其评定范围，均不需要参照机动焊的重要变素确定其评定范围。（　　）

6. 进行焊接技能评定时，考试所用的试样厚度应严格遵照焊接工艺评定记录（PQR）所用试样的厚度。（　　）

7. 进行焊接技能评定时，考试所用的试样厚度可以在焊接工艺规程（WPS）覆盖范围内，选择评定范围尽可能大的试样厚度进行考试。（　　）

8. 通过了焊条电弧焊焊工评定考试的焊工，可以进行任何焊接方法的操作。（　　）

9. 进行焊接技能评定过程中，只需要焊工按照考试内容完成焊接操作，不要求焊后的试样通过外观检验、力学性能检测等技能评定规定的试验。（　　）

10. 在焊接技能评定过程中，若焊后试样通过了外观检验，则表格中将被填入"Acceptable"。（　　）

11. 焊接技能评定的力学性能试验所需试样的形式和数量应根据企业要求自行确定。（　　）

12. 焊接技能评定的力学性能试验所需试样的形式和数量需根据标准内容确定。（　　）

13. 焊接技能评定过程中，力学性能试验的试样数量越多越好。（　　）

项目四

编制中和釜焊接
工艺规程

项目导入

通过前面三个项目的教学，本项目要求学生利用业余时间自主编制中和釜焊接工艺规程，建议学生之间相互检查、讨论交流、共同提高。培养学生自主学习、相互评价、独立思考、发现问题、分析问题和解决问题的能力，以及终生学习和可持续发展的能力。

学习目标

1. 能够分析中和釜装配图和零部件图的焊接工艺性。

2. 能够分析中和釜产品的结构尺寸，画出焊接接头编号表。

3. 能够依据NB/T 47014—2011（JB/T 4708）的要求，确定合适的焊接工艺评定。

4. 能选择合格项目范围内的持证焊工。

5. 编制中和釜A、B、C、D、E类焊接接头焊接作业指导书。

6. 锻炼自主学习和勤于思考的能力。

7. 树立自觉遵守法规和标准的意识。

8. 具有良好的职业道德和敬业精神。

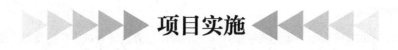

必备知识

4.1 焊接工艺评定

在保证焊接质量的前提下，要尽量节约资源，减少焊接工艺评定的数量，所以 NB/T47014—2011 制定了焊接工艺评定规则。根据材料的焊接性、焊接工艺评定级别规律和焊接管理要求，找出焊接工艺评定因素的内在联系，将各种焊接工艺评定因素分类、分组，并制定相互替代关系、覆盖关系等。

当变更焊接工艺评定因素时，要充分注意和遵守相关的各项评定规则。NB/T 47014—2011 将各种焊接方法中影响焊接接头性能的焊接工艺评定因素划分为通用焊接工艺评定因素和专用焊接工艺评定因素；其中专用焊接工艺评定因素又分为重要因素、补加因素和次要因素。

根据实际情况，分析中和釜所有焊缝可能采用的焊接方法，依据 NB/T 47014—2011，必须认真分析各条焊缝所需要评定的焊接工艺。主要包括以下几方面：

1）各种焊接方法的重要因素、补加因素和次要因素。

2）当焊件材料有冲击试验要求时，每个重要因素和补加因素都要得到评定；当没有冲击试验要求时，每个重要因素都要得到评定。

3）尽量减少焊接工艺评定的数量，具体措施如下：

①在同一组别内最好选择规定进行冲击试验的钢号进行评定。

②本单位若需要多种焊接位置，则首选向上立焊评定焊接工艺。

③对于常用钢号，对钢材厚度统一考虑，使每个试件覆盖的厚度范围不重复或少重复。

④尽量选用低氢型药皮焊条，选用产品可能使用的最大直径的焊条。

⑤尽量选用产品可能使用的热输入最大值。

⑥充分利用已进行过评定试件覆盖范围用于两种或两种以上焊接方法（或焊接工艺）焊接同一焊缝的焊件。用已评定的两个或两个以上的评定来覆盖同一焊缝。

⑦对于要求焊后热处理的试件，确定热处理的保温时间时，应充分考虑产品的厚度、返修和环焊缝重复加热等因素。

4.2 特种设备持证焊工

TSG Z6002—2010《特种设备焊接操作人员考核细则》对焊工考试基本条件、考试内容、方法和合格指标做出了详细的规定。

1. 焊工初考要求

TSG Z6002—2010 第十七条规定报名参加考试的焊工，应当向考试机构提交以下资料：

①《特种设备焊接操作人员考试申请表》，1 份。

②居民身份证复印件，1 份。

③正面近期免冠照片 1 寸，2 张。

④初中以上（含初中）毕业证书（复印件）或者同等学历证明，1 份。

⑤医疗卫生机构出具的含有视力、色盲等内容的身体健康证明。

《特种设备焊接操作人员考试申请表》由用人单位或者培训机构签署意见，并且明确申请人经过安全教育和培训的内容及课时。

2. 焊工复审要求

TSG Z6002—2010 第二十四条规定，《特种设备作业人员证》每四年复审一次。第二十五条规定，持证焊工应当在期满 3 个月前，将复审申请资料提交给原考试机构，委托考试机构统一向发证机关提出复审申请；焊工个人也可以将复审申请资料直接提交原发证机关，申请复审。

TSG Z6002—2010 第二十六条规定，申请复审时，持证焊工应当提交以下资料：

①《特种设备焊接操作人员复审申请表》，1 份。

②《特种设备作业人员证》（原件）。

③《特种设备焊接操作人员焊绩记录表》，1 份。

④《特种设备焊接操作人员考试基本情况表》，1 份。

⑤焊接操作技能考试检验记录表（适用于重新考试或抽考的焊工，1 份）。

⑥医疗卫生机构出具含有视力、色盲等内容的身体健康证明（原件）。

《特种设备焊接操作人员复审申请表》由聘用焊工的单位（以下简称用人单位）或者培训机构签署意见，明确申请人经过安全教育和培训的内容及课时，有无违规、违法等不良记录。

3. 焊工考试要求

TSG Z6002—2010 第六条规定，焊工考试包括基本知识考试和焊接操作技能考试两部分。考试内容应当与焊工所申请的项目范围相适应。基本知识考试采用计算机答题方法，焊接操作技能考试采用施焊试件并进行检验评定的方法。

申请通过资料审核后，安排基本知识考试（复审有免考规定），基本知识考试合格后，才能参加焊接操作技能考试。

焊工焊接操作技能考试不合格者，允许在 3 个月内补考一次。每个补考项目的试件数量按 TSG Z6002—2010 中表 A-13 的规定，试件检验项目、检查数量和试样数量按表 A-14 的规定。其中弯曲试验，无论一个或两个试样不合格，均不允许复验，本次考试为不合格。

4. 持证焊工管理

用人单位应当结合本单位的实际情况，制订焊工管理办法，建立焊工焊接档案。焊工焊接档案应当包括焊工焊绩、焊缝质量汇总结果、焊接质量事故等内容，并且为焊工的取证和复审提供客观真实的证明资料。

4.3　焊接工艺分析

4.3.1　焊接材料

焊接材料包括焊条、焊丝、焊带、焊剂、气体、电极和衬垫等。

1. 焊接材料选用原则

1）焊缝金属的力学性能应高于或等于母材规定的限值，当需要时，其他性能也不应低于母材相应要求；力学性能和其他性能满足设计文件规定的技术要求。

2）合适的焊接材料与合理的焊接工艺相配合，以保证焊接接头性能在经历制造工艺过程后，还能满足设计文件规定和服役要求。

3）制造（安装）单位应掌握焊接材料的焊接性，用于压力容器的焊接材料应有焊接试验或实践基础。

压力容器用焊接材料应符合 NB/T 47018—2017 的规定。

焊接材料应有产品质量证明书，并符合相应标准的规定。使用单位应根据质量管理体系规定按相关标准验收或复验，合格后方准使用。

2. 各类钢材的焊接材料选用原则

（1）碳素钢相同钢号相焊　选用焊接材料应保证焊缝金属的力学性能高于或等于母材规定的限值，或符合设计文件规定的技术要求。

（2）强度型低合金钢相同钢号相焊　选用焊接材料应保证焊缝金属的力学性能高于或等于母材规定的限值，或符合设计文件规定的技术要求。

（3）耐热型低合金钢相同钢号相焊

1）选用焊接材料应保证焊缝金属的力学性能高于或等于母材规定的限值，或符合设计文件规定的技术要求。

2）焊缝金属中的 Cr、Mo 含量与母材标准规定的含量相当，或符合设计文件规定的技术要求。

（4）低温型低合金钢相同钢号相焊　选用焊接材料应保证焊缝金属的力学性能高于或等于母材规定的限值，或符合设计文件规定的技术要求。

（5）高合金钢相同钢号相焊　选用焊接材料应保证焊缝金属的力学性能高于或等于母材规定的限值。当需要时，其耐蚀性能不应低于母材相应的要求，或力学性能和耐蚀性能符合设计文件规定的技术要求。

（6）用生成奥氏体焊缝金属的焊接材料焊接非奥氏体钢母材　焊接时，应慎重考虑母材与焊缝金属膨胀系数不同而产生的应力作用。

（7）不同钢号钢材相焊

1）不同强度等级钢号的碳素钢、低合金钢钢材之间相焊时，选用焊接材料应保证焊缝金属的抗拉强度高于或等于强度较低一侧母材抗拉强度下限值，且不超过强度较高一侧母材标准规定的上限值。

2）奥氏体高合金钢与碳素钢、低合金钢之间相焊时，选用焊接材料应保证焊缝金属的抗裂性能和力学性能。当设计温度不超过370℃时，采用铬、镍含量较奥氏体高合金钢母材高的奥氏体不锈钢焊接材料；当设计温度高于370℃时，宜采用镍基焊接材料。

3. 焊接材料的使用

1）焊材使用前，焊丝需去除油、锈；保护气体应保持干燥。

2）除真空包装外，焊条、焊剂应按产品说明书规定的规范进行再烘干，经烘干之后可放入保温箱内（100~150℃）待用。对烘干温度超过350℃的焊条，累计烘干次数不宜超过3次。

3）常用钢号推荐选用的焊接材料见表4-1。不同钢号相焊时，钢号分类分组见表4-2。不同类别、组别相焊推荐选用的焊接材料见表4-3。

表 4-1　常用钢号推荐选用的焊接材料

钢号	焊条电弧焊		埋弧焊		CO$_2$气保焊	氩弧焊
	焊条型号	焊条牌号示例	焊剂型号	焊剂牌号及焊丝牌号示例	焊丝型号	焊丝牌号
10（管）20（管）	E4303 E4316 E4315	J422 J426 J427	F4A0-H08A	HJ431-H08A	—	—
Q235B Q235C 20G Q245R，20（锻）	E4316 E4315	J426 J427	F4A2-H08MnA	HJ431-H08MnA	—	—
16Mn，Q345R	E5016 E5015 E5003	J506 J507 J502	F5A0-H10Mn2 F5A2-H10Mn2	HJ431-H10Mn2 HJ350-H10Mn2 SJ101-H10Mn2	ER49-1 ER50-6	—
16MnD 16MnDR	E5016-G E5015-G	J506RH J507RH	—	—	—	—
20MnMo	E5015 E5515-G	J507 J557	F5A0-H10Mn2A F55A0-H08MnMoA	HJ431-H10Mn2A HJ350-H08MnMoA	—	—
20MnMoD	E5016-G E5015-G E5516-G	J506RH J507RH J556RH	—	—	—	—
15CrMo 15CrMoG 15CrMoR	E5515-B2	R307	F48P0-H08CrMoA	HJ350-H08CrMoA SJ101-H08CrMoA	ER55-B2	H08CrMoVA
12Cr5Mo	E5MoV-15	R507	—	—	—	—

（续）

钢号	焊条电弧焊		埋弧焊		CO₂气保焊	氩弧焊
	焊条型号	焊条牌号示例	焊剂型号	焊剂牌号及焊丝牌号示例	焊丝型号	焊丝牌号
06Cr19Ni10	E308-16 E308-15	A102 A107	F308-H08Cr21Ni10	SJ601-H08Cr21Ni10 HJ260-H08Cr21Ni10	—	H08Cr21Ni10
06Cr18Ni11Ti	E347-16 E347-15	A132 A137	F347-H08Cr20Ni10Nb	SJ641-H08Cr20Ni10Nb	—	H08Cr19Ni10Ti
06Cr19Ni12Mo2	E316-16 E316-15	A202 A207	F316-H06Cr19Ni12Mo2	SJ601-H06Cr19Ni12Mo2 HJ260-H06Cr19Ni12Mo2	—	H06Cr19Ni12Mo2
06Cr17Ni12Mo2Ti	E316L-16 E318-16	A022 A212	F316L-H03Cr19Ni12Mo2	SJ601-H03Cr19Ni12Mo2 HJ260-H03Cr19Ni12Mo2	—	H03Cr19Ni12Mo2
06Cr19Ni13Mo3	E317-16	A242	F317L-H08Cr19Ni14Mo3	SJ601-H08Cr19Ni14Mo3 HJ260-H08Cr19Ni14Mo3	—	H08Cr19Ni14Mo3

表4-2　钢号分类分组表

类别	组别	钢号示例
Fe-1	Fe-1-1	20、10
		Q245R
	Fe-1-2	Q345R、16MnDR、15MnNiDR、09MnNiDR、Q345D
		16Mn、16MnD、09MnNiD、09MnD
	Fe-1-3	Q370R、15MnNiNbDR
	Fe-1-4	08MnNiMoVD、12MnNiVR
		07MnMoVR、07MnNiMoDR、07MnNiVDR
Fe-3	Fe-3-1	12CrMo
	Fe-3-2	20MnMo、20MnMoD、10MoWVNb
		12SiMoVNb
	Fe-3-3	13MnNiMoR、18MnMoNbR、20MnMoNb、20MnNiMo
Fe-4	Fe-4-1	15CrMoR、15CrMo、14Cr1Mo、14Cr1MoR
	Fe-4-2	12Cr1MoVR、12Cr1MoVG
Fe-5A	—	12Cr2Mo1、12Cr2Mo、12Cr2Mo1R
		12Cr2MoG、08Cr2AlMo
Fe-5B	Fe-5B-1	12Cr5Mo
Fe-6		06Cr13（S41008）

（续）

类别	组别	钢号示例
Fe-7	Fe-7-1	06Cr13（S11306）、06Cr13Al
Fe-8	Fe-8-1	06Cr19Ni10、022Cr19Ni10、06Cr17Ni12Mo2
		022Cr17Ni12Mo2、06Cr18Ni11Ti
		06Cr17Ni12Mo2Ti、06Cr19Ni13Mo3
		022Cr19Ni13Mo3、06Cr18Ni11Nb
	Fe-8-2	16Cr23Ni13、06Cr23Ni13、20Cr25Ni20、06Cr25Ni20

注：钢号分类、分组同NB/T 47014—2011。

表4-3 不同类别、组别相焊推荐选用的焊接材料

钢材种类	接头母材、类别、组别代号	焊条电弧焊		埋弧焊		氩弧焊	备注
		焊条型号	焊条牌号示例	焊剂型号	焊剂牌号及焊丝牌号示例	焊丝牌号	
低碳钢与强度型低合金钢相焊	Fe-1-1与Fe-1-2、Fe-1-3、Fe-1-4相焊	E4315 E4316	J427 J426	F4A0-H08A F4A2-H08MnA	HJ431-H08A HJ431-H08MnA SJ101-H08A SJ101-H08MnA	—	—
		E5015 E5016	J507 J506				
低碳钢与耐热型低合金钢焊接	Fe-1-1与Fe-4、Fe-5A、Fe-5B-1相焊	E4315	J427	F4A0-H08A	HJ431-H08A HJ350-H08A SJ101-H08A	—	—
强度型低合金钢与耐热型低合金钢相焊	Fe-1-2与Fe-4、Fe-5A、Fe-5B-1相焊	E5015 E5016	J507 J506	F5A0-H10Mn2	HJ431-H10Mn2	—	—
耐热型合金钢与铁素体马氏体不锈钢焊接	Fe-4、Fe-5A与Fe-6、Fe-7相焊	E309-16	A302	F309-H12Cr24Ni13	—	H12Cr24Ni13	不进行焊后热处理时采用
		E309-15	A307				不进行焊后热处理时采用
	Fe-4、Fe-5B-1与Fe-6、Fe-7相焊	E310-15	A407	F310-H12Cr26Ni21	—	H12Cr26Ni21	不进行焊后热处理时采用
强度型低合金钢与奥氏体不锈钢相焊	Fe-1-1、Fe-1-2、Fe-1-3、Fe-3-1、Fe-3-2与Fe-8-1相焊	E309-16	A302	F309-H12Cr24Ni13	—	H12Cr24Ni13	不进行焊后热处理时采用
		E309-15	A307				
		E309Mo-16	A312				
	Fe-1-4、Fe-3-3与Fe-8-1相焊	E310-16	A402	F310-H12Cr26Ni21	—	H12Cr26Ni21	不进行焊后热处理时采用
		E310-15	A407				

（续）

钢材种类	接头母材、类别、组别代号	焊条电弧焊		埋弧焊		氩弧焊	备注
		焊条型号	焊条牌号示例	焊剂型号	焊剂牌号及焊丝牌号示例	焊丝牌号	
耐热型低合金钢与奥氏体不锈钢相焊	Fe-4、Fe-5A与Fe-8-1相焊	E309-16	A302	F309-H12Cr24Ni13	——	H12Cr24Ni13	不进行焊后热处理时采用
		E309-15	A307				
	Fe-5B-1与Fe-8-1相焊	E310-16	A402	F310-H12Cr26Ni21	——	H12Cr26Ni21	不进行焊后热处理时采用
		E210-15	A407				

4.3.2　焊接坡口

1. 坡口的选择

焊接坡口应根据图样要求或工艺条件选用标准坡口或自行设计。选择坡口形式和尺寸时应考虑下列因素：

1）焊接方法。

2）母材种类与厚度。

3）焊缝填充金属尽量少。

4）避免产生缺陷。

5）减少焊接变形与残余应力。

6）有利于焊接防护。

7）焊工操作方便。

8）复合材料的坡口应有利于减少过渡焊缝金属的稀释率。

2. 坡口制备

制备坡口可采用冷加工法或热加工法。采用热加工方法制备坡口时，需用冷加工法去除影响焊接质量的表面层。

1）碳素钢和标准抗拉强度下限值不大于 540MPa 的强度型低合金钢可采用冷加工方法，也可采用热加工方法制备坡口。

2）耐热型低合金钢、高合金钢和标准抗拉强度下限值大于 540MPa 的强度型低合金钢，宜采用冷加工方法。若采用热加工方法，应用冷加工方法去除影响焊接质量的表面层。

3）焊接坡口表面应保持平整，不应有裂纹、分层、夹杂物等缺陷。

3. 坡口清理

1）坡口表面及附近（以离坡口边缘的距离计，焊条电弧焊每侧约 10mm，埋弧焊、等离子弧焊、气体保护焊每侧约 20mm）应将水、锈、油污、积渣和其他有害杂质清理干净。

2）不锈钢坡口两侧应做必要防护，防止黏附焊接飞溅。

4. 坡口组对、定位

1）组对定位过程中要注意保护不锈钢和有色金属表面，防止发生机械损伤。

2）组对定位后，坡口间隙、错边量、棱角度等应符合图样规定或施工要求。

3）避免强力组装，定位焊缝长度及间距应符合焊接工艺文件的要求。

4）焊接接头拘束度大时，宜采用抗裂性能更好的焊材施焊。

4.3.3 预热

预热可以降低焊接接头的冷却速度，防止母材和热影响区产生裂纹，改善焊接接头的塑性和韧性，减少焊接变形，降低焊接区的残余应力。

预热常常恶化劳动条件，使生产工艺复杂化，过高的预热和层间温度还会降低接头韧性，因此，焊前是否需要预热和预热温度的确定要认真考虑。

1）压力容器焊前预热及预热温度应根据母材交货状态、化学成分、力学性能、焊接性、厚度及焊件的拘束程度等因素确定。

2）焊接接头的预热温度除参照相关标准外，一般通过焊接性试验确定。实施的预热温度还要考虑到环境温度、结构拘束度等因素的影响。

3）采取局部预热时，应防止局部应力过大。

4）预热的范围应大于测温点 A 所示区间（图 4-1），在此区间内任意点的温度都要满足规定的要求。

5）需要预热的焊件接头温度在整个焊接过程中应不低于预热温度。

6）当用热加工法下料、开坡口、清根、开槽或施焊临时焊缝时，也需考虑预热要求。

7）预热温度的测量。

①应在加热面的背面测定温度。如做不到，应先移开加热源，待母材厚度方向上温度均匀后测定温度。温度均匀化的时间按每 25mm 母材厚度需 2min 的比例确定。

②测温点位置（图 4-1）：

a）当焊件焊缝处母材厚度小于或等于 50mm 时，A 等于 4 倍母材厚度 δ_s，且不超过 50mm。

b）当焊件焊缝处母材厚度大于 50mm 时，$A \geqslant 75mm$。

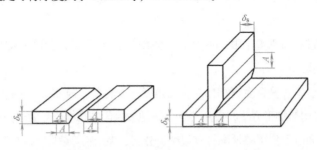

图 4-1　测温点位置

8）常用钢材推荐的最低预热温度见表 4-4。

①当焊接两种不同类别的钢材组成的焊接接头时，预热温度应按要求高的钢材选用。

②碳钢和低合金钢的最高预热温度和道间温度不宜大于 300℃。

表 4-4 中只考虑了钢号和厚度两个因素，当遇有拘束度较大或环境温度低等情况时还应适当增加预热温度。

表 4-4　常用钢材推荐的最低预热温度

钢材类别	预热条件	最低预热温度/℃
Fe-I	①规定的抗拉强度下限值大于或等于490MPa，且接头厚度大于25mm	80
	②除①外的其他材料	15
Fe-3	①规定的抗拉强度下限值大于490MPa，或接头厚度大于16mm	80
	②除①外的其他材料	15
Fe-4	①规定的抗拉强度下限值大于410MPa，或接头厚度大于13mm	120
	②除①外的其他材料	15
Fe-5A Fe-5B-1	①规定的抗拉强度下限值大于410MPa	200
	②规定最低铬含量大于6.0%（质量分数）且接头厚度大于13mm	
	③除①、②外的其他材料	150
Fe-6	—	200
Fe-7	—	不预热
Fe-8	—	不预热
Fe-9B	—	150

注：钢材类别按 NB/T 47014—2011。

4.3.4　后热

后热就是焊接后立即对焊件的全部或局部进行加热或保温，使其缓冷的工艺措施。它不等于焊后热处理，后热有利于焊缝中扩散氢加速逸出，减少焊接残余变形与残余应力，所以后热是防止焊接冷裂纹的有效措施之一；采用后热还可以降低预热温度，有利于改善焊工劳动条件，后热对于容易产生冷裂纹又不能立即进行焊后热处理的焊件，更为现实有效。

1）对冷裂纹敏感性较大的低合金钢和拘束度较大的焊件应采取后热措施。

2）后热应在焊后立即进行。

3）后热温度一般为 200 ~ 350℃，保温时间与后热温度、焊缝金属厚度有关，一般不少于 30min。

温度达到 200℃以后，氢在钢中大大活跃起来，消氢效果较好；后热温度的上限一般不超过马氏体转变终了温度，定为 350℃。国内外标准都没有规定后热保温时间，根据工程实践经验，一般不低于 0.5h。同时，保温时间与焊缝厚度有关，厚度越大，保温时间越长。

4）若焊后立即进行热处理，则可不进行后热。

4.3.5　焊后热处理

1. 概述

焊接过程是不均匀的加热和冷却过程，焊缝金属的热胀冷缩等使焊接时产生较大的焊接应力，焊件焊后的热应力超过弹性极限，以致冷却后焊件中留有未能消除的应力，称为焊接残余应力。

消除焊接残余应力最通用的方法是高温回火，即将焊件放在热处理炉内加热到一定温度并保温一定时间，利用材料在高温下屈服极限的降低，使内应力高的地方产生塑性流动，弹性变形逐渐减少，塑性变形逐渐增加，从而使应力降低。

焊后热处理对金属抗拉强度、蠕变极限的影响与热处理的温度和保温时间有关。焊后热处理对焊缝金属冲击韧性的影响随钢种不同而不同。

碳素钢和低合金钢低于490℃的热过程，高合金钢低于315℃的热过程，均不作为焊后热处理对待。

2. 焊后热处理厚度（δ_{PWHT}）

1）等厚度全焊透对接接头的 δ_{PWHT} 为其焊缝厚度（余高不计），此时与母材厚度相同。

2）对接焊缝连接的焊接接头中，δ_{PWHT} 等于焊缝厚度；角焊缝连接的焊接接头中，δ_{PWHT} 等于角焊缝厚度；组合焊缝连接的焊接接头中，δ_{PWHT} 等于对接焊缝和角焊缝厚度中较大者。

3）不同厚度受压元件相焊时的 δ_{PWHT}：

①两相邻对接受压元件中取其较薄一侧母材厚度。

②如图 4-2 所示筒体内封头，取壳体厚度或角焊缝厚度中较大者。

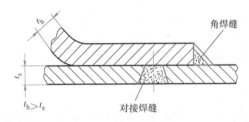

图 4-2 内封头焊接结构图

③在壳体上焊接管板、平封头、盖板、凸缘或法兰时，除图 4-3 所示 $\delta_f > \delta_o$ 这一类情况外，取壳体厚度。

④接管、人孔等连接件与壳体、封头相焊时，取连接件颈部焊缝厚度、壳体焊缝厚度、封头焊缝厚度，或补强板、连接件角焊缝厚度之中的较大者。

⑤接管与法兰相焊时，取接管颈在接头处的焊缝厚度。

⑥当非受压元件与受压元件相焊，取焊接处的焊缝厚度。

⑦管子与管板焊接时，取其焊缝厚度。

⑧焊接返修时，取其所填充的焊缝金属厚度。

4）下列情况下，应按未经焊后热处理的压力容器或零部件中最大 δ_{PWHT}，作为焊后热处理的计算厚度：

①压力容器整体焊后热处理。

②同炉内装入多台压力容器或零部件。

3. 焊后热处理规范

1）焊后热处理推荐规范见表4-5，当低碳钢和某些低合金钢焊后热处理温度低于表4-5规定最低保温温度时，最短保温时间按表4-6规定。

2）在保温温度时，除另有规定外，各测温点的温度允许在热处理工艺规定温度的±20℃内波动，但最低温度不得低于表4-5或表4-6中规定的最低保温温度。

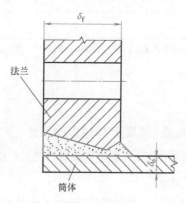

图4-3　壳体厚度小于管板、平封头、盖板、凸缘或法兰时焊接结构示意图

表4-5　常用焊后热处理推荐规范

钢质母材类别[①]		Fe-1[②]	Fe-2	Fe-32[②]	Fe-4	Fe-5A[③] Fe-5B-1[③] Fe-5C	Fe-5B-2[④]
最低保温温度/℃		600	—	600	650	680	730 （最高保温温度为775℃）
在相应焊后热处理厚度下，最短保温时间/h	≤50mm	$\dfrac{\delta_{PWHT}}{25}$，最少为15min					≤125mm： $\dfrac{\delta_{PWHT}}{25}$，最少为30min； >125mm： $5+\dfrac{\delta_{PWHT}-50}{100}$
	>50~125mm	$2+\dfrac{\delta_{PWHT}-50}{100}$			$\dfrac{\delta_{PWHT}}{25}$		
	>125mm				$5+\dfrac{\delta_{PWHT}-50}{100}$		

① 钢质母材类别按 NB/T 47014—2011 规定。

② Fe-1、Fe-3 类别的钢质母材，当不能按本表规定的最低保温温度进行焊后热处理时，可按表4-6的规定降低保温温度，延长保温时间；Fe-9B 类别的钢质母材的保温温度不得超过635℃，当不能按本表规定的最低保温温度进行焊后热处理时，可按表4-6的规定降低最低保温温度（最多允许降低55℃），延长保温时间。

③ Fe-5A 类、Fe-5B-1 组的钢质母材，当不能按本表规定的最低保温温度进行焊后热处理时，最低保温温度可降低30℃，降低最低保温温度焊后热处理最短保温时间：

　　i. 当 $\delta_{PWHT} \leqslant 50mm$ 时，为4h 与（$4 \times \dfrac{\delta_{PWHT}}{25}$）h 中的较大值。

　　ii. 当 $\delta_{PWHT} > 50mm$ 时，为表4-6中最短保温时间的4倍。

④ Fe-5B-2 类母材的焊后热处理保温温度与焊缝金属成分密切相关，表中所列数值尚需调整。

表 4-6　焊后热处理温度低于规定最低保温温度时的保温时间

比表4-5规定保温温度再降低温度数值/℃	降低温度后最短保温时间/h
30	2①
55	4①
80	10①②
110	20①②

① 最短保温时间适用于焊后热处理厚度 δ_{PWHT} 不大于 25mm 的焊件；当 δ_{PWHT} 大于 25mm 时，厚度每增加 25mm，

最短保温时间则应增加 15min。

② 适用于 Fe-1-1 和 Fe-1-2 组。

3）调质钢焊后热处理温度应低于调质处理时的回火温度，其差值至少为 30℃。

4）不同钢号钢材相焊时，焊后热处理温度应按焊后热处理温度较高的钢号执行，但温度不应超过两者中任一钢号的下临界点 A_{c1}。

5）非受压元件与受压元件相焊时，应按受压元件的焊后热处理规范执行。

6）对有再热裂纹倾向的钢号，在焊后热处理时应防止产生再热裂纹。

7）奥氏体高合金钢制压力容器及其零部件一般不推荐进行焊后热处理。

8）焊后热处理应在压力试验前进行。

9）焊后热处理用加热设施，应保证焊件受热处理各部位均匀受热，温度可以调控。

10）焊后热处理前应提出焊后热处理方案，其中应包括加热源与焊件之间热平衡计算和防止焊件变形的措施。

4.3.6　焊接设备和施焊条件

焊接高合金钢压力容器的场地应与其他类别的材料分开，地面应铺设防划伤垫。在组对定位、焊接和焊后清理过程中要注意保护不锈钢表面，以防止发生机械损伤而影响耐蚀性能。

4.3.7　焊接返修

1）对需要焊接返修的缺陷应分析产生原因，提出改进措施，按评定合格的焊接工艺编制焊接返修工艺文件。

2）返修前需将缺陷清除干净，必要时可采用无损检测确认。

3）待返修部位应制备坡口，坡口形式与尺寸要防止产生焊接缺陷且便于焊工操作。

4）如需预热，预热温度应较原焊缝适当提高。

5）返修焊缝的性能和质量要求应与原焊缝相同。

4.3.8　焊接检查与检验内容

（1）焊前检查　检查项目包括母材、焊接材料；焊接设备、仪表、工艺装备；焊接坡口、接头装配及清理；焊工资质；焊接工艺文件。

（2）施焊过程中检查　检查项目包括焊接规范及参数；执行焊接工艺情况；执行技术标准

情况；执行设计文件规定情况。

（3）焊后检查 检查项目包括实际施焊记录；焊工钢印代号；焊缝外观及尺寸；后热、焊后热处理产品焊接试件；无损检测记录。

4.4 焊接材料消耗量的计算方法

焊接原材料的消耗定额包括：焊条消耗定额、焊剂消耗定额、焊丝消耗定额、保护气体消耗定额等。

1. 焊条定额的计算

焊条定额的计算应考虑药皮的质量系数，因烧损、飞溅及未利用的焊条头等损失也包括在内。焊条消耗定额为

$$m_{条}\frac{AL\rho}{1000K_n}(1+K_b)$$

式中 $m_{条}$——焊条消耗定额（kg）；

A——焊缝熔敷金属横截面积（mm^2）；

L——焊缝长度（m）；

ρ——熔敷金属密度（g/cm^3）；

K_n——金属由焊条到焊缝的转熔系数，包括因烧损、飞溅及未利用的焊条头损失在内；对于常用的 E5015 焊条，可取 $K_n=0.78$；

K_b——药皮的质量系数；对于常用的 E5015 焊条，可取 $K_b=0.32$。

其中 A 的计算公式如下：

1）不开坡口单面焊时，公式为

$$A=Sa+（2bc）/3$$

式中 S——板厚；

a——板对接间隙；

b——焊缝宽度；

c——焊缝高度。

2）不开坡口双面焊时，公式为

$$A=Sa+（4bc）/3$$

3）开 V 形坡口单面焊时，公式为

$$A=Sa+（S-p）^2\times\tan（\alpha/2）+（2bc）/3$$

式中 p——钝边；

α——坡口角度。

4）开单边 V 形坡口单面焊时，公式为

$$A= Sa+\left[(S-p)^2\times\tan\alpha\right]/2+(2bc)/3$$

5）保留钢垫板 V 形坡口单面焊时，公式为

$$A= Sa+S^2\tan(\alpha/2)+(2bc)/3$$

2. 焊丝消耗定额

焊丝消耗定额按下式计算，即

$$m_{丝}=\frac{AL\rho}{1000K_n}$$

式中　$m_{丝}$——焊丝消耗定额（kg）；

　　　A——焊缝熔敷金属横截面积（mm^2）；

　　　L——焊缝长度（m）；

　　　ρ——熔敷金属密度（g/cm^3）；

　　　K_n——金属由焊丝到焊缝的转熔系数，包括因烧损、飞溅造成的损失在内，通常埋弧焊取 0.95，手工钨极氩弧焊取 0.85，熔化极气体保护焊取 0.85~0.90。

3. 焊剂消耗定额的制订

常用实测法得到单位长度焊缝焊剂的消耗量，然后由焊缝的总长度计算总焊剂消耗量。在概略的计算中焊剂消耗量可定为焊丝消耗量的 0.8~1.2 倍。

4. 保护气体消耗定额

保护气体消耗定额按下式计算

$$V=Q(1+\eta)t_{基}n$$

式中　V——保护气体体积（L）；

　　　Q——保护气体流量（L/min）；

　　　$t_{基}$——单位焊接基本时间（min）；

　　　η——气体损耗系数，常取 0.03~0.05；

　　　n——每年或每月焊件数量。

任务实施

编制中和釜焊接工艺规程，首先必须识读产品结构，根据企业的实际情况画出焊接接头编号表，确定所有 A、B、C、D、E 类焊接接头是否都有能覆盖的焊接工艺评定，以及持证范围内的合格焊工；然后选择合适的焊接参数，采取恰当的工艺措施，合理编排焊接工艺程序，编制每个焊接接头的焊接作业指导书，并核实焊材消耗量。中和釜焊接工艺规程包括：焊接接头编号表（表 4-7）、接头焊接工艺卡（表 4-8）（所有 A、B、C、D、E 类焊接接头的焊接工艺卡）和焊接材料汇总表（表 4-9）。焊接工艺员编制完成全套焊接工艺规程后，交给焊接责任工程师审核，最后由第三方检验合格后，焊接工艺规程的复印件下发生产车间，持证焊工严格按照焊接工艺规程要求进行焊接生产。

表 4-7　焊接接头编号表

接头编号示意图

接头编号	焊接工艺卡编号	焊接工艺评定报告编号	焊工持证项目	无损检测要求

注：如产品结构复杂，可另做一页不含表格的接头编号示意图。

表4-8 接头焊接工艺卡

焊接工艺卡编号	
图号	
接头名称	
接头编号	
焊接工艺评定报告编号	
焊工持证项目	

序号	本厂	监检单位	第三方或用户

接头简图：

接头焊接工程序

层-道	母材 焊缝金属	焊接方法	填充材料 牌号	直径/mm	厚度/mm	厚度/mm	检验	焊接电流 极性	电流/A	电弧电压/V	焊接速度/(cm/min)	热输入/(kJ/cm)

焊接位置	
施焊技术	
预热温度/℃	
道间温度/℃	
焊后热处理	
后热	
钨极直径/mm	
喷嘴直径/mm	
脉冲频率	
脉宽比(%)	
气体成分	
气体流量 正面 背面	

表4-9 焊接材料汇总表

母材	焊条电弧焊 SMAW		埋弧焊 SAW			气体保护焊 MIG/TIG		
	焊条牌号/规格	烘干温度/时间	焊丝牌号/规格	焊剂	烘干温度/时间	焊丝牌号/规格	保护气体	混合比

压力容器技术特性

部位	设计压力/MPa	设计温度/℃	试验压力/MPa	焊接接头系数	容器类别	备注

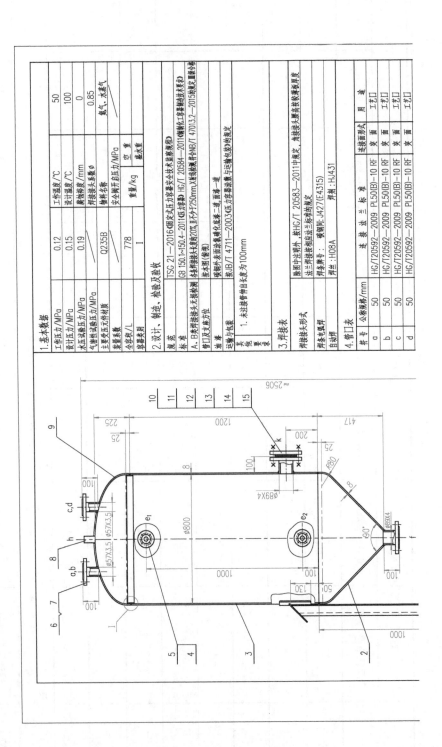

附 录　教学项目案例图样

附录 A　分离器图样

1. 基本数据

工作压力/MPa	0.12	工作温度/℃	50
设计压力/MPa	0.15	设计温度/℃	100
水压试验压力/MPa	0.19	腐蚀裕度/mm	0
气密性试验压力/MPa		焊接接头系数 φ	0.85
主要受压元件材质	Q235B	物料名称	氮气,水蒸气
装量系数		重量/Kg	空重 盛水重
全容积/L	778		
容器类别	I	安全阀开启压力/MPa	

2. 设计、制造、检验及验收

规范　TSG 21—2016《固定式压力容器安全技术监察规程》

标准　GB 150.1~150.4—2011《压力容器》、HG/T 20584—2011《钢制化工容器制造技术要求》
A、B类焊接接头无损检测《4.4焊接长度的20%,且不少于250mm,X射线检测,检测合格级别NB/T 47013.2—2015标准Ⅱ级合格》

管口及连接方位　按本图(俯视)

油漆　碳钢外表面涂装氧化铁红底漆一道,面漆一道

运输与包装　按JB/T 4711—2003《压力容器涂敷与运输包装》的规定

其他
要求
事项　1. 未注接管伸出长度为100mm。

3. 焊接表

焊接接头形式　焊接坡口详见HG/T 20583—2011中规定,角焊接头高度按补强板或接管壁厚度
法兰焊接按相应法兰标准的规定
焊条牌号：碳钢J427(E4315)
焊剂：HJ431
焊丝:H08A

4. 管口表

符号	公称直径/mm	连接标准	连接面形式	用途
a	50	HG/T20592—2009 PL50(B)-10 RF	突面	工艺口
b	50	HG/T20592—2009 PL50(B)-10 RF	突面	工艺口
c	50	HG/T20592—2009 PL50(B)-10 RF	突面	工艺口
d	50	HG/T20592—2009 PL50(B)-10 RF	突面	工艺口

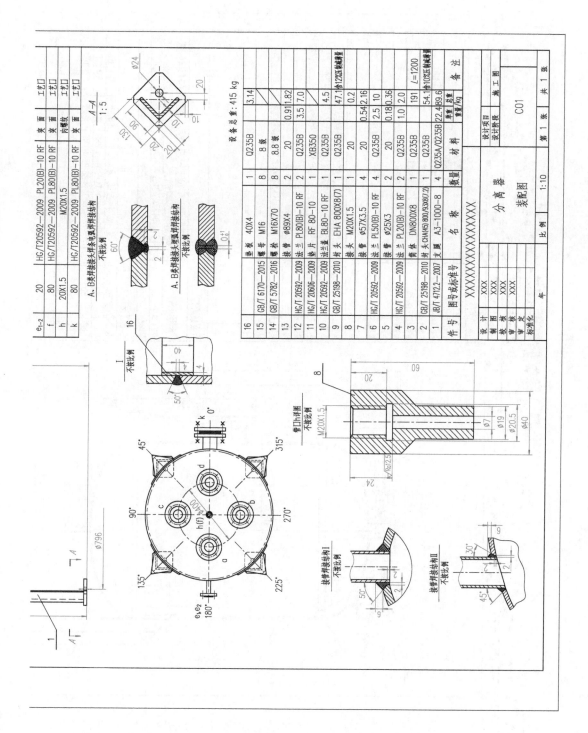

附录 B 空气储罐图样

1. 基本数据

工作压力/MPa	0.3	工作温度/℃	50
设计压力/MPa	0.35	设计温度/℃	60
水压试验压力/MPa	0.44	腐蚀裕度/mm	1.0
气密性试验压力/MPa		焊接接头系数 φ	0.85
主要受压元件材质	Q235B	物料名称	空气
全容积/L	1163	安全阀开启压力/MPa	
容器类别	I	重量/Kg 空重 盛水重	

2. 设计、制造、检验及验收

规范	TSG 21—2016《固定式压力容器安全技术监察规程》
标准	GB 150.1~150.4—2011《压力容器》HG/T20584—2011《钢制化工容器制造技术要求》
	A、B类焊接接头无损检测 全部焊接接头长度的20%，且小于等于250mm，X射线检测 符合NB/T 47013.2—2015 Ⅲ级合格
管口及主座方位	按本图（俯视）
油漆	碳钢外表面涂防锈底漆一道 面漆一道
运输与包装	按JB/T4711—2003《压力容器涂敷与运输包装》中规定
其他要求	1. 安全泄放装置由系统确定

3. 焊接表

焊接接头形式	除图中注明外，按HG/T 20583—2011中规定；法兰连接按相应法兰标准的规定
焊条牌号：J427(E4315)	焊料：
埋弧焊	焊丝：

4. 管口表

符号	公称规格/mm	连接 法兰 标准	连接面形式	用途
a	80	HG/T 20592—2009 PL80(B)-10 RF	突面	气体进口
b	80	HG/T 20592—2009 PL80(B)-10 RF	突面	气体出口
c	25	HG/T 20592—2009 PL25(B)-10 RF	突面	排污口
d_{1-2}	150			手孔

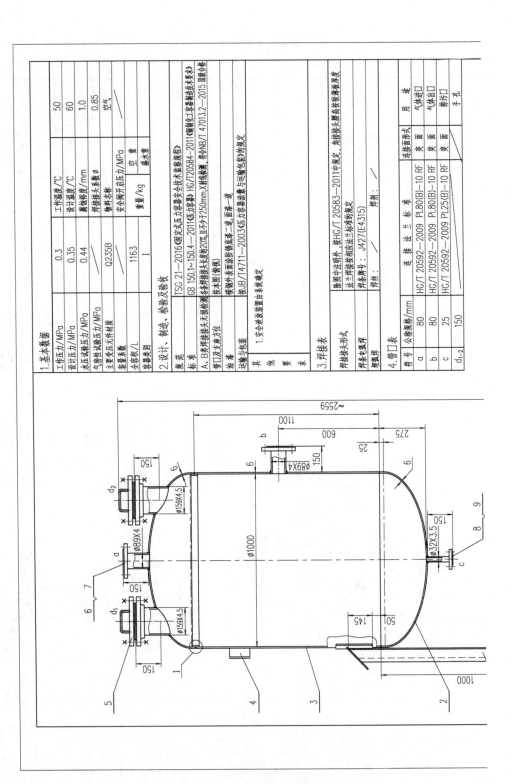

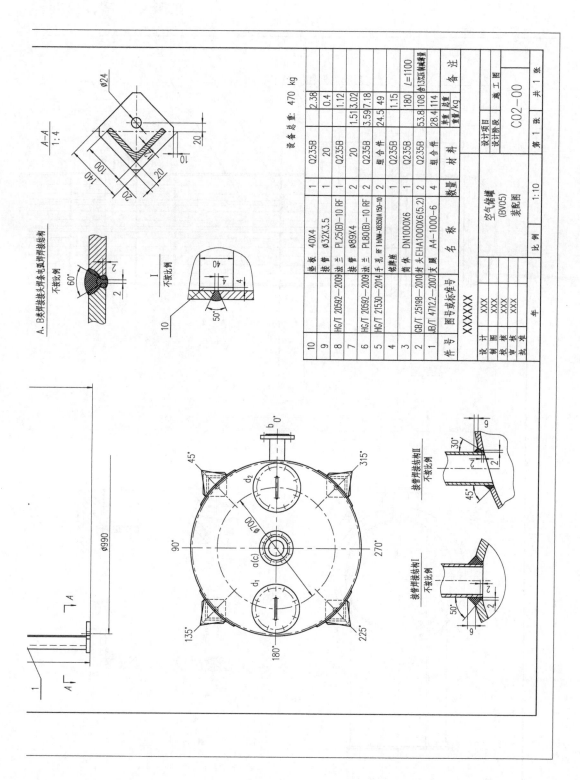

件号	图号或标准号	名 称	数量	材 料	单重	总重 /Kg	备 注
10		垫板 40X4	1	Q235B		2.38	
9		接管 Φ32X3.5	1	20		0.4	
8	HG/T 20592-2009	法兰 PL25(B)-10 RF	2	Q235B		1.12	
7		接管 Φ89X4	2	20	1.5	3.02	
6	HG/T 20592-2009	法兰 PL80(B)-10 RF	2	Q235B	3.59	7.18	
5	HG/T 21530-2014	手孔 I bNW~KB50hA150-10	2	组合件	24.5	49	
4		筒体	1	Q235B	1.15		L=1100
3	GB/T 25198-2010	封头 EHA1000X6(5.2)	1	Q235B	180		含13%压制减薄量
2	JB/T 4712.2-2007	支腿 A4-1000-6	2	Q235B	53.8	108	
1		支座 A4-1000-6	4	组合件	28.4	114	

设备总重 470 kg

XXXXXX		空气储罐 (BV05) 装配图			施工图		
设 计	XXX				C02-00		
制 图	XXX			设计项目			
校 核	XXX			设计阶段			
审 核	XXX	比例	1:10	第 1 张	共 1 张		
批 准		年					

A. B类单接头单样由氩弧焊单样接结构

不按比例

I

不按比例

接管焊接结构I

不按比例

接管焊接结构II

不按比例

附录 C　冷凝器图样

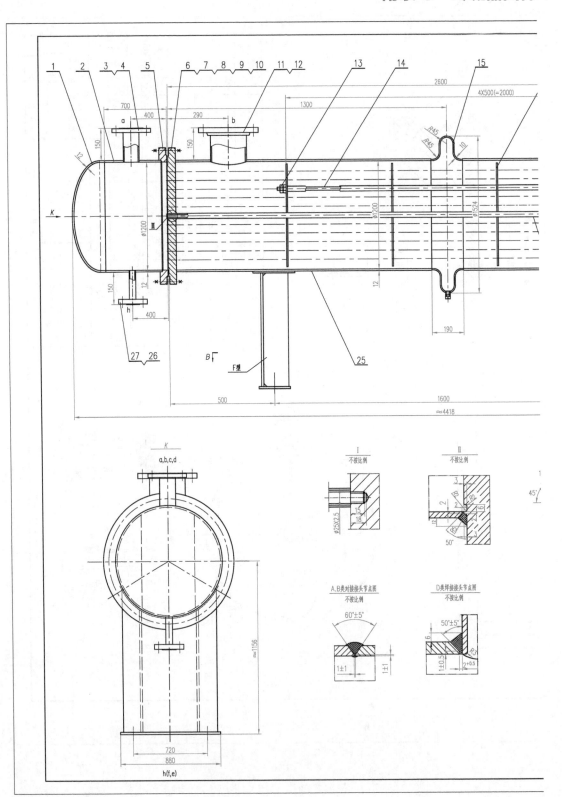

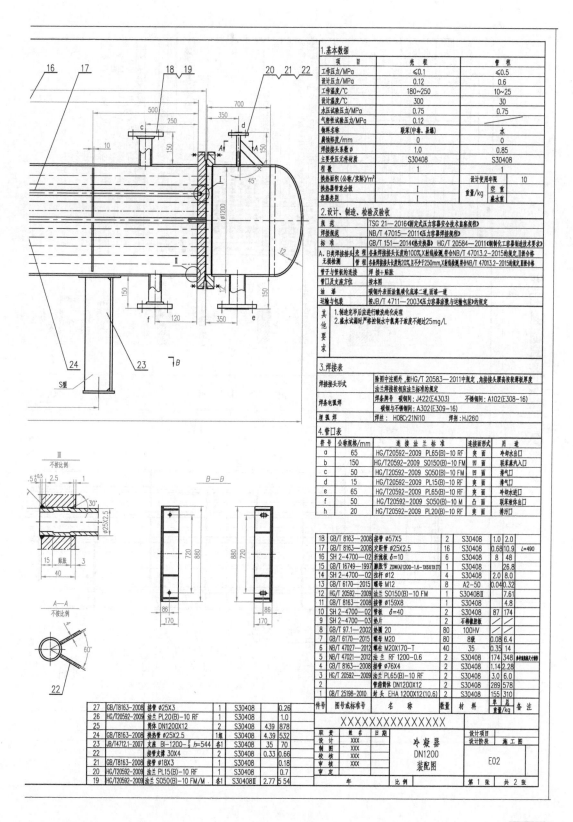

1.基本数据

项　目	壳程	管程
工作压力/MPa	≤0.1	≤0.5
设计压力/MPa	0.12	0.6
工作温度/℃	180~250	10~25
设计温度/℃	300	30
水压试验压力/MPa	0.75	0.75
气密性试验压力/MPa	0.12	
物料名称	联苯(中毒、易爆)	水
腐蚀裕度/mm	0	0
焊接接头系数 φ	1.0	0.85
主要受压元件材质	S30408	S30408
程数	1	1
换热面积(公称/实际)/m²		设计使用年限	10
换热器束分级	I	重量/kg	空重	
容器类别	I		盛水重	

2.设计、制造、检验及验收

规范	TSG 21—2016《固定式压力容器安全技术监察规程》
焊接规范	NB/T 47015—2011《压力容器焊接规程》
标准	GB/T 151—2014《热交换器》 HG/T 20584—2011《钢制化工容器制造技术要求》
A、B类焊接接头 无损检测	壳程 各条焊接接头全长度的100%X射线检测,符合NB/T 47013.2—2015的规定,Ⅱ级合格
	管程 各条焊接接头全长度的20%,且不少于250mm,X射线检测符合NB/T 47013.2—2015的规定,Ⅱ级合格
管子与管板的连接	焊接+贴胀
管口及支座方位	按本图
油漆	碳钢外表面涂氯磺化底漆二道,面漆一道
运输与包装	按JB/T 4711—2003《压力容器涂敷与运输包装》的规定
其他要求	1.制造完毕后应进行酸洗钝化处理 2.盛水试漏时严格控制钢水中氯离子浓度不超过25mg/L

3.焊接表

焊接接头形式	除图中注明外,按HG/T 20583—2011中规定,角接头按高效换热板厚度 法兰焊接按相应法兰标准的规定		
焊条电弧焊	焊条牌号	碳钢间:J422(E4303)	不锈钢间:A102(E308-16)
		碳钢与不锈钢间:A302(E309-16)	
埋弧焊	焊丝:H08Cr21Ni10	焊剂:HJ260	

4.管口表

管号	公称规格/mm	连接法兰标准	连接面形式	用途
a	65	HG/T20592-2009 PL65(B)-10 RF	突面	冷却水出口
b	150	HG/T20592-2009 SO150(B)-10 FM	凹面	联苯蒸汽入口
c	50	HG/T20592-2009 SO50(B)-10 FM	凹面	抽气口
d	15	HG/T20592-2009 PL15(B)-10 RF	突面	排气口
e	65	HG/T20592-2009 PL65(B)-10 RF	突面	冷却水进口
f	50	HG/T20592-2009 SO50(B)-10 M	凸面	联苯液体出口
h	20	HG/T20592-2009 PL20(B)-10 RF	突面	排污口

18	GB/T 8163—2008	接管 φ57X5	2	S30408	1.0	2.0	
17	GB/T 8163—2008	定距管 φ25X2.5	16	S30408	0.68	10.9	L=490
16	SH 2-4700—02	折流板 δ=10	6	S30408	8	48	
15	GB/T 16749—1997	膨胀节 ZDW(A)1200-1.6-1X6X1X(Ⅱ)	1	S30408		26.8	
14	SH 2-4700—02	拉杆 φ12	4	S30408	2.0	8.0	
13	GB/T 6170—2015	螺母 M12	8	A2-50	0.04	0.32	
12	HG/T 20592—2009	法兰 SO150(B)-10 FM	1	S30408Ⅱ		7.61	
11	GB/T 8163—2008	接管 φ159X8	1	S30408		7.0	
10	SH 2-4700—02	管板 δ=40	1	S30408	87	174	
9	SH 2-4700—03	垫片	2	石棉橡胶板			
8	HG/T 97.1—2002	垫圈 20	80	100HV			
7	GB/T 6170—2015	螺母 M20	80	8级	0.08	6.4	
6	NB/T 47027—2012	螺柱 M20X170-T	40	35	0.35	14	
5	NB/T 47021—2012	法兰 RF 1200-0.6	2	S30408	174	348	参考德美斯六千型
4	GB/T 8163—2008	接管 φ76X4	2	S30408	1.14	2.28	
3	HG/T 20592—2009	法兰 PL65(B)-10 RF	2	S30408	3.0	6.0	
2		管箱筒体 DN1200X12	2		289	578	
1	GB/T 25198—2010	封头 EHA 1200X12(10.6)	2	S30408	155	310	
件号	图号或标准号	名　称	数量	材料	单重	总重	备注
					重量/kg		

27	GB/T8163—2008	接管 φ25X3	1	S30408		0.26	
26	HG/T20592—2009	法兰 PL20(B)-10 RF	1	S30408		1.0	
25		筒体 DN1200X12	2	S30408	4.39	878	
24	GB/T8163—2008	换热管 φ25X2.5	1组	S30408	4.39	532	
23	JB/T4712.1—2007	支座 BI-1200-1 h=544	各1	S30408	35	70	
22		接管支撑 30X4	2	S30408	0.33	0.66	
21	GB/T8163—2008	接管 φ18X3	1	S30408		0.18	
20	HG/T20592—2009	法兰 PL15(B)-10 RF	1	S30408		0.7	
19	HG/T20592—2009	法兰 SO50(B)-10 FM/M	各1	S30408Ⅱ	2.77	5.54	

职责	姓名	日期	设计项目	
设计	XXX			设计阶段 施工图
制图	XXX		冷凝器	
校核	XXX		DN1200	E02
审核	XXX		装配图	
审定				
	年		比例	第 1 张 共 2 张

图号或标准号 XXXXXXXXXXXXX

附录 D 换热器装配图图样

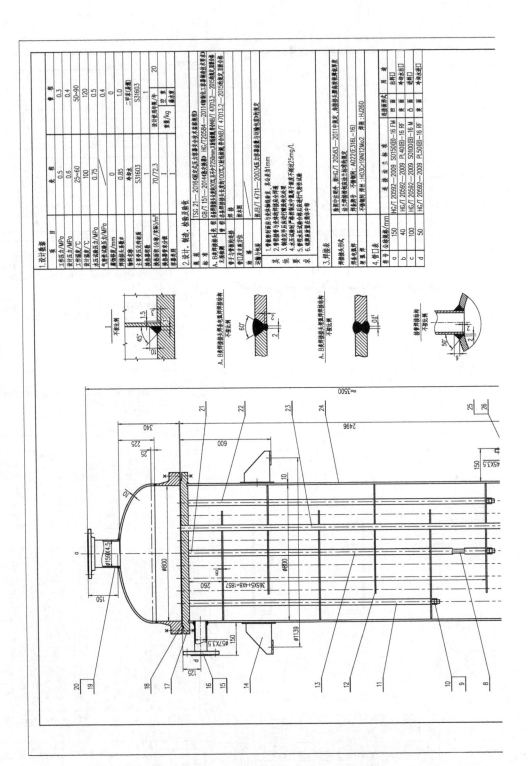

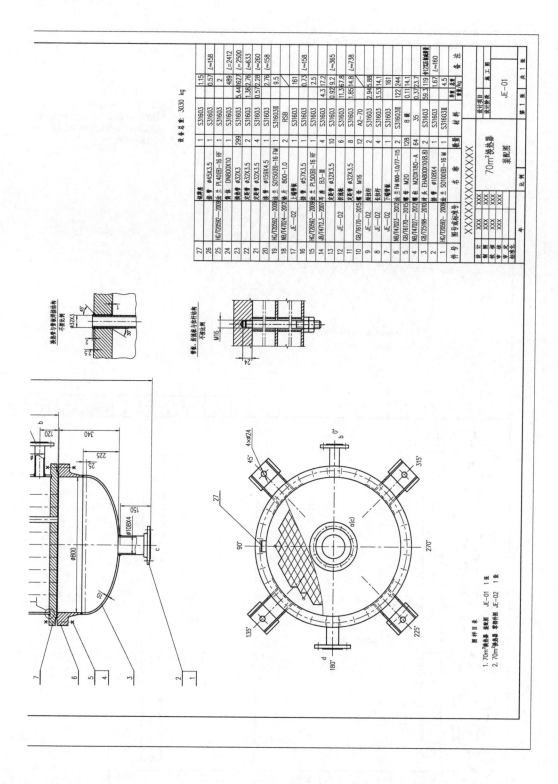

设备总重: 3030 kg

27		接管	φ45X3.5		S31603	1		1.15		l=158
26		接管	φ45X3.5		S31603	1		0.57		l=158
25	HG/T20592—2009	法兰	PL40(B)—16 RF		S31603	1		2		
24		换热管	DN800X10		S31603	1		489		l=2412
23		换热管	φ32X3		S31603	299		5.44	1627	l=2500
22		定距管	φ32X3.5		S31603	2		1.38	2.76	l=633
21		定距管	φ32X3.5		S31603	4		0.57	2.28	l=260
20		接管	φ159X4.5		S31603	1		2.76		l=158
19	HG/T20592—2009	法兰	SO150(B)—16 FM		S31603II	1		9.5		
18	NB/T47024—2012	单片	800—1.0		RSB	2			161	
17	JE—02	上管板			S31603	1		0.73		l=158
16		接管	φ57X3.5		S31603	1		2.5		
15	HG/T20592—2009	法兰	PL50(B)—16 RF		S31603	4		4.3	17.2	
14	JB/T4712.3—2007	耳座	B3—III		S31603	4		0.92	9.2	l=365
13	JE—02	定距管	φ32X3.5		S31603	10		11.3	67.8	
12		定距管	φ32X3.5		S31603	6		1.85	14.8	l=738
11		螺母	M16		A2—70	12		2.94	5.88	
10	GB/T6170—2015	螺母	M16		S31603	8		3.53	14.1	
9	JE—02	拉杆			S31603	4			161	
8		长拉杆			S31603	1		122	244	
7	JE—02	下管板			S31603II	1		1.11	14.1	
6	NB/T47023—2012	法兰	FM 800—1.0/77—115		8套	2		0.37	23.7	
5	GB/T6170—2015	螺栓	M20		35	64			119	
4	NB/T47027—2012	螺柱	M20X180—A		S31603	128		59.3		
3	GB/T2539B—2010	垫片	EH480OX10(8.8)		S31603	2		1.67		
2		接管	φ108X4		S31603II	1		4.5		l=160
1	HG/T20592—2009	法兰	SO1000(B)—16 M		S31603II	1				
件号	图号或标准号		名　称		材　料	数量		单件 总重		备　注
								重量/kg		

设计项目	XXXXXXXXXXXX	装配图	第工图
装配图名	XXXXXXX		

70m²换热器

装配图

设计	XXX	XXX	
制图	XXX	XXX	比例
校核	XXX	XXX	
审核			JE—01
标准化			第 1 张　共 1 张

换热管与管板连接结构
不装比例

φ32X3

焊缝、坡缝与管板结构
不装比例

M16

图样目录

1. 70m²换热器　装配图　JE—01　1表
2. 70m²换热器　零部件图　JE—02　1套

附录 E 换热器零件图图样

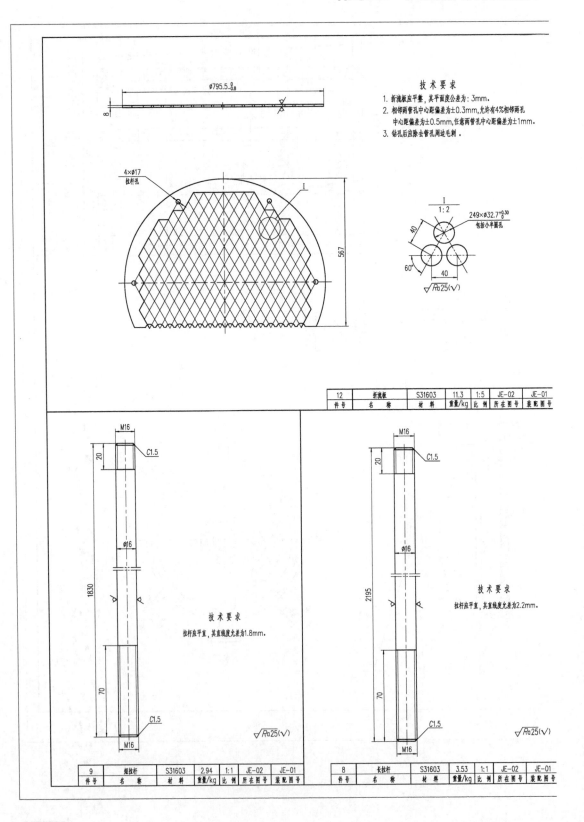

技 术 要 求

1. 折流板应平整，其平面度公差为：3mm。
2. 相邻两管孔中心距偏差为±0.3mm，允许有4%相邻两孔中心距偏差为±0.5mm，任意两管孔中心距偏差为±1mm。
3. 钻孔后应除去管孔周边毛刺。

12	折流板	S31603	11.3	1:5	JE-02	JE-01
件号	名称	材料	重量/kg	比例	所在图号	装配图号

技 术 要 求

拉杆应平直，其直线度允许差为1.8mm。

9	短拉杆	S31603	2.94	1:1	JE-02	JE-01
件号	名称	材料	重量/kg	比例	所在图号	装配图号

技 术 要 求

拉杆应平直，其直线度允许差为2.2mm。

8	长拉杆	S31603	3.53	1:1	JE-02	JE-01
件号	名称	材料	重量/kg	比例	所在图号	装配图号

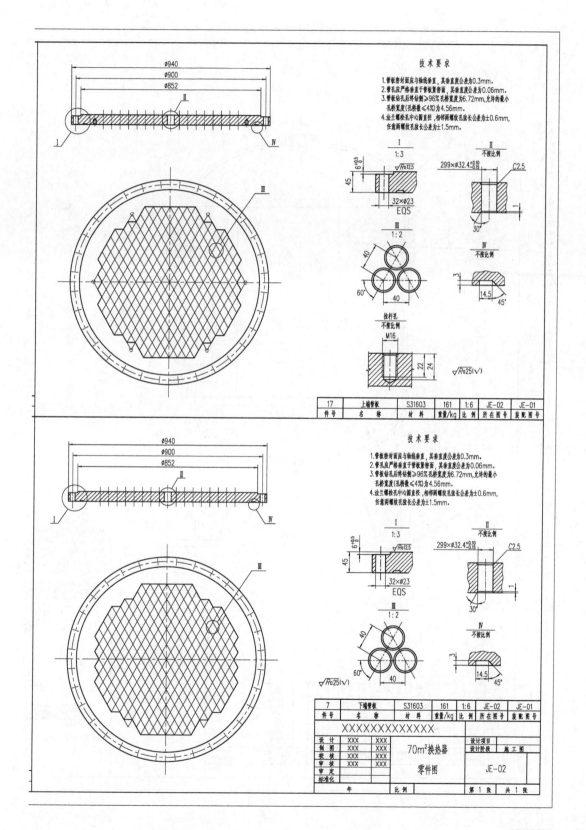

附录 F ASME 压力罐图样

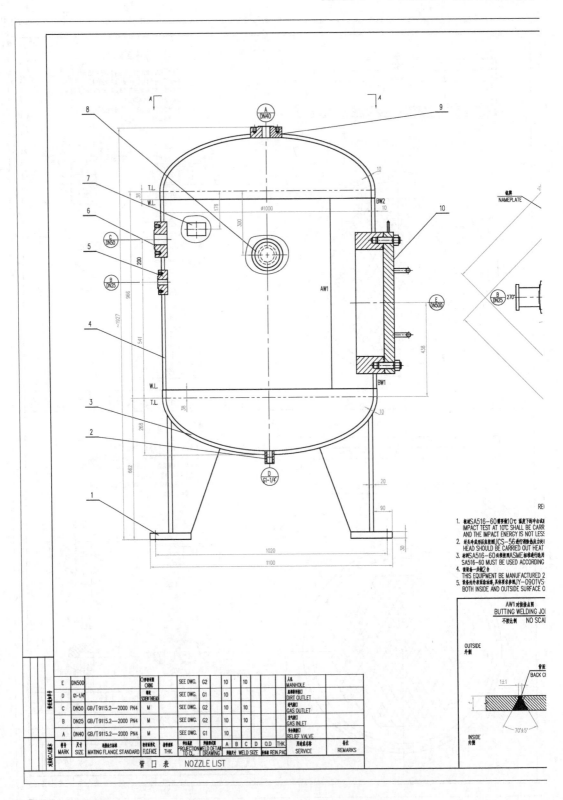

	MARK 尺寸 SIZE.	配接法兰标准 MATING FLANGE STANDARD	法兰密封面 FLG.FACE	壁厚 THK.	PROJECTION TO CL.	WELD DETAIL DRAWING	A	B	C	D	O.D	THK.	用途名称 SERVICE	备注 REMARKS
E	DN500		O 焊接坡口 O'RING		SEE DWG.	G2	10		10				人孔 MANHOLE	
D	G1-1/4		螺纹 SCREW THREAD		SEE DWG.	G1	10						直接排净接口 DIRT OUTLET	
C	DN50	GB/T 9115.2—2000 PN4	M		SEE DWG.	G2	10		10				出气接口 GAS OUTLET	
B	DN25	GB/T 9115.2—2000 PN4	M		SEE DWG.	G2	10		10				进气接口 GAS INLET	
A	DN40	GB/T 9115.2—2000 PN4	M		SEE DWG.	G1	10						安全阀接口 RELIEF VALVE	

管 口 表　NOZZLE LIST

1. 材料SA516—60管板在10℃ 温度下做冲击试验
   IMPACT TEST AT 10℃ SHALL BE CARR
   AND THE IMPACT ENERGY IS NOT LESS
2. 对头含式成形封头按照UCS—56进行消除急应力
   HEAD SHOULD BE CARRIED OUT HEAT
3. 材料SA516—60水质焊接按ASME标准进行选用
   SA516—60 MUST BE USED ACCORDING
4. 设备是一体制造2 台
   THIS EQUIPMENT BE MANUFACTURED 2
5. 设备内外表面涂油漆,其他要求参照JY—0901VS
   BOTH INSIDE AND OUTSIDE SURFACE O

AW1 对接接点焊
BUTTING WELDING JOI
不按比例　NO SCA

NAMEPLATE 铭牌

OUTSIDE 外侧

INSIDE 内侧

BACK CI

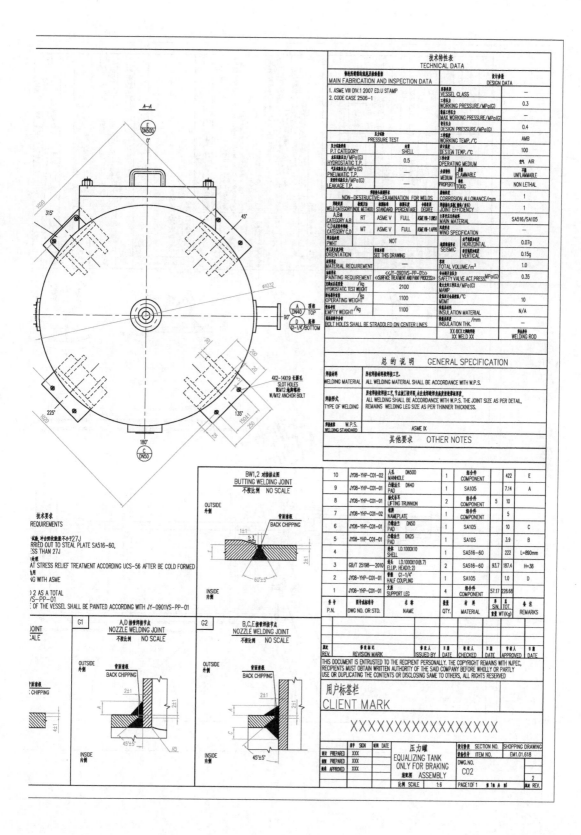

技术特性表
TECHNICAL DATA

制造历史要期和检验及检查数据 MAIN FABRICATION AND INSPECTION DATA		设计参数 DESIGN DATA	
1. ASME VIII DIV.1 2007 ED.U STAMP		容器类别 VESSEL CLASS	—
2. CODE CASE 2506-1		工作压力 WORKING PRESSURE/MPa(G)	0.3
		最大工作压力 MAX. WORKING PRESSURE/MPa(G)	—
		设计压力 DESIGN PRESSURE/MPa(G)	0.4
压力试验 PRESSURE TEST		工作温度 WORKING TEMP./℃	AMB
压力试验类别 P.T CATEGORY	SHELL	设计温度 DESIGN TEMP./℃	100
水压试验压力/MPa(G) HYDROSTATIC T.P.	0.5	操作介质 OPERATING MEDIUM	空气 AIR
气压试验压力/MPa(G) PNEUMATIC T.P.	—	介质特性 MEDIUM FLAMMABLE	非易燃 UNFLAMMABLE
泄漏试验压力/MPa(G) LEAKAGE T.P.	—	PROPERTY TOXIC	NON LETHAL
焊缝接头系数试验方法 NON−DESTRUCTIVE−EXAMINATION FOR WELDS		腐蚀裕量 CORROSION ALLOWANCE/mm	1
焊缝类别 无损检测方法 检测标准 检测比例 合格级别 WELD CATEGORY NDE METHOD STANDARD PERCENTAGE DEGREE		焊接接头系数 JOINT EFFICIENCY	1
A,B类 CATEGORY A,B RT ASME V FULL ASME VIII-1 UW-51		主要受压元件材料 MAIN MATERIAL	SA516/SA105
C,D类 CATEGORY C,D MT ASME V FULL ASME VIII-1 APP.6		风载荷 WIND SPECIFICATION	
焊后热处理 PWHT	NOT	地震载荷 SEISMIC 水平 HORIZONTAL	0.07g
安装方位 ORIENTATION	SEE THIS DRAWING	垂直 VERTICAL	0.15g
材料要求 MATERIAL REQUIREMENT	见JY-0901VS-PP-01	总容积 TOTAL VOLUME/m³	1.0
油漆要求 PAINTING REQUIREMENT	SURFACE TREATMENT AND PAINT PROCESS	安全阀开启压力/MPa(G) SAFETY VALVE ACT.PRESS	0.35
水压试验重量/kg HYDROSTATIC TEST WEIGHT	2100	MAWP	
操作重量/kg OPERATING WEIGHT	1100	最高设计金属温度/℃ MDMT	10
空重/kg EMPTY WEIGHT	1100	保温材料 INSULATION MATERIAL	N/A
螺栓孔应跨中布置 BOLT HOLES SHALL BE STRADDLED ON CENTER LINES		保温层厚度/mm INSULATION THK.	
		XX类XX无损检测 XX WELD XX	焊接材料 WELDING ROD

总 的 说 明 GENERAL SPECIFICATION

焊接材料 WELDING MATERIAL	所有焊接材料应按焊接工艺。 ALL WELDING MATERIAL SHALL BE ACCORDANCE WITH W.P.S.
焊接形式 TYPE OF WELDING	所有焊接应按焊接工艺，节点按以下图详图，未注焊缝尺寸高度按最薄厚度焊接。 ALL WELDING SHALL BE ACCORDANCE WITH W.P.S. THE JOINT SIZE AS PER DETAIL, REMAINS WELDING LEG SIZE AS PER THINNER THICKNESS.
焊接规程标准 W.P.S. WELDING STANDARD	ASME IX

其他要求 OTHER NOTES

P.N. 序号	DWG NO. OR STD. 图号或标准号	NAME 名称	QTY. 数量	MATERIAL 材料	SIN. TOT. WT(Kg) 单重 总重	REMARKS 备注
10	JY08-YHP-C01-02	人孔 MANHOLE DN500	1	组合件 COMPONENT	422	E
9	JY08-YHP-C01-02	凸面法兰 PAD DN40	1	SA105	7.14	A
8	JY08-YHP-C01-01	吊耳 LIFTING TRUNNION	2	组合件 COMPONENT	5 10	
7	JY08-YHP-C01-02	铭牌 NAMEPLATE	1	组合件 COMPONENT	5	
6	JY08-YHP-C01-01	凸面法兰 PAD DN50	1	SA105	10	C
5	JY08-YHP-C01-01	凸面法兰 PAD DN25	1	SA105	3.9	B
4		筒体 I.D.1000X10 SHELL	1	SA516-60	222	L=890mm
3	GB/T 25198−2010	封头 I.D.1000X10(8.7) ELLIP. HEAD(1: 2)	1	SA516-60	93.7 187.4	H=38
2	JY08-YHP-C01-01	管接头 G1-1/4" HALF COUPLING	1	SA105	1.0	D
1	JY08-YHP-C01-01	支腿 SUPPORT LEG	4	组合件 COMPONENT	57.17 228.68	

BW1,2 对接接点图
BUTTING WELDING JOINT
不按比例 NO SCALE

A,D接管焊接节点
NOZZLE WELDING JOINT
不按比例 NO SCALE

G1

B,C,E接管焊接节点
NOZZLE WELDING JOINT
不按比例 NO SCALE

G2

OUTSIDE 外侧
INSIDE 内侧
BACK CHIPPING 背面清根

技术要求
REQUIREMENTS

A−A

E DN500 0°
315°
45°
225°
135°
180° C DN50
A TOP DN40 TOP 90° BOTTOM G1-1/4" BOTTOM

4X2−14X19 长圆孔 SLOT HOLES M12 地脚螺栓 W/M12 ANCHOR BOLT

用户标签栏
CLIENT MARK

XXXXXXXXXXXXXXXXXX

	签字 SIGN	日期 DATE	压力罐 EQUALIZING TANK ONLY FOR BRAKING 装配图 ASSEMBLY	设计装配 SECTION NO.	SHOPPING DRAWING
设计 PREPARED	XXX			设备位号 ITEM NO.	EM1.01.618
校核 PREPARED	XXX			DWG.NO.	
审核 APPROVED	XXX			C02	
			比例 SCALE 1:6	PAGE1OF1 第1张 共1张	2 版次 REV.

REV. 版次	REVISION MARK 修改标记	ISSUED BY 修改人	DATE 日期	CHECKED 校核人	DATE 日期	APPROVED 审核人	DATE 日期

附录 G 中和釜图样

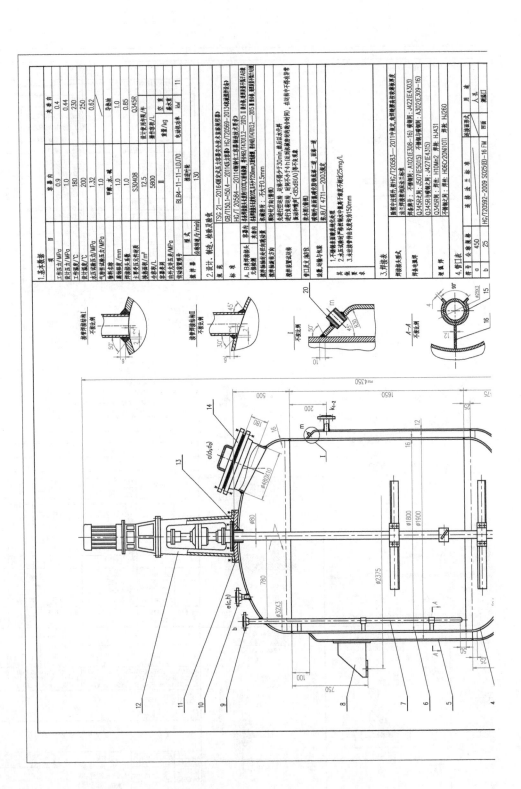

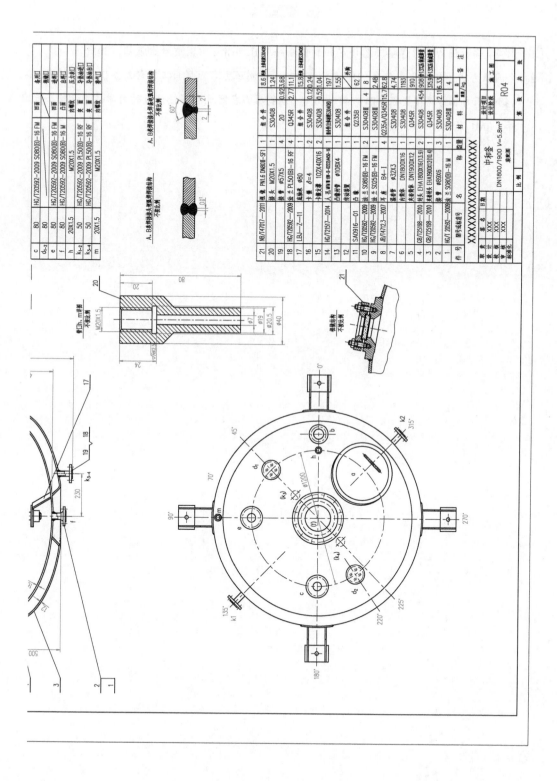

参考文献

［1］张声，等.压力容器焊接工艺评定的制作指导 [M].北京：中国质检出版社，2011.

［2］全国压力容器标准化委员会.JB 4708—2000《钢制压力容器焊接工艺评定》JB/T 4709—2000《钢制压力容器焊接规程》JB 4744—2000《钢制压力容器产品焊接试板的力学性能检验》标准释义 [M].昆明：云南科技出版社，2000.